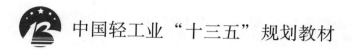

中国轻工业"十三五"规划教材

食品感官评价

卫晓怡　主　编
白　晨　副主编

中国轻工业出版社

图书在版编目（CIP）数据

食品感官评价/卫晓怡主编. —北京：中国轻工业出版社，2023.7
普通高等教育"十三五"规划教材
ISBN 978 - 7 - 5184 - 1984 - 5

Ⅰ. ①食…　Ⅱ. ①卫…　Ⅲ. ①食品感官评价—高等学校—教材
Ⅳ. ①TS207. 3

中国版本图书馆 CIP 数据核字（2018）第 122117 号

责任编辑：钟　雨　罗晓航
策划编辑：伊双双　　责任终审：张乃柬　　封面设计：锋尚设计
版式设计：砚祥志远　　责任校对：晋　洁　　责任监印：张京华

出版发行：中国轻工业出版社（北京东长安街 6 号，邮编：100740）
印　　刷：三河市国英印务有限公司
经　　销：各地新华书店
版　　次：2023 年 7 月第 1 版第 7 次印刷
开　　本：787×1092　1/16　印张：13
字　　数：300 千字
书　　号：ISBN 978 - 7 - 5184 - 1984 - 5　　定价：32. 00 元
邮购电话：010 - 65241695
发行电话：010 - 85119835　　传真：85113293
网　　址：http：//www. chlip. com. cn
Email：club@ chlip. com. cn
如发现图书残缺请与我社邮购联系调换
231012J1C107ZBW

前　言

　　食品感官评价是一门集食品科学、人体生理学、心理学和统计学为一体的综合性学科。食品感官评价是根据人的感觉器官对食品的各种质量特征的感觉，如味觉、嗅觉、视觉、听觉等，用语言、文字、符号或数据进行记录，再运用概率统计原理分析从而得出结论，对食品的色、香、味、形、质地、口感等各项指标作出评价的方法。随着科学技术的发展和进步，食品感官评价在世界许多发达国家已普遍采用，广泛应用于食品新产品研制、食品质量评价、市场预测和产品评优等方面。

　　本教材系统阐述了食品感官评价原理、食品感官评价方法、食品感官评价应用与仪器测定等内容。本教材共分为十章，第一章至第三章主要讲述食品感官评价的理论基础和食品感官评价条件等，第四章至第七章以食品感官评价各方法为主要内容，第八章至第十章主要阐述食品感官评价的应用及食品感官的仪器测定。

　　本教材贯彻现代食品研发管理人才培养理念，守正创新，将食品感官评价技术基础和现代感官评价技术融合在一起，坚持运用辩证唯物主义，突出食品感官评价基础理论在现代科技中的运用和发展，同时也介绍了大量具体可操作的方法，具有较强的指导性、系统性和实践性。

　　本书可作为高等院校食品科学与工程、食品质量与安全及相关专业本科生和研究生的教材，也可以作为食品生产企业、食品质量监管部门相关技术人员的参考用书。

　　感谢 Apple Flavor & Fragrance U. S. A 公司总经理杨大鹏先生、浙江工商大学周涛教授、华东理工大学赵黎明教授、上海瑞芬科技有限公司总经理朱继梅女士、上海海洋大学陈舜胜教授、上海海洋大学王锡昌教授、美国 University of Georgia 黄耀文教授等在本教材编写过程中给予的大力支持。同时，本教材参考了大量国内外经典文献，在此，对这些文献的作者表示谢意。

　　由于编写人员水平所限，书中难免不妥之处，恳请读者批评指正。

编者

2018 年 6 月

目　　录

第一章　绪　　论

食品感官评价（Food Sensory Evaluation）是在食品理化分析的基础上，集心理学、生理学、统计学等知识发展起来的一门学科，该学科不仅实用性强、灵敏度高、结果可靠，而且解决了一般理化分析所不能解决的复杂的生理感受问题。感官评价在世界许多发达国家已普遍采用，是从事食品生产、营销管理、产品开发等专业人士所必须掌握的一门知识。食品感官评价在新产品研制、食品质量评价、市场预测、产品评优等方面都已获得广泛应用。

感官评价是用于唤起、测量、分析和解释产品以视觉、嗅觉、触觉、味觉和听觉所引起的反应的一种科学方法。与传统意义上的感官评价不同，现代感官评价不单只是靠具有敏锐的感觉器官和长期经验积累的某一方面专家的评价结果，这是因为：由专家担任评价员，只能是少数人，而且不易召集；不同的人具有不同的感觉敏感性、嗜好和评判标准，评价结果往往不一致；人的感觉状态常受到生理（如疾病、生理周期）、环境等因素的影响；专家对评判对象的标准与普通消费者的看法常有较大差异；不同方面的专家也会遇到感情倾向和利益冲突等问题的干扰。为了避免传统意义上的感官评价中存在的各种缺陷，现代的感官评价试验中逐渐引入了生理学、心理学和统计学方面的研究成果，采用计算机处理数据，使得结果分析快速而准确。

现代感官评价包括两方面的内容：一是以人的感官测定物品的特性；二是以物品的特性来获知人的反应或感受。感官评价试验可由不同类别的感官评价小组承担，试验的最终结论是评价小组中评价员各自分析结果的综合。所以，在感官评价试验中，并不看重个人的结论，而是注重评价小组的综合结论。

现代感官评价技术包括一系列精确测定人对食品中各种特性的反应，并把可能存在的各种偏见对消费者的影响降低到最低程度；同时，尽量解析食品本身的感官特性，向食品科学家、产品开发者和企业管理人员提供该产品感官性质的重要而有价值的信息。这种现代感官评价技术是通过评价员的视觉、嗅觉、味觉、听觉和触觉等感受到的食品及其材料的特征而引起反应的一种科学方法，常包括四种活动：组织、测量、分析和结论。

（1）组织　包括评价员的组成、评价程序的建立、评价方法的设计和评价时外部环境的保障。其目的在于，感官评价试验应在一定的控制条件下制备和处理样品，在规定的程序下进行试验，从而使各种偏见和外部因素对结果的影响降到最低。

（2）测量　根据评价员通过视觉、嗅觉、味觉、听觉和触觉的行为反应来采集数据，在产品性质和人的感知之间建立一种联系，从而表达产品的定性、定量关系。

（3）分析　采用统计学的方法对来自评价员的数据进行分析统计，它是感官评价过程的重要部分，可借助计算机和优良软件完成。

（4）结论　在基于数据、分析和试验结果的基础上进行合理判断，包括所采用的方法、试验的局限性和可靠性。

食品感官评价在食品工业研究中是一个新的关注点。人的感官用来评价食品质量已经历了数个世纪了，对于我们随时享用的食品，我们都有判别标准，但这并不意味着所有的判断都是有用的，或者任何人都有资格参与感官评价。原有的食品生产经验往往取决于某一专家感官的敏锐性，由他（她）个人来负责生产，或者有权改变生产工艺以改良产品品质。现代感官评价技术替代了那些单一的权威方法，以"人"为依据，利用科学的方法，借助人的眼、鼻、嘴、手、耳，结合各类学科，对食品进行定性与定量的测定和分析，了解人们对这些产品的感受或喜爱程度，并获得产品本身的质量特性。

第一节　食品感官评价概述

一、食品感官评价的发展历史

从 20 世纪 40 年代开始，感官评价技术就开始应用，美国陆军以系统化的方式收集士兵们对食品接受程度的数据（如九点快感刻度分析法），进而决定供应的补给食品。20 世纪下半叶，随着食品和消费品工业的发展，感官评价技术也迅速成长起来。这期间，与食品感官评价相关的评价方法、标示方法、评价观念、评价结果的展现方式等各方面被不断提出、讨论及验证，越来越多的食品企业成立感官评价部门，感官评价也变成食品科学研究的重要领域之一。美国食品科技学会（Institute of Food Technologists）从 1970 年起即重视食品感官评价技术的发展，设立"感官与消费科学部"（Sensory & Consumer Sciences Division，SCSD），并建议将该技术列为各大学食品相关学科的必修课程。1990 年之后，在国际商业活动以及全球化概念的影响之下，感官评价学科开始了国际交流，讨论跨国文化与人种对感官反应的影响。

虽然感官评价的起源久远，但真正意义上的现代感官评价却只有几十年的历史。食品感官评价大致分为以下几个发展阶段。

（1）食品感官鉴别阶段（20 世纪 50 年代）　主要强调食品感官鉴别理论，缺少系统的感官试验设计。

（2）食品感官鉴评阶段（20 世纪 60 年代）　加强了食品感官鉴别的理论与试验之间的联系，但缺少统计分析手段的运用。

（3）食品感官分析阶段（20 世纪 80 年代）　综合了感官评价的试验设计与统计分析技术，使食品感官评价技术的科学性得到了提升。

（4）食品感官测量阶段（20 世纪 90 年代）　增加了心理物理学与测量理论在感官评价技术中的应用。

（5）食品感官科学阶段（21世纪以来） 应用现代多学科理论与技术的交叉手段，系统研究食品感官品质的内涵、分析评价理论与方法、理化测定技术、工艺形成、消费嗜好等食品科学和消费科学的基本问题，强调理论性、实践性、知识性和适用性并重等原则，形成多学科交叉的食品感官科学。

此外，在现代食品感官科学的研究领域，也发展出不同的研究方向，如下所述。

（1）统计方法研究 强调评价数据的数学统计方法，从统计技术中获得信息；

（2）心理学研究 强调评价试验设计，从心理试验获得的感觉中得到信息；

（3）语义研究 强调术语描述，从描述语义中得到信息；

（4）试验操作研究 强调评价方法的操作性和突出评价员的地位，从评价数据中直接得到信息；

（5）仪器与感官关联研究 强调感官品质的物理基础，从物理、化学方面得到信息；

（6）测量研究 强调心理物理学定律的直接应用，从测量中得到定量信息和表征。

任何一门学科的发展都不可能脱离它与其他学科的融合交叉，现代感官评价学的发展历史足以证明这一点。要获得令人信服的感官评价结果，就必须以统计学的原理作为保证，以人的感官生理学和心理学的原理作为感官试验的基础，将这三门学科构成现代感官评价学的三大支柱。另外，在技术方面，则不断和新科技结合，开发出更准确、更快速、更方便的方法，如评价自动化系统、气相色谱嗅闻技术（GC - Sniffing 或 GC Olfactometry）、定量描述分析（Quantitative Descriptive Analysis，QDA）等。随着时间的推移，感官评价技术也从给人主观印象的感官评品发展成被认同的一项客观分析方法。

二、食品感官评价的内涵

食品感官评价是应用现代多学科理论与技术的交叉手段，系统研究食品感官品质的内涵、分析评价理论与方法、理化测定技术、工艺形成、消费嗜好等食品科学和消费科学的基本问题，是现代食品科学中最具特色的学科之一，具有理论性、实践性及技能性并重的特点，是现代食品科学技术及食品产业发展的重要基础。食品感官评价包含一系列精确测定人对食品反应的技术，把对品牌中存在的潜在偏见效应以及一些特定信息对消费者的影响，都降低到最小程度；同时，它试图解析食品本身的感官特性，并向产品研发人员、企业管理者、科研人员提供关于产品感官性质方面重要而有价值的信息。

人类的感官同时具有主观和客观的成分，既要依赖感官的客观面来认知世界并与他人享有共同的外在体验，同时又面对个体差异与主观面的认知不同而产生的感知与事实不一致。人类的感官虽然具有某些共通性和客观基础，但在大多数的情况下是有个体差异的，尤其是在解读感官信息时，会产出各种主观的认识差距，因此对于以人类感官作为评价工具的客观性与否，会产生怀疑和不确定感。然而，感官评价是在基础科学发展成熟后开展起来的一门科学，它建立在统计学（以数学为基础，涉及良好试验设计与抽样调查等）、生理学、心理学、物理、化学、社会科学（如消费者行为、行销学）等基础上，不仅是一门"学科"，更是一门"科学"。

感官评价尊重每一个主观个体的意见。感官评价由了解某些"样本"主观意见背后的共通性与差异性，来推估"群体"意见背后的共通性与差异性，只要样本的质与量具有代表性时，其主观意见会反应群体里的共通性与差异性，这是感官评价要收集、研究的资料。换而言之，每一个主观个体对于真实世界的描述都可能不一样，即使要描述真实世界的实际存在，常因感官工具的不确定性受到质疑，但识别感官信号本体（人）的存在却是毋庸置疑、客观存在的，其意见必须予以尊重。

感官评价收集主观意见还原主观想法，分析客观现象给予客观解释。承认了主观意见的客观存在，尽可能采用各种客观的方法，广泛地收集、了解所有与感官有关的主、客观现象，以科学的方法综合厘清现象的本质并加以运用。换而言之，主观与客观现象的存在都是事实，感官评价只是希望用科学的角度尽可能收集详尽的主观意见，加以了解并还原主观想法，同时收集评价活动中的客观现象，对主观想法给予客观的解释。

为推动感官评价技术的实际应用及科学性，世界各组织、各国均颁布了相关标准化技术。目前颁布的感官分析国际标准和国外发达国家、国际权威团体的标准共135项，70%以上为方法标准（98项）。其中，ISO 感官分析标准体系健全，标准内容涵盖范围广；ASTM 感官分析标准实用性、可操作性强；主要发达国家的感官分析标准保持与 ISO 国际标准一致，国际通用性强。感官分析标准的应用越来越得到重视，标准对象由食品领域向非食品领域拓展，标准层次由通用方法标准向产品专用评价方法标准发展，方法标准中加强了对消费者测试的研究，更加注重标准的实际应用。

截至目前，我国已颁布感官分析标准共 40 余项，成立了我国感官分析标准化技术委员会（SAC/TC566），主要负责感官分析基础、方法、环境与人员管理、辅助器具和应用等领域基础通用国家标准制修订工作。

综上所述，感官评价就是用客观的科学方法，尊重并观察主观意见的共通性与差异性，以样本的主观意见推估群体的主观想法，并辅以客观解释。食品感官评价是将感官评价技术应用于食品的一门学科。

三、影响食品感官评价的因素

感官评价实施的主体是"人"，那么所有影响人的因素都是影响感官评价的因素，影响人的因素主要包括生理因素和心理因素。除了人之外的因素都称为环境因素，主要包括评价方法、分析环境、辅助器皿等。

感官分析作为一门科学的测量、分析方法，与其他分析方法一样，也需要考虑精度（可靠性）、准确度、敏感性。实施良好的感官评价，应注意以下因素。

1. 正确的感官分析方法

感官评价方法要根据试验目的进行确定（如差别检验、描述性分析、嗜好检验等），同时应合理运用产品专用感官评价方法。如针对嗜好性的酒类——白酒，有特定的感官评价相关技术标准：《白酒感官品评术语》（GB/T 33405—2016）、《白酒风味物质阈值测定指南》（GB/T 33406—2016）和《白酒感官品评导则》（GB/T 33404—2016）。

2. 合适的感官评价员

感官评价员的选择要考虑到其心理因素（期望、位置、光环效应、反差或趋向）和生理因素（灵敏度、疲劳程度、性别、身体体征特质等）。对于差别检验和描述性分析，还需要选择具有一定基础的感官评价员，可参考国家标准：《感官分析 专家的选拔、培训和管理导则》（GB/T 16291—1996）、《感官分析 感官分析实验室工作人员一般导则 第1部分：实验室人员职责》（GB/T 23470.1—2009）、《感官分析 感官分析实验室工作人员一般导则 第2部分：评价小组组长的聘用和培训》（GB/T 23470.2—2009）、《感官分析 选拔、培训与管理评价员一般导则 第1部分：优选评价员》（GB/T 16291.1—2012）等。

在评价员的选拔过程中会涉及到两个概念，即评价员的功能性测试和性能性测试。功能性测试指测试评价员的生理条件、差别能力、排序能力和描述能力。性能性测试主要指测量评价员的评价是否精确、准确，需要测试评价员的重复性、再现性和一致性。

3. 良好规范的感官评价环境

良好规范的感官评价环境对温度、湿度、噪声、光线等具有一定的要求。在国家标准中已对感官分析环境有做要求：《感官分析 建立感官分析实验室的一般导则》（GB/T 13868—2009）。标准化要素包括实验室的地点、功能分区、检验区的环境条件（温度、湿度、噪声、空气、室内装饰、采光照明条件等）。

4. 辅助器皿的标准化

以酒杯为例。一般来说，酒杯虽然不会改变酒的本质，它的形状却可以决定酒的流向、气味、品质以及强度，进而影响酒的香度、味道、平衡性以及余韵。国家标准中对葡萄酒、果酒、起泡葡萄酒、白酒、橄榄油等的品尝杯已做要求。

白酒标准品尝杯形状为郁金香型或卵型，脚高、肚大、口小，采用透明玻璃制成，要求杯体光洁厚薄均匀，容量在50mL左右。葡萄酒标准品尝杯杯型应为郁金香型或缩口高脚杯，由无色透明的含铅量为9%左右的结晶玻璃制成，不能有任何印痕和气泡，杯口必须平滑、一致，且为圆边；品尝杯应能承受0～100℃的温度变化，其容量为210～225mL。

四、食品感官评价在食品工业中的应用

食品感官评价是唯一将人与食品、工厂与市场、产品与品牌、生存与享受紧密关联起来的食品学科。对于企业来说，规模化发展、品牌经营离不开好的产品，好的产品离不开新产品研发和产品质量标准化，感官质量是消费者购买食品的第一驱动力并始终影响消费者的购买意向。

应用感官评价技术可以测知人感知的食品质量，了解人对食物摄取的生理需求和情感需求（感官享受），并根据产品质量的终极目标——"消费者满意"而有针对性地进行产品设计、生产和营销。感官评价技术贯穿在食品企业运行的各个环节，并直接关联着产品的市场接受性。

在现代，感官评价在食品企业中的应用可包括新产品开发、原料或配方重组、产品改进、产品定位与竞争、工艺或包装材料改善、消费者市场调查与质量保证等方面（表1-1）。专业的感官评价人员由于在新产品开发、基础研究、配料和工艺的调整、降低成本、质量控制和产品优化等工作中发挥重要作用，因此受到各大企业的广泛需求。

表1-1　　　　　　　　　　感官评价方法在食品企业中的应用

	应用方向	感官评价方法
新产品开发	新旧产品之间的差异	差别检验
	新产品的感官特性	描述性分析
	消费者对新产品的接受性	嗜好检验
原料替换	原材料替换之后，产品品质是否有差异	差别检验
	如有差异，消费者如何看待差异	嗜好检验
质量控制	保证产品在生产、储藏、销售等各环节都保持质量稳定，与标准样之间无差别	差别检验
	某些产品特征的感官质量需要确定并控制	描述性分析
工艺改进	工艺改进前后，产品品质是否有差异	差别检验
	如有差异，消费者如何看待差异	嗜好检验
风味营销	感官特性可作为产品宣传语，例如，农夫山泉有点甜、德芙巧克力丝滑般的感受等	描述性分析

食品感官评价除了在食品企业中有明显的应用外，还可给其他部门提供信息。如产品质量的感官标准是质量控制体系的一个重要组成部分，而政府服务部门，例如工商管理人员，在查假冒伪劣食品时，最快速直接的方法是感官鉴别。食品质量的好坏，首先表现在感官现状的变化上，有些食品在轻微劣变时精密仪器也难以检出，但通过人体的感觉器官却可以判断出来。

食品感官评价所采用的方法和技术，常适用于产品质量标准中的感官指标检查。我国自1988年开始，相继制定和颁布了一系列感官评价方法的国家标准，包括《感官分析方法学　总论》（GB/T 10220—2012）、《感官分析　术语》（GB/T 10221—2012）、感官分析的各种方法（GB/T 12310～GB/T 12316）以及《感官分析　建立感官分析实验室的一般导则》（GB/T 13868—2009）等。这些标准一般都是参照采用或等效采用相关的国际标准（ISO），具有较高的权威性和可比性，对推进和规范我国的感官评价方法起了重要作用，也是执行感官评价的法律依据。

第二节　感官评价与仪器分析

一、人类感知系统与仪器分析原理的差异

人类对于食品的感知是复杂的感觉和解释过程的结果。在科学发展的现阶段，对这种

由人体神经系统平行传导的多方面刺激的感知，是很难或是不可能由仪器预知的。仪器缺乏人体感官系统的灵敏度。仪器很难模仿食物在品尝时的机械物理作用，或是在感受器周围渗透的形式，这类渗透主要发生在唾液或黏液等生物流体中，这些流体能引起风味物质的化学区分。最重要的是，仪器评估得到的值忽略了一个重要的知觉过程——人脑在反应之前对感官体验的解释。人脑介于感官输入和反应产生之间，而产生的反应构成我们需要的数据。人脑，相当于巨大的平行分布处理器和计算引擎，具有模式快速识别本领。用于感官评价的工作完全以个人经历和体验的结果为参考，感官体验被解释，在参考的框架内给出含义，相应于期望值给出评价，其中能够包含多重同步的或连续的输入信息。最后，判断作为我们的数据而输出。

二、仪器分析无法取代感官评价

感官评价的最大的特点是以"人"为分析仪器来品评产品质量的，现代科技已经达到一个前所未有的高度。虽然有科学家认为许多感官质量可以用仪器分析来替代，相关的研究也比较多，然而我们也发现即使找到高相关性的仪器分析方法，其相关性也往往限定于特定条件下才成立。可以肯定的是，仪器分析无法代替人的感官评价。

整个感知的过程是作为一个复杂的"感受链"而存在，不单单是刺激与反馈的关系，目前的仪器尚不能胜任如此复杂的工作。

从以下几个角度考虑，目前仪器分析不可能在短时间内取代感官评价。

（1）一般的仪器分析方法还达不到感官方法的灵敏度。

（2）用感官可以感知，但其理化性能可能尚不明确。

（3）还没有开发出合适的仪器分析方法。特别是对于嗜好型（偏爱型）感官评价是人的主观判断，如食品的硬度是否合适等，此时，用仪器的理化方法代替感官评价更是不可能的。至今，仪器分析方法最多只能作为感官评价的补充。

（4）感官指标通常具有否决性，即如果某一产品的感官指标不合格，则不必再做理化分析，直接判定该产品不合格。

（5）测试仪器一般价格昂贵，且仪器测试具有较强的专一性，仅限于有限指标的测试，很难获得感官分析的综合评价结果。

🔍思考题

1. 什么是食品感官评价？
2. 食品感官评价在食品工业中有哪些应用？
3. 仪器分析为什么无法替代人的感官评价？
4. 请查找并了解食品感官评价方面的各项国家标准。

第二章　食品感官评价基础

第一节　感　觉

人类在生存的过程中时时刻刻都在感知自身存在的外部环境，这种感知是多途径的，并且这种感知大多数都要通过人类在进化过程中不断变化的各种感觉器官，来分别接收这些引起感官反应的外部刺激，然后经大脑分析而形成对客观事物的完整认识。

在人类产生感觉的过程中，感觉器官直接与客观事物特性相联系。它们主要存在于人体外表面，而且不同的感官对于外部刺激有较强的选择性，使人类产生相关的多种感觉，其中有视觉、听觉、触觉、嗅觉和味觉五种基本感觉。

一、感觉器官的特点

感觉器官，即感官（Sense Organ）是指人体借以感知外部世界信息的器官，包括眼、耳、鼻、口、皮肤、内脏等，各种感觉的产生都是由相应的感觉器官实现的。感觉（Sensation）：是客观事物直接作用于人的感觉器官，在人脑中所产生的对事物的个别属性（颜色、声音、滋味、气味、轻重、软硬等）的反应。知觉（Perception），又称感知，是指外界刺激作用于感官时人脑对外界的整体看法和理解，它为人类对外界的感觉信息进行组织和解释。在认知科学中也可看作一组程序，包括获取感官信息、理解信息、筛选信息和组织信息。知觉以感觉为基础，缺乏对事物个别属性的感觉，知觉就会不完整；刺激物从感官所涉及范围消失，感觉和知觉就停止了；知觉是对感觉材料的加工和解释，但它又不是对感觉材料的简单汇总；感觉是天生的反应，而知觉则要借助于过去的经验，知觉过程中还有思维、记忆等的参与，因而知觉对事物的反映比感觉要深入、完整。食物感觉过程实质就是一个感知过程，其中有着复杂的信息获取、传递、整合、加工、表达的系列步骤，涉及的因素非常多。

感觉器官由感觉细胞或一组对外界刺激有反应的细胞组成，这些细胞获得刺激后，能将这些刺激信号通过神经传导到大脑。感官的主要特征，是对周围环境和机体内部的化学和物理变化非常敏感。除此之外感官还具有下面的几个特点。

（1）一种感官只能接受和识别一种刺激。

（2）只有刺激量在一定范围内才会对感官产生作用。

（3）某种刺激连续施加到感官上一段时间后，感官会产生疲劳（适应）现象，感官灵敏度随之明显下降。

（4）心理作用对感官识别刺激有影响。

（5）不同感官在接受信息时，会相互影响。

人类具有多种感觉，那些感觉对外界的化学及物理变化会产生反应。早在两千多年前就有人将人类的感觉划分成五种基本感觉即：视觉、听觉、触觉、嗅觉和味觉。这些基本感觉都是由位于人体不同部位的感官受体，分别接受外界不同刺激而产生的。视觉是由位于人眼中的视感受体接受外界光波辐射的变化而产生。位于耳中的听觉受体和遍布全身的触感神经接受外界压力变化后，则分别产生听觉和触觉。人体口腔内带有味感受体，而鼻腔内有嗅感受体，当它们分别与呈味物质或呈嗅物质发生化学反应时，会产生相应的味觉和嗅觉。视觉、听觉和触觉是由物理变化而产生，味觉和嗅觉则是由化学变化而产生。因此，也有人将感觉分为化学感觉（化学受体感觉，如酸、甜、咸、苦、鲜、脂、金属感；化学物理感觉，如温度感、收敛感）和物理感觉（光学感、声波感、触觉感）两大类。除了视觉、听觉、触觉、嗅觉和味觉这五种基本感觉外，人类可辨认的感觉还有：温度觉、痛觉、疲劳觉等多种感觉。无论哪种感官或感受体都有较强的专一性。

感觉的产生包括以下三个环节。

（1）收集信息　内外环境的刺激直接作用于感觉器官。

（2）转换　即把进入的能量转换为神经冲动，这是产生感觉的关键环节，其结构称为感受器（Receptor）。

（3）将感受器传出的神经冲动经过传入神经的传导，将信息传到大脑皮层，并在复杂的神经网络的传递过程中，被加工为人们所体验到的具有各种不同性质和强度的感觉。

二、感　觉　阈

感觉阈（Detection Threshold）是指感官或感受范围的上、下限和对这个范围内最微小变化感觉的灵敏程度。

感官或感受体并非对所有变化都会产生反应。只有当引起感受体发生变化的外界刺激处于适当范围内时，才能产生正常的感觉。刺激量过大或过小都会造成感受体无反应而不产生感觉或反应过于强烈而失却感觉。例如，人眼只对波长为 380 ~ 780nm 光波产生的辐射能量变化才有反应。因此，对各种感觉来说都有一个感受体所能接受的外界刺激变化范围。依照测量技术和目的的不同，可以将各种感觉的感觉阈分为下列两种。

1. 绝对阈

绝对阈（Absolute Threshold of Sensation）是指以产生一种感觉的最低刺激量为下限，到导致感觉消失的最高刺激量为上限的一个范围值。低于该下限值的刺激称为阈下刺激（Sub - threshold Stimulus），高于该上限的刺激称为阈上刺激（Supra - threshold Stimulus），而刚刚能引起感觉的刺激称为刺激阈（Stimulus Threshold）或感觉阈。阈上刺激或阈下刺激都不能产生相应的感觉。

人的各种感受性都有极大的发展潜力。例如，有经验的磨工能看出 0.0005mm 的空隙，而常人只能看出 0.1mm 的空隙；音乐家的听觉比常人敏锐；调味师、品酒师的味觉、嗅觉比常人敏锐。感觉阈值数据常应用于两方面：度量评价员或评价小组对特殊刺激物的敏感性；度量化学物质能引起评价员产生感官反应的能力。阈值的大小可用来判断评价员的水平，后者则可作为某种化学物质特性的度量。

2. 差别阈

差别阈（Difference Threshold of Sensation）是指感官所能感受到的刺激的最小变化量。差别阈限值也称最小可觉差（Just Noticeable Difference，JND）。以重量感觉为例，把100g砝码放在手上，若加上1g或减去1g，一般是感觉不出质量变化的。根据试验，只有使其增减量达到3g时，才刚刚能够觉察出质量的变化，3g就是质量感觉在原质量100g情况下的差别阈。

差别阈不是一个恒定值，它会随着一些因素而变化。19世纪40年代，德国生理学家韦伯（E. H. Weber）在研究质量感觉的变化时发现，100g质量至少需要增减3g，200g的质量至少需增减6g，300g则至少需增减9g才能察觉出质量的变化。也就是说，差别阈值随原来刺激量的变化而变化，并表现出一定的规律性，即差别阈与刺激量的比值为一常数，如式（2-1）所示。

$$k = \frac{\Delta I}{I} \qquad (2-1)$$

式中　ΔI——差别阈；

　　　　I——刺激量（刺激强度）；

　　　　k——韦伯分数。

此公式称为韦伯公式。

德国的心理物理学家费希纳（G. H. Fechner）在韦伯研究的基础上，进行了大量的试验研究。在1860年出版的《心理物理学纲要》一书中，他提出了一个经验公式，如式（2-2）所示。

$$S = K\lg R \qquad (2-2)$$

式中　S——感觉；

　　　　R——刺激强度；

　　　　K——常数。

他发现感觉的大小同刺激强度的对数成正比，刺激强度增加10倍，感觉强度才增加1倍。此规律被称为费希纳定律。如恶臭对人的影响主要表现为心情不快和厌恶感，其污染程度难以定量表示。根据费希纳定律，当恶臭物质浓度降低97%（仅仅留下3%），臭味强度（人的感觉）只减少50%。

后来的许多试验证明，韦伯定律只适用于中等强度的刺激，当刺激强度接近绝对阈值时，韦伯比例则大于中等强度刺激的比值。费希纳定律也适用于中等刺激强度范围，这一定律在感官评价中有较大的应用价值。感觉阈值的测定对评价员的选择和确定具有重要意义。

此外，食品感官的差别阈也应用于产品实际生产中，如色彩差别量主要取决于眼睛的判断，眼睛感觉不出的色彩差量叫作颜色的视觉容量，对食品色泽来说这种位于人眼视觉容量范围内的色彩差别量是允许存在的，即允许差别。

三、感觉的基本规律

感觉的基本规律也称为感觉疲劳和心理作用对感觉的影响。

在不同的感觉与感觉之间会产生一定的影响，有时发生相乘作用，有时发生相抵效果。但在同一类感觉中，不同刺激对同一感受器的作用，又可引起感觉的适应、掩蔽、对比等现象。在感官评价中，这种感官与刺激之间的相互作用、相互影响，应引起充分的重视。特别是在考虑样品制备，试验环境的设立时，决不能忽视上述作用或现象的存在，必须给予充分的考虑。

1. 适应现象

"入芝兰之室，久而不闻其香"。这是典型的嗅觉适应。人从光亮处走进暗室，最初什么也看不见，经过一段时间后，就逐渐能适应黑暗环境了，这是视觉的暗适应现象。吃第二块糖总觉得不如第一块糖甜，这是味觉适应。除痛觉外，几乎所有感觉都存在这种适应现象，这也叫感觉疲劳。各种感官在同一种刺激施加一段时间后，均会发生程度不同的疲劳。疲劳现象发生在感官的末端神经、感受中心的神经和大脑的中枢神经上。一般情况下，感觉疲劳产生越快，感官灵敏度恢复就越快。

适应现象（Adaptation）是指感受器在同一刺激物的持续作用下，敏感性发生变化的现象。值得注意的是，在整个过程中，刺激物的性质强度没有改变，但由于连续或重复刺激，而使感受器的敏感性发生了暂时的变化。一般情况下，强刺激的持续作用，使敏感性降低，微弱刺激的持续作用，使敏感性提高。评价员的培训正是利用这一特点提高评价员的感官敏感度。

2. 对比现象

各种感觉都存在对比现象（Contrast）。当两个刺激同时或相继存在时，把一个刺激的存在造成另一个刺激增强的现象称为对比增强现象。在感觉这两个刺激的过程中，两个刺激量都未发生变化，而感觉上的变化只能归因于这两种刺激同时或先后存在时，对人心理上产生的影响。对此增强现象有同时对比和先后对比两种。同时给予两个刺激时称作同时对比，先后连续给予两个刺激时，称作相继性对比（或称先后对比）。

同种颜色深浅不同放在一起比较时，会感觉深颜色者更深，浅颜色者更浅，这是视觉的同时对比增强现象。在吃过糖后，再吃山楂特别酸；两只手拿过不同质量的砝码后，再换相同质量的砝码时，原先拿着轻砝码的手会感到比另一只手拿来的砝码要重，这是相继性对比的例子。又如吃过糖后再吃中药，会觉得药更苦，这是味觉的先后对比使敏感性发生变化的结果。

总之，对比效应提高了对两个同时或连续刺激的差别反应。因此，在进行感官检验时，应尽可能避免对比效应的发生。例如，在品尝评比几种食品时，品尝每一种食品前都要彻底漱口，以避免对比效应带来的影响。

3. 协同效应和拮抗效应

协同效应（Synergism）是两种或多种刺激的综合效应，它导致感觉水平超过预期的每种刺激各自效应的叠加。协同效应又称相乘效果。

与协同效应相反的是拮抗效应（Antagonism）。它是指因一种刺激的存在，而使另一种刺激强度减弱的现象。拮抗效应又称相抵效应。

4. 掩蔽现象

当两个强度相差较大的声音同时传到双耳，我们只能感觉到其中一个声音，这一现象称为掩蔽现象（Masking），即同时进行两种或两种以上的刺激时，降低了其中某种刺激的强度或使该刺激的感觉发生了改变。

第二节　味　　觉

一、味觉的生理特点

味觉（Taste）是可溶性呈味物质溶解在口腔中对味感受体进行刺激后产生的反应。从试验角度讲，纯粹的味感应是堵塞鼻腔后，将接近体温的试样送入口腔内而获得的感觉。通常，味感往往是味觉、嗅觉、温度觉和痛觉等几种感觉在嘴内的综合反应。

1. 味觉器官

（1）乳头　舌头表面相当复杂，口腔内舌头上隆起的部位——乳头，是最重要的味感受器。舌面乳头可造成口感的复杂性，如黏稠感、颗粒性、相变、温度感、收敛性、麻木感、疼痛感等。

医学上根据乳突的形状将其分为四种类型：丝状乳头、茸状乳头、叶状乳头、轮廓乳头。

①丝状乳头最小，数量最多，分布于舌前 2/3 处，因无味蕾而没有味感，起撕裂作用、清洁功能。

②茸状乳头呈霉菌状、蘑菇状，分布于舌尖和舌侧面，对甜味和咸味比较敏感。

③叶状乳头分布于舌部后两侧，对酸味较敏感。

④轮廓乳头（城堡状，周围有圆圈）最大，呈 V 字型分布在舌根部位，对苦味较敏感。

（2）味蕾　乳头上真正感受味觉作用的是味蕾（Taste Buds），味蕾中的味细胞能感应化学刺激，将刺激转换成电子脉冲输送往大脑，是滋味反应器官。

人的味蕾大部分分布在舌头表面的乳突中，在茸状、叶状和轮廓乳头上都有，小部分分布在咽喉、会咽等处。它的形状就像一个膨大的上面开孔的纺锤。味蕾是味的受体，含有 5~18 个成熟的味细胞及一些尚未成熟的味细胞，同时还含有一些支持细胞及传导细胞。在味蕾有孔的顶端存在着许多长约 2μm 的微丝，正是由于有这些微丝才使得呈味物质能够被迅速吸附。味蕾中的味细胞寿命不长，从味蕾边缘表皮细胞上有丝分裂出来后只能活 6～8d。因此，味细胞一直处于变化状态。成年人的味蕾主要分布于舌头的味觉乳头上，但这种分布并不呈均匀状态。例如，在舌头前部有大量乳头状组织存在，但这些乳头状组织大多数是没有味蕾的丝状乳头和发育不完全的叶状乳头，对味觉作用不大。

不同动物的味蕾数量不同，人的味蕾在 1 万左右。味蕾的数量与年龄有关。胎儿几个月就有味蕾，味蕾在哺乳期最多，以后逐渐减少、退化，成年后味蕾的分布范围和数量都减少。随着年龄增长，舌头上的味蕾约有 2/3 逐渐萎缩，造成角质化增加，味觉功能下降，一般是从 50 岁开始出现迅速衰退。

由于舌表面的味蕾乳头分布不均匀，而且对不同味道所引起刺激的乳头数目不相同，因此造成舌头各个部位感觉味道的灵敏度有轻微差别，但这不容易察觉出来，实际上，每一个味蕾（包含大约 100 个味觉感觉细胞），对化合物所引起的基本味道都能产生相应的反应。

2. 口腔唾液腺

只有溶于水中的物质才能刺激味蕾，因此唾液对引起味觉有极大关系。唾液分泌的数量和成分，受食物种类的影响。一般来说，食物越干燥，唾液腺单位时间内分泌的唾液量越大。唾液的成分随食物种类不同而变化，如鸡蛋引起浓稠、富含酶的唾液，而醋酸产生稀、含酶少的唾液。

3. 味觉神经

舌头不同的部位信息传递的神经不同，舌前部 2/3 区域是鼓索神经，舌后部 1/3 是舌咽神经，咽喉部感受的刺激由迷走神经负责，颚部的信息由面部神经的分支大浅岩样神经传递。味觉通过神经以近乎极限速度传递信息，人的味觉感受到滋味仅需 1.6～4.0ms，比触觉（2.4～8.9ms）、听觉（1.27～21.5ms）和视觉（13～46ms）都快得多。其中咸味的感觉最快，苦味感觉最慢，所以一般苦味总是在最后才会被感受到。

4. 味觉产生的过程

可溶性呈味物质进入口腔后，在舌头肌肉运动作用下，将呈味物质与味蕾相接触，然后呈味物质刺激味蕾中的味细胞，这种刺激再以脉冲的形式，通过神经系统传至大脑，经分析后产生味觉。在味细胞膜表层，呈味物质与味受体发生一种松弛、可逆的结合反应，刺激物与受体彼此诱导相互适应，通过改变彼此构象实现相互匹配契合，进而产生适当的键合作用，形成高能量的激发态，此激发态是亚稳态，有释放能量的趋势，从而产生特殊的味感信号：酸、咸信号的转导主要通过离子通道；甜、苦、鲜信号的转导主要通过受体蛋白；呈味物质分别以质子键、离子键、氢键和范德华力形成不同化学键结构。

二、基　本　味

味觉指的是能够感受物质味道的能力，包括食物、某些矿物质以及有毒物质的味道，与嗅觉同属于化学诱发感觉。大多数动物其口腔中都有味觉感受器，然而，相对低等的动物在其他部位可能会存在额外的味觉感受器，例如鱼类的触须及昆虫足末端的跗节和触角。和其他多数脊椎动物一样，人类对于味道的实际感受还受到不太直接的化学刺激感受器——嗅觉的影响，我们所闻到的味道在大脑中和味觉细胞得到的刺激合成了我们认为的味道。

酸（Acid）、甜（Sweet）、咸（Salty）、苦（Bitter）是味感中的四种基本味道。其他主要味道还包括：鲜味（又称第五种基本味）、碱味、涩味、金属味、辣味、清凉味等，有些学者认为这些其他味觉可能是触觉、痛觉或者是味觉与触觉、嗅觉融合在一起产生的综合反应。许多研究者都认为基本味和色彩中的三原色相似，它们以不同的浓度和比例组合时就可形成自然界千差万别的各种味道。例如：无机盐溶液带有多种味道，这些味道都可以用蔗糖、氯化钠、酒石酸和奎宁以适当的浓度混合而复现出来。

通过电生理反应试验和其他试验，现在已经证实四种基本味对味感受体产生不同的刺激，这些刺激分别由味感受体的不同部位或不同成分所接收，然后又由不同的神经纤维所传递。四种基本味被感受的程度和反应时间差别很大，表 2 - 1 所示为四种基本味的察觉阈和差别阈。四种基本味用电生理法测得的反应时间为 0.02 ~ 0.06s。咸味反应时间最短，甜味和酸味次之，苦味反应时间最长。

表 2 - 1　　　　　　　　　　　四种基本味的察觉阈和差别阈

呈味物质	察觉阈		差别阈	
	%	mol/L	%	mol/L
蔗糖	0.531	0.0155	0.271	0.008
氯化钠	0.081	0.014	0.034	0.0055
盐酸	0.002	0.0005	0.00105	0.00025
硫酸奎宁	0.0003	0.0000039	0.000135	0.0000019

传统上认为味觉由四种基本味道组成：甜、咸、酸、苦。多年来，科学家一直争论鲜味是否确实是一种基本味道，直到 1985 年在夏威夷首个鲜味国际讨论会中，鲜味一词获官方认可为科学字词，用来描述谷氨酸盐及核苷酸的味觉，现如今，已广泛接受"鲜味"（Umami）为第五种基本味觉。

鲜味被认为是基本味道的一种，是因为人们的舌头上有感知鲜味的味蕾，人类存在接受氨基酸刺激的特殊味觉感受器，科学家在 2002 成功复制出一种专门识别氨基酸的感受细胞，鲜味可以通过某些自由氨基酸，例如谷氨酸单钠盐（味精的主要成分），引起非咸味感觉。鲜味的信号通过单一的味觉神经传导给大脑，我们的人脑在识别时能将鲜味与其他四种基本味区分开来。

鲜味是我们品尝的各种食品中最普遍的味道，是由谷氨酸等化合物引发的一种味觉味道，通常它们能在肉类、乳酪、鱼等富含蛋白质的食品及发酵食品中轻易找到，例如，牛羊肉、意大利乳酪、羊乳干酪、生抽、鱼露中都存在谷氨酸。除此之外，鲜味还可以通过核苷酸类的肌苷酸和鸟苷酸来获得。肌苷酸在鱼肉中含量很高，鸟苷酸则在香菇中有很高的含量，谷氨酸单钠盐、肌苷酸和鸟苷酸这三种化合物以一定的比例混合，可以互相增强其鲜味。鲜味在英语中会被描述为肉味（Meatiness）、风味（Relish）或者美味（Savoriness）；日语中则来自于指美味可口的 umai（旨い）；中文的鲜字，则是来自于鱼和羊一同烹制特别鲜，而将此两字组合指代鲜味的这一传说。在钠离子（食盐的主要成分）的共同作用下，谷氨酸是最鲜的。含有鲜味和咸味的酱料在烹饪中非常受欢迎，例如在中餐中常用的生抽、鱼露，在西餐中则常用辣酱油。中日两国的烹饪理论中，鲜味是一个很基础的要素，但在西方却不太讨论这一感觉。

三、影响味觉的因素

1. 温度的影响

温度对味觉的影响表现在味阈值的变化上，感觉不同味道所需要的最适温度有明显差别。在四种基本味中，甜味和酸味的最佳感觉温度在 35～50℃，咸味的最适感觉温度为 18～35℃，而苦味则是 10℃。

各种味道的察觉阈会随温度的变化而变化，这种变化在一定温度范围内是有规律的。甜味：17～37℃逐渐下降，超过 37℃又回升；咸味和苦味：17～42℃升高；酸味：变化不大。

目前还没有搞清楚温度对味觉影响的真正原因。通过试验没有发现温度对引起味觉反应的有效刺激具有明显影响。但是，在温度变化时，味觉和痛觉相互有联系。除此之外，有研究者认为在温度对味觉的影响上，味感受体的温度比呈味物质的温度更加重要。味细胞与呈味物质发生作用时，味感受体温度将起决定性作用，而不是所用样品的温度起决定性作用。

2. 介质的影响

由于呈味物质只有在溶解状态下才能扩散至味感受体进而产生味觉，因此味觉也会受呈味物质所处介质的影响。介质的黏度会影响可溶性呈味物质向味感受体的扩散，介质性质会降低呈味物质的可溶性或抑制呈味物质有效成分的释放，如四种基本味的呈味物质处于水溶液中时，最容易辨别；处于泡沫状、胶体状介质时不易辨别。一般情况下，溶解度越大，味阈值越低。而黏度越大，味阈值越高，辨别能力下降。例如，水介质中蔗糖、氯化钠、咖啡因等物质的味阈值低于在番茄汁中的味阈值。果酱在食用时并不觉得酸味突出，是因为果酱的黏度较高，降低了产生酸味感的自由氢离子的扩散作用，且果酱中含有的果胶也会抑制自由氢离子的产生。

辨别味道的难易程度随呈味物质所处介质的黏度而变化。通常，黏度增加，味道辨别能力降低。呈味物质浓度与介质影响也有一定关系。在阈值浓度附近时，咸味在水溶液中比较容易感觉，当咸味物质浓度提高到一定程度时，就变成在琼脂溶液中比在水溶液中更易感觉。

3. 身体状态的影响

（1）疾病的影响　身体患某些疾病或发生异常时，会导致失味、味觉迟钝或变味。这些由于疾病而引起的味觉变化有些是暂时性的，待疾病恢复后味觉可以恢复正常。有些则是永久性的变化。

在患某些疾病时，味觉会发生变化。例如，人在患黄疸病的情况下，对苦味的感觉明显下降甚至丧失。患糖尿病时，舌头对甜味刺激的敏感性显著下降。身体内缺乏或富余某些营养成分时，也会造成味觉的变化。若长期缺乏抗坏血酸，则对柠檬酸的敏感性明显增加。血液中糖分升高后，会降低对甜味感觉的敏感性。这些事实也证明，从某种意义上讲，味觉的敏感性取决于身体的需求状况。

体内某些营养物质的缺乏也会造成对某些味道的喜好发生变化，在体内缺乏维生素 A 时，会显现对苦味的厌恶甚至拒绝食用带有苦味的食物，若这种维生素 A 缺乏症持续下去则对咸味也拒绝接受。通过注射补充维生素 A 以后，对咸味的喜好性可恢复，但对苦味的喜好性却不再恢复。

味盲是一种先天变异，如少数几种苦味剂难以打开苦味受体口上的金属离子桥键，所以苦味盲者感受不到它们的苦味。这与嗅觉一样，完全失去味觉的人很少，但是味觉灵敏度较弱，尤其是对各种苦味剂感觉较弱的人有普遍存在。

（2）饥饿和睡眠的影响　人处在饥饿状态下会提高味觉敏感性。有试验证明，四种基本味的敏感性在上午 11：30 达到最高。在进食后一小时内敏感性明显下降，降低的程度与所饮用食物的热量值有关。人在进食前味觉敏感性很高，这证明味觉敏感性与体内生理需求密切相关。而进食后味敏感性下降，一方面是所饮用食物满足了生理需求；另一方面则是饮食过程造成味感受体产生疲劳导致味敏感性降低。饥饿对味觉敏感性有一定影响，但是对于喜好性却几乎没有影响。

缺乏睡眠对咸味和甜味阈值不会产生影响，但是能明显提高酸味的阈值。

（3）年龄和性别　年龄对味觉敏感性是有影响的，这种影响主要发生在 60 岁以上的人群中。老年人会经常抱怨没有食欲感及很多食物吃起来无味。感官试验证实，60 岁以下的人味觉敏感性没明显变化，而年龄超过 60 岁的人则对咸、酸、苦、甜四种基本味的敏感性显著降低。造成这种情况的原因，一方面是年龄增长到一定程度后，舌乳头上的味蕾数目会减少，20~30 岁时舌乳头上平均味蕾数为 245 个，可是到 70 岁以上时，舌乳头上平均味蕾数只剩 88 个。另一方面，老年人自身所患的疾病也会阻碍对味道感觉的敏感性。

性别对味觉的影响有两种不同看法。一些研究者认为，在感觉基本味的敏感性上，无性别差别。另一些研究者则指出，性别对苦味敏感性没有影响，而对咸味和甜味，女性要比男性敏感，对酸味则是男性比女性敏感。

四、各种味之间的相互作用

自然界中大多数呈味物质的味道不是单纯的基本味，而是两种或两种以上的味道组合而成的。食品就经常含有两种、三种甚至全部四种基本味。因此不同味之间的相互作用对味觉有重大影响。

1. 对比作用

对比作用是指两种或两种以上的呈味物质适当调配，使其中一种呈味物质的味觉变得更协调可口。如 10% 的蔗糖水溶液中加入 1.5% 的食盐，使蔗糖的甜味更甜爽。味精中加入少量的食盐，使鲜味更饱满。

2. 相乘作用

两种具有相同味感的物质共同作用，其味感强度几倍于两者分别使用时的味感强度，叫相乘作用，也称协同作用。如味精与 5′-肌苷酸（5′-IMP）共同使用，能相互增强鲜味；甘草苷本身的甜度为蔗糖的 50 倍，但与蔗糖共同使用时，其甜度为蔗糖的 100 倍。

3. 消杀作用

一种呈味物质能抑制或减弱另一种物质的味感叫消杀作用。例如，砂糖、柠檬酸、食盐、和奎宁之间，若将任何两种物质以适当比例混合时，都会使其中的一种味感比单独存在时减弱，如在 1%~2% 的食盐水溶液中，添加 7%~10% 的蔗糖溶液，则咸味的强度会减弱，甚至消失。

4. 变调作用

如刚吃过中药，接着喝白开水，感到水有些甜味，这就称为变调现象。先吃甜食，接着饮酒，感到酒似乎有点苦味，所以，宴席在安排菜肴的顺序上，总是先清淡，再味道稍重，最后安排甜食，这样可使人能充分感受美味佳肴的味道。

5. 补偿作用

指在某种呈味物质中加入另一种物质后，阻碍了它与另一种相同浓度呈味物质进行味感比较的现象。

6. 竞争作用

指在呈味物质中加入另一种物质而没有对原呈味物质味道产生影响的现象。

表 2-2 所示为对咸味（氯化钠）、酸味（盐酸、柠檬酸、醋酸、乳酸、苹果酸、酒石酸）和甜味（蔗糖、葡萄糖、麦芽糖、乳糖）相互之间的补偿作用和竞争作用研究结果。通过这些结果可得如下结论。

（1）低于阈值的氯化钠只能轻微降低醋酸、盐酸和柠檬酸的酸味感，但是能明显降低乳酸、酒石酸和苹果酸的酸味感。

（2）氯化钠按下列顺序使糖的甜度增高：蔗糖、葡萄糖、果糖、乳糖、麦芽糖，其中蔗糖甜度增高程度最小，麦芽糖甜度增高程度最大。

（3）盐酸不影响氯化钠的咸味，但其他酸都增加氯化钠的咸味感。

（4）酸类物质中除盐酸和醋酸能降低葡萄糖的甜味感外，其他酸对葡萄糖的甜味无影响。乳酸、苹果酸、柠檬酸和酒石酸能增强蔗糖的甜味，而盐酸和醋酸保持蔗糖甜味不变。在酸类物质对蔗糖甜味的影响中，味之间的相互作用是主要因素，而不是由于酸的存在促进了蔗糖转化造成的甜味变化。

（5）糖能减弱酸味感，但对咸味影响不大。除苹果酸和酒石酸外，不同的糖类物质降低其他酸类物质酸味的程度几乎相同。

表 2 - 2 基本味之间的补偿作用和竞争作用

试验物	对比物											
	氯化钠	盐酸	柠檬酸	醋酸	乳酸	菜果酸	酒石酸	蔗糖	葡萄糖	果糖	乳糖	麦芽糖
氯化钠	…	±	+	+	+	+	+	−	−	−	−	−
盐酸	…	…	…	…	…	…	…	−	−	−	−	−
柠檬酸	…	…	…	…	…	…	…	−	−	−	−	−
醋酸	…	…	…	…	…	…	…	−	−	−	−	−
乳酸	…	…	…	…	…	…	…	−	−	−	−	−
苹果酸	…	…	…	…	…	…	…	−	−	−	−	−
酒石酸	…	…	…	…	…	…	…	−	−	−	−	−
蔗糖	+	±	+	±	+	+	+	−	−	−	−	−
葡萄糖	+	−	±	−	±	±	±	…	…	…	…	…
果糖	+	±	±									
麦芽糖	+	…										
乳糖	+	…										

注：± 竞争作用；＋ 或 − 补偿作用；… 未试验。

上述试验结果中没有包括苦味与其他味的相互作用。因此有人专门研究了咖啡因与其他味之间的相互作用，结论如下所述。

① 咖啡因不会影响咸味感，反之，咸味对苦味也无影响。

② 咖啡因不会影响甜味，但蔗糖能减弱苦味感，特别是在高浓度下苦味减弱更加明显。

③ 咖啡因能明显增强酸味感。

味之间的相互作用受多种因素的影响，呈味物质相混合并不是味道的简单叠加，因此味之间的相互作用，不可能用呈味物质与味感受体作用的机理进行解释，只能通过感官评价员去感受味相互作用的结果。评价员的身体状况、精神状态、味觉嗜好，以及样品的温度等对味觉器官的敏感性有一定影响，在味觉试验时应给予特别的注意。

五、味觉的识别

1. 四种基本味的识别

制备甜（蔗糖）、咸（氯化钠）、酸（柠檬酸）和苦（咖啡碱）四种呈味物质的两个或三个不同浓度的水溶液。按规定号码排列成序（表 2 - 3）。然后，依次品尝各样品的味道。品尝时注意品味技巧：样品应一点一点地啜入口内，并使其滑动接触舌的各个部位，样品不得吞咽，在品尝两个样品的中间应用温水漱口去味。

表2-3　　　　　　　　　　　　　四种基本味的识别

样品	基本味觉	试验溶液/（g/100mL）	样品	基本味觉	试验溶液/（g/100mL）
A	酸	0.02 柠檬酸	F	甜	0.60 蔗糖
B	甜	0.40 蔗糖	G	苦	0.03 咖啡碱
C	酸	0.03 柠檬酸	H	—	水
D	苦	0.02 咖啡碱	J	咸	0.15 氯化钠
E	咸	0.08 氯化钠	K	酸	0.04 柠檬酸

2. 四种基本味的察觉阈试验

味觉识别是味觉的定性认识，阈值试验才是味觉的定量认识。

制备一种呈味物质（蔗糖、氯化钠、柠檬酸或咖啡碱）的一系列浓度的水溶液（表2-4）。然后，按浓度增加的顺序依次品尝，以确定这种味道的察觉阈。

表2-4　　　　　　　　　　　　　四种基本味的察觉阈

浓度/（g/100mL）	蔗糖（甜）	氯化钠（咸）	柠檬酸（酸）	咖啡碱（苦）
1	0.00	0.00	0.000	0.00
2	0.05	0.02	0.005	0.003
3	0.1	0.04	0.010	0.004
4	0.2	0.06	0.013	0.005
5	0.3	0.03	0.015	0.006
6	0.4	0.10	0.018	0.008
7	0.5	0.13	0.020	0.010
8	0.6	0.15	0.025	0.015
9	0.8	0.08	0.030	0.020
10	1.0	0.20	0.035	0.30

注：划线为平均阈值。

六、人类味觉享受的变迁

对味觉享受的追求，使得人类在食物种类的选择、摄取上，一味地偏重舒适、可口、甜美、香鲜、刺激等，而工业社会生产技术的发展，特别是生物技术发展对食物种植、改良、加工、制作方面的贡献，使这种味觉偏好能够成为大多数人的现实选择。事实上，正是这种味觉偏好促进了相关知识、技术、产业的快速发展。相对于传统社会时期，工业社会人类味觉偏好的变化主要表现在以下几方面。

1. 酸味减少

自然界中的酸味（主要是柠檬酸、苹果酸）食物主要存在于各种果类中。人类从最初的以采摘野果为食进化到现在，其食物结构中果类所占的比重显著降低，而且基本上以人工种植的水果为主。经过不断的种植、筛选，这些水果中的酸味相对于野生的果类已经明显降低。尤其是工业社会以来，随着近现代生物技术的发展，为了满足人类味觉享受的需要而对水果品种进行的改良，在提高甜香、降低酸涩上取得了十分显著的功效。因此，人类的食物结构中酸味食物的摄入量大大降低，味觉对酸味的耐受力也明显降低，相反对甜味的渴望会相应增加。

2. 苦味减少

自然食物中的苦味主要存在于植物中。农业社会时期人类的食物来源以种植的植物类食物为主，由于食物数量相对有限，因此食物资源的利用率非常高。植物的根、茎、叶、花、果等能够食用的部分基本上都被作为食物利用，很多植物的不同部分都具有苦味，如芹菜叶、莴苣叶、胡萝卜叶等。同时还要采摘野菜作为补充，很多野菜也都有苦味，如马兰头、苦菜、野辣菜、野苋菜、海英菜等，因此农业社会时期人们对苦味食物的摄入量相对充足。随着工业社会食物数量的增多、种类的增加、品种的改良，人们可选择的范围明显扩大。而味觉享受的驱动使个体在选择的过程中尽量回避苦涩的味道，带有苦味的食物或是食物中的苦涩部分使很多人不再食用它们，野菜的食用量也减少了很多。与农业社会相比，人们对苦味的摄入量明显减少，对苦味的耐受力明显降低，相反对甜味的渴望却相应增加。当然，茶叶和咖啡具有的苦味从丰富个体的味觉体验上似乎有一定的弥补作用，但是这种弥补的作用主要局限在味觉的享受上，而其他天然的苦味食物所包含的丰富的组分对人类肌体的滋养却无从获得。

3. 甜味增加

简单的碳水化合物都有些淡淡的甜味（可惜如今已经很少有人能品尝出来），一些植物和成熟的水果（汁液中含有很多自然的糖分）味道甜美。甜味给人类带来的味觉享受和心理愉悦是绝大多数个体都十分喜欢的，而且天然甜味的主要成分——复合糖对人体健康十分有益。不过，甜味食品在农业社会里一直都是相对稀缺的食物，人类在相当长的时间里所能尝到的最甜的食物只有蜂蜜，因此大多数个体内心都充满了对"甜美"的渴望。工业社会相关技术的发展，使制糖业快速兴起，人们能够很方便地获得这种几乎是廉价的超过蜂蜜甜度的甜味。于是，各种甜味饮料、甜食成品层出不穷；日常的饭菜很多也用糖来调味；人们开始一味地放纵这种先前被约束了的味觉体验，并且经常通过食用人造糖果来满足味觉享受的需要（吃糖成了最廉价的"幸福"获得方式）。随着甜食摄入的增加，味觉对甜味的感知灵敏度明显降低。再加上追求味觉享受的强势的心理需求的驱动，人类摄入的甜味食品明显超过农业社会，也大大超过了自身肌体的实际需要。另外，过多甜味食品的摄入也间接地提高了对苦味、酸味的感知阈度和灵敏度，降低了耐受力，使人们进一步回避、减少对这些食品的摄入。

4. 辣味增加

由于辛辣味食物具有明显的开胃、刺激食欲的作用，因此在食物资源相对缺乏的农业社会，人们对辣味食物的摄入相对较少。工业社会中，人们追求味觉刺激的心理驱动，使越来越多的个体口味开始明显偏重于辛辣。葱、姜、蒜、胡椒等传统辛辣味调料远远满足不了人们追求刺激的需要，辣味食品中的典型代表——辣椒得以迅速普及传播开来。随着辛辣食物摄入的增加，各体味觉的适应性也在不断提高，于是食物的辣度被逐渐加重，食用数量、食用频次不断增加，各色各样的辣味食品几乎风靡全球。甚至于有些人对辣味产生了生理上的依赖，没有辣味根本吃不下饭，人也没有精神。强烈的辣味刺激还抑制了味觉对其他味道的感受，降低了相应的味觉感知的灵敏度，从整体上打乱了先前的味觉感知的均衡性。因此，个体会不自觉地增加其他味道的摄入以求建立新的味觉平衡，其中对咸味的摄入增加最为明显。

5. 咸味增加

咸味是我们日常饮食中摄入最多的味道。咸味能增加食物的鲜香感，俗话说"盐淡油不香"，这足以说明咸味在日常饮食中的重要性。正因为如此，农业社会时期绝大多数统治阶层都把制盐业作为重要的经济、战略资源，尽可能地控制在自己的手里。对食盐资源的控制造成食盐的相对价格一直较高，这在某种程度上抑制了人们对食盐的摄入量，因此农业社会时期，人类的食盐摄入量相对较低。而在工业社会中，人类对味觉享受的过度追求，明显会增加对食盐的需求。与此同时，食盐相对价格的明显降低、供给量的充足，使人类的这种需求毫无阻碍地被满足。在人们日常食用的调味品中，食盐的价格最为低廉，这使得任何人都可以在自己的菜肴中多添加食盐来提升味道。在工业社会里，越是处于底层的个体（获得心理安慰的方式极其匮乏），其食盐的摄入量越高。总体上讲，大多数人的食盐摄入量都远远超出了自身肌体的实际需要量，有的甚至于超出正常摄入量的数倍。

6. 鲜味增加

肉类食物的鲜美味道给人们带来的生理享受和心理愉悦感明显超过其他食物，肉类食物带给肌体能量补给的效果也是其他食物所不及的。因此，随着工业社会的发展、人类生活条件的改善，人们对各种肉类食物的摄入量显著增加。而在心理驱使的追求味觉享受的倾向引导下，个体对肉类食物摄入的增加大多失去了应有的约束，一味放开了胃口，导致肉食的摄入量不仅超出了人类肌体的实际需要，而且超过了生理上的承受能力。因此，人类肌体生理平衡被破坏，其破坏程度明显超出了其他味觉偏好所造成的影响。

第三节　嗅　　觉

一、嗅觉的生理特点

嗅觉（Olfaction）是人类的一种基本感觉。它是指挥发性物质刺激鼻腔嗅觉神经时在中枢神经中引起的一种感觉。其中产生令人喜爱感觉的挥发性物质称为香气，产生令人厌恶感觉的挥发性物质称为臭气。嗅觉是一种基本感觉，它比视觉原始，比味觉复杂。嗅觉的敏感性比味觉敏感性高很多。食品除含有各种味道外，还含有各种不同气味。食品的味道和气味共同组成食品的风味特征影响着人类对食品的接受性和喜好性，同时对内分泌亦有影响。因此，嗅觉与食品有密切的关系，是进行感官评价时所使用的重要感觉之一。

　　嗅觉是辨别各种气味的感觉。嗅觉的感受器位于鼻腔最上端的嗅上皮内，其中嗅觉受体细胞是嗅觉刺激的感受器，接受有气味的分子。一种浓度很低的气味，必须用力吸气，才能使气体分子到达嗅区，产生嗅感（图2-1）。鼻腔是人类感受气味的嗅觉器官。空气中散发的气味被位于鼻腔顶部的嗅觉上皮细胞所识别，覆盖在上皮细胞上的百万个细微的纤毛能感知到气味分子，但具体的作用机制目前仍不被人们所了解。由鼻腔的解剖学可知，只有一小部分吸入的空气能通过鼻甲骨或吞咽时通过口腔后部进入嗅觉上皮细胞。嗅觉的适宜刺激物必须具有挥发性和可溶性的特点，否则不易刺激鼻黏膜，无法使人产生嗅觉。

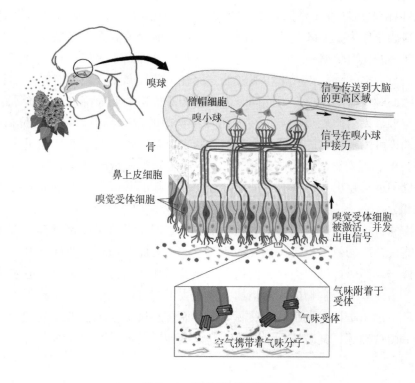

图2-1　嗅觉感受示意图

　　人的嗅觉是很灵敏的，对某些物质比气相色谱的灵敏度还高。例如，人对正己醛的灵敏度是气相色谱的10倍（人0.03mg/L；气相色谱0.3mg/L）。在空气中，人能嗅出0.00004mg/L的麝香气味，但目前还无仪器能直接测出这样微量的成分。

　　嗅觉的敏感性比味觉高很多。人类没有进化到直立状态之前，原始人主要依靠嗅觉、味觉触觉来判断周围环境。随着人类转变成直立姿态，视觉和听觉成为最重要的感觉，而嗅觉等退至次要地位。尽管现在嗅觉已不是最重要的感觉，但嗅觉的敏感性还是比味觉高很多。最敏感的气味物质甲基硫醇在 $1m^3$ 空气中只要有 4×10^{-5} mg（约为 1.41×10^{-10} mol/L）就能感觉到；而最敏感的呈味物质马钱子碱的苦味要达到 1.6×10^{-5} mol/L 浓度才能感觉到。嗅觉感官能够感受到的乙醇溶液的浓度要比味觉感官能感受到的浓度低至 1/24000。嗅觉的个体差异很大，有嗅觉敏锐者和嗅觉迟钝者。一般患完全嗅觉缺失症的人很少，但特定嗅觉缺失症（有些人对于其他嗅觉有正常的敏感性，但对于某一化合物或相近类别的化合物的嗅觉能力缺失）的人却并不少见。正因为如此，常用相似气味筛选掉评价员中感觉灵敏度较差的人。嗅觉敏锐者并非对所有气味都敏锐，因不同气味而异。如长期从事评酒工作的人，其嗅觉对酒香的变化非常敏感，但对其他气味就不一定敏感。人的身体状况可以影响嗅觉器官，如人体的饥饿、过饱、心情、注意力集中程度、呼吸道感染等都会对其有所影响。

鼻腔每 1～2s 进行一次适度的呼吸，可以使气味分子和上皮细胞达到一种最佳接触，但在 2s 末时，上皮细胞已经适应了这种新的刺激。这种现象就是嗅觉疲劳，它是嗅觉长期作用于同一种气味刺激下产生的适应现象。嗅细胞容易产生疲劳，当嗅球等中枢系统由于气味的刺激陷入负反馈状态时，感觉受到抑制，气味感消失，这便是对气味产生了适应性。

在嗅觉疲劳期间，有时所感受的气味本质也会发生变化。例如，在嗅闻硝基苯时，气味会从苦杏仁味变到沥青味。在闻三甲胺时，开始像鱼味，但过一会又像氨味。这种现象是由于不同的气味组分在黏膜上适应速度不同而造成的。除此之外，还存在一种称之为交叉疲劳现象，即对某一气味物质的疲劳会影响到嗅觉对其他气味刺激的敏感性。例如，对松香和蜂蜡气味的局部疲劳会导致橡皮气味阈值的升高。对碘气味产生嗅觉疲劳的人，对酒精气味的感觉也会降低。因此，在 5～20s 或更长时间以后应破坏上皮细胞对新刺激的适应性，以保证下次的呼吸能产生最高强度的感觉。

二、嗅觉特性

1. 嗅味阈

嗅觉和其他感觉相似，也存在可辨认气味物质浓度范围和感觉气味浓度变化的敏感性问题。人类的嗅觉在察觉气味的能力上强于味觉，但对分辨气味物质浓度变化后气味相应变化的能力却不及味觉。由于嗅觉比味觉、视觉和听觉等感觉更易疲劳，而且持续时间比较长，影响嗅味阈测定的因素又比较多，因而准确测定嗅味阈比较困难。不同研究者所测得的嗅味阈值差别也比较大。影响嗅味阈测定的因素包括：测定时所用气味物质的纯度、所采用的试验方法及试验时各项条件的控制、参加试验人员的身体状况和嗅觉分辨能力上的差别等。

2. 相对气味强度

相对气味强度是反映气味物质随浓度变化其气味感相应变化的一个指标。由于气味物质察觉阈非常低，因此很多自然状态存在的气味物质在稀释后，气味感觉不但没有减弱反而增强。这种气味感觉随气味物质浓度降低而增强的特性称为相对气味强度。各种气味物质的相对气味强度不同，除浓度影响相对气味强度外，气味物质结构也会影响相对气味强度。

3. 嗅觉疲劳

嗅觉疲劳是嗅觉的重要特征之一，它是嗅觉长期作用于同一种气味刺激而产生的适应现象。嗅觉疲劳比其他感觉的疲劳都要突出。嗅觉疲劳存在于嗅觉器官末端，感受中心神经和大脑中枢上。嗅觉疲劳具有三个特征。

① 从施加刺激到嗅觉疲劳式嗅感消失有一定的时间间隔（疲劳时间）。

② 在产生嗅觉疲劳的过程中，嗅味阈逐渐增加。

③ 嗅觉对一种刺激疲劳后，嗅感灵敏度再恢复需要一定的时间。

在嗅觉疲劳期间，有时所感受的气味也会发生变化。例如，在嗅闻硝基苯时，气味会从苦杏仁味变为沥青味。在闻三甲胺时，开始像鱼味，但过一会又像氨味。这种现象是由于不同的气味组分在嗅感黏膜上适应速度不同而造成的。除此之外，还存在一种称为交叉疲劳现象，即对某一气味物质的疲劳会影响到嗅觉对其他气味刺激的敏感性。例如，对松香和蜂蜡气味的局部疲劳会导致橡皮气味阈值升高；对碘气味产生嗅觉疲劳的人，对酒精和芫荽油气味的感觉也会降低。

4. 嗅味的相互影响

气味和色彩、味道不同，混合后会产生多重结果。当两种或两种以上的气味混合到一起，可能产生下列结果之一。

① 气味混合后，某些主要气味特征受到压制或消失，这样无法辨认混合前的气味。

② 混合后气味特征变为不可辨认特征，即混合后无味，这种结果又称中和作用。

③ 混合中某种气味被压制而其他的气味特征保持不变，即失掉了某种气味。

④ 混合后原来的气味特征彻底改变形成一种新的气味。

⑤ 混合后保留部分原来的气味特征，同时又产生一种新的气味。

气味混合中比较引人注意的是用一种气味去改变或遮盖另一种不愉快的气味，即"掩盖"作用。在日常生活中，气味掩盖应用广泛。香水、除臭剂就是一种掩盖剂，气味掩盖在食品上也经常应用。例如，在鱼或肉的烹调过程中，加入葱、姜等调料可以掩盖鱼、肉的腥味。

三、气　　味

与能够引起味觉反应的呈味物质相类似，气味是能够引起嗅觉反应的物质。尽管气味遍布我们周围，而且我们时刻都在有意识或无意识地感受到它们，但对于气味至今没有明确的定义。按通常的概念，气味就是："可以嗅闻到的物质"。这种定义非常模糊。有些物质人类嗅不出气味，但某些动物却能够嗅出其气味，这类物质按上述定义就很难确定是否为气味物质。有些学者根据气味被感觉的过程给气味提出一个现象学上的定义，即在人类和高等脊椎动物中，气味是通过吸入鼻腔和口腔（图 2-2），在这些感官的嗅感区域上形成一个感应，产生一个不同于所见、所闻、所尝和感情的感觉。具有产生这种感觉潜力的物质就为"气味物质"。

气味的种类非常多，有人认为，在 200 万种有机化合物中，40 万种都有气味，而且各不相同。但人仅能分辨出 5000 余种气味。借助分析仪器可以准确区分各种气体。

因气味没有确切定义，而且很难定量测定，所以气味分类比较混乱。不同的研究者都从各自的角度对气味进行分类。所有方法都存在一些缺陷，不能准确而全面地对所有气味进行划分。

许多学者尝试过对气味的分类，其中以 Amoore 的分类方法最为著名。他根据有关书籍的记载任意选出 616 种物质，将表现气味的词汇集

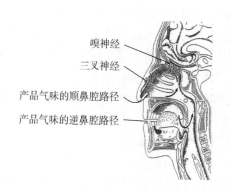

嗅神经
三叉神经
产品气味的顺鼻腔路径
产品气味的逆鼻腔路径

图 2-2　气味的感受途径示意图

中在一起制成直方图。结果发现：樟脑味、麝香味、花香味、薄荷香味、乙醚味、刺激味和腐臭味这七个词汇的应用频度最高，因此，这七种气味被认为是基本的气味。任何一种气味的产生，都是由七种基本气味中的几种气味混合的结果。此外，Henning 提出气味的三棱体概念，他所划分的六种基本气味（腐败味、芳香味、醚味、焦臭味、辛辣味、树脂味）分别占据三棱体的六个角。而所有气味都是由这六种基本气味以不同比例混合而成的。Schutz 采用不同语言为媒介，对嗅觉感受的描述划定了一个统一基准，让 182 个人评定了 30 种风味物质，然后将评定结果用多变量回归分析法处理，最后归纳出 9 种因子：辛味、香味、醚味、香甜味、油脂味、焦味、烧硫磺味、臭树脂味、金属味，作为基本气味。

各种气味之间存在掩蔽现象，所以，有时为了去除某种讨厌的或难闻的气味，就用其他强烈气味对其加以掩蔽。或使某种气味和其他气味混合后发生性质改变，成为令人喜欢的气味。

食品的味道和气味共同组成食品的风味特征，影响人类对食品的接受性和喜好性，同时对内分泌亦有影响。因此，嗅觉与食品有密切的关系，是进行感官评价时所使用的重要感觉之一。

四、食品的嗅觉识别

1. 嗅技术

嗅觉受体位于鼻腔最上端的嗅上皮内。在正常的呼吸中，吸入的空气并不倾向通过上鼻道，多通过下鼻道和中鼻道。带有气味物质的空气只能极少量而且缓慢地通入鼻腔嗅区，所以只能感受到有轻微的气味。作适当用力地吸气（收缩鼻孔）或煽动鼻翼作急促的呼吸，并且把头部稍微低下对准被嗅物质，可使气味自下而上地通入鼻腔，使空气易形成

急驶的涡流。气体分子较多地接触嗅上皮，从而可引起嗅觉的增强效应，这样一个嗅过程就是所谓的嗅技术（闻）。

如选取几种具有不同气味的物质，如花椒、茴香、肉桂、薄荷叶、橙皮等，放入棕色瓶中，让气体进入鼻腔中进行气味辨别。头部稍微低下对准被嗅物质，使气味自下而上地通入鼻腔，适当用力地吸气（收缩鼻孔）或煽动鼻翼作急促的呼吸，使空气易形成急驶的祸流。气体分子较多地接触嗅上皮，可引起嗅觉的增强效应。

嗅技术并不适应所有气味物质，如一些能引起痛感的含辛辣成分的气体物质就不适合使用嗅技术，因此，使用嗅技术要非常小心。通常对同一气味物质使用嗅技术不超过三次，否则会引起"适应"，使嗅敏度下降。

2. 气味识别

各种气味就像学习语言那样可以被记忆。人们时时刻刻都可以感觉到气味的存在，但由于无意识或习惯性人们也就并不觉察它们。因此要记忆气味就必须设计专门的试验，有意地加强训练这种记忆（注意：感冒者例外），以便能够识别各种气味，详细描述其特征。

（1）啜食技术　因为吞咽大量样品不健康，可使用啜食技术来代替吞咽的感觉动作，使香气和空气一起流过后鼻部被压入嗅味区域。这种技术是一种专门技术，对一些人来说要用很长时间来学习正确的啜食技术。

例如，在品茶或咖啡品尝时，评价员用匙把样品送入口内并用劲地吸气，使液体杂乱地吸向咽壁（就像吞咽时一样），样品的气体成分通过鼻后部到达嗅味区。此时吞咽成为多余，样品被吐出。酒类评价时，也可将酒送入张开的口中，轻轻地吸气并进行咀嚼。酒香比茶香和咖啡香具有更多的挥发成分，因此对于酒类评价使用啜食技术更应谨慎。

（2）香的识别　香识别训练首先应注意色彩的影响，通常多采用红光以消除样品色彩的干扰。训练用的样品要典型，可选各类食品中最具典型香的食品进行。果蔬汁、糖果蜜饯类要用纸包原块，面包用整块，肉类应该采用原汤。乳类应注意对异味区别的训练。注意必须先嗅后尝，以确保准确性。因嗅细胞有易疲劳的特点，所以，对产品气味的检查或对比，在数量和时间上应尽可能减少和缩短。

（3）范氏试验　首先，用手捏住鼻孔通过张口呼吸，把一个盛有气味物质的小瓶放在张开的口旁（注意：瓶颈靠近口但不能咀嚼），迅速地吸入一口气并立即拿走小瓶，闭口，放开鼻孔使气流通过鼻孔流出（口仍闭着），从而在舌上感觉到该物质。这个试验已广泛地应用于训练和扩展人们的嗅觉能力。

3. 食品嗅觉识别的注意事项

食品的气味是一些具有挥发性的物质形成的，而且其含量常随温度的高低而增减。所以在进行嗅觉鉴别时常需稍稍加热，但最好是在 15～25℃ 的常温下进行。液态食品可滴在清洁的手掌上摩擦，以增加气味的挥发效果，识别畜肉等大块食品时，可将一把尖刀稍微加热刺入深部，拔出后立即嗅闻气味。食品气味识别的顺序应当是先识别气味淡的，后识别气味浓的，以免影响嗅觉的灵敏度。在识别前禁止吸烟，不使用化妆品等，甚至不应使用香气浓郁的洗护用品，如香氛沐浴露等。

第四节　视　　觉

一、视觉的生理特点

光作用于视觉器官，使其感受细胞兴奋，其信息经视觉神经系统加工后便产生视觉。人类在认识世界，获取知识的过程中，90%的信息是靠视觉提供的。视觉是人类重要的感觉之一，绝大部分外部信息要靠视觉来获取。视觉是认识周围环境、建立客观事物第一印象的最直接和最简捷的途径。在感官评价中，视觉检查占有重要位置，几乎所有产品的检查都离不开视觉检查。在市场上销售的产品能否得到消费者的欢迎，往往取决于"第一印象"，即视觉印象。视觉（Visual Sensation）是眼球接受外界光线刺激后产生的感官印象。

眼球形状为圆球形，其表面由三层组织构成。最外层是起保护作用的巩膜，中间一层是布满血管的脉络膜，最内层大部分是对视觉感觉最重要的视网膜，视网膜上分布着柱形和锥形光敏细胞。在视网膜的中心部分只有锥形光敏细胞，这个区域对光线最敏感。在眼球面对外界光线的部分有一块透明的凸状体称晶状体，晶状体的变曲程度可以通过睫状肌肉运动而变化，保持外部物体的图像始终集中在视网膜上。晶状体的前部是瞳孔，瞳孔直径可变化以控制进入眼球的光线。

视觉的产生依赖于视觉的生理机制和视觉的适宜刺激。

（1）视觉的生理机制是光源光或反射光刺激于晶状体，光线经过晶状体的折射，在视网膜上形成物象。物象刺激视网膜上的感光细胞，可使细胞产生的神经冲动沿视神经传入大脑皮层的视觉中枢，最后产生视觉。

视网膜含有大量光敏细胞，分为视杆和视锥细胞。视杆细胞呈紫红色，灵敏度极高，低照明时辨别明暗，但分辨不出物体的色彩（完成晚上的视觉作用）。视锥细胞在高光线时感觉明暗，可辨别颜色（完成白天的视觉过程）。

（2）视觉细胞感光换能机制表明，视觉的适宜刺激为波长380～780nm的电磁波。这部分电磁波又叫光波，属可见光部分，它仅占全部电磁波的1/70。可见光线进入眼球后集中在视网膜上，视网膜的光敏细胞接受这些光刺激后自身发生变化而诱发电脉冲，这些脉冲经视神经和末梢传导到大脑，再由大脑转换为视觉。

可见光分为两类：一类是由发光体直接发射出来的，如太阳光，灯光等；另一类是光源照射到物体表面，由反光体把光反射出来的。我们平常所见的光多数是反射光。在完全缺乏光源的环境中，就不会产生视觉。

二、视觉的敏感性和感官特征

1. 视觉的敏感性

在不同的光照条件下，眼睛对被观察物的感受性即敏感性是不同的。在明亮光线的作用下，人眼可以看清物体的外形和细小的地方，并能分辨出不同的颜色。但在暗弱光线的作用下，只能看到物体的外形，而且无彩色视觉，只有黑、白、灰视觉。所以，感官评价中的视觉检查应在相同的光照条件下进行，特别是在同一次试验过程中的样品检查。

2. 视觉的感官特征

（1）闪烁效应 当用一系列明暗交替的光线刺激眼球时，就会产生闪烁感觉，随着刺激频率的增加，到一定程度时，闪烁感觉就会消失，由连续的光感所代替。

（2）颜色与色彩视觉 色彩视觉通常与视网膜上的锥形细胞和适宜的光线有关。在锥形细胞上有三种类型的感受体，每一种感受体只对一种基色产生反应。当代表不同颜色的不同波长的光波以不同的强度刺激光敏细胞时，产生色彩感觉。对色彩的感觉还会受到亮度的影响。此外，每个人对色彩的分辨能力有一定差别，由于病理原因，人类甚至还会出现无法识别色彩的情况，如色盲是指不能正确辨认红色、绿色和蓝色；色弱指能辨别颜色，但辨认能力迟钝。

（3）暗适应和亮适应 暗适应是指当从明亮处转向黑暗时，会出现视觉短暂消失，而后逐渐恢复的情形，这样一个过程称为暗适应。暗适应过程中，由于光线强度骤变，瞳孔迅速扩大以适应这种变化，视网膜也逐步提高自身灵敏度使分辨能力增强。因此，视觉从一瞬间的最低程度渐渐恢复到该光线强度下正常的视觉。亮适应则相反，是从暗处到亮处视觉逐渐适应的过程，亮适应过程所经历的时间比暗适应短。视觉感觉特征除上述外，还有残像效应、日盲、夜盲等。残像（After – image）是指眼睛注视了某种色彩后，将在一个短时间内保持着这一色彩或其补色的色相，这种现象称为视觉残像。夜盲是由于视杆细胞内缺少感光化学物质（视紫红质），在黑暗条件下视觉便发生困难。

三、视觉与食品感官评价

1. 视觉在食品感官评价中的作用

视觉虽不像味觉和嗅觉那样对食品感官评定起决定性作用，但仍对食品感官评价有重要影响。感官评价顺序中首先由视觉判断物体的外观，确定物体的外形、色泽。食品颜色变化会影响其他感觉，只有当食品处于正常颜色范围内才会使味觉和嗅觉在对该种食品的评价上发挥正常，否则这些感觉的灵敏度会下降，甚至不能出现正确感觉。颜色对分析评价食品，尤其是对嗜好性食品的评价上，占据重要作用。

（1）便于挑选食品和判断食品的质量。食品的颜色比另外一些因素，如形状、质构等对食品的接受性和食品质量影响更大、更直接。

（2）食品的颜色和人们接触食品时环境的颜色会显著增加或降低人们对食品的食欲。

（3）食品的颜色也决定其是否受人欢迎。倍受喜爱的食品常常是因为这种食品带有使人愉快的颜色。没有吸引力的食品，颜色不受欢迎是一个重要因素。

（4）通过各种经验的积累，可以掌握不同食品应该具有的颜色，并据此判断食品所应具有的特性。

此外，在感官评价试验中，颜色识别必须考虑到以下几个方面。

（1）观察区域的背景颜色和对比色区域的相对大小都会影响颜色的识别。

（2）样品表面的光泽和质构也会影响颜色的识别。

（3）评价员的观察角度和光线照射在样品上的角度不应该相同，因为那样会导致入射光线的镜面反射，以及因该方法人为造成的一种可能的光泽。通常，评价小间设置的光源垂直在样品之上，当评价员落座时，他们的观察角度大约与样品成45°。

（4）评价员是否存在色盲或色弱，如不能区分红色和橙色、蓝色和绿色等。

总之，观察样品在颜色和外观上的差异非常重要，它可以避免评价员在识别风味和质构上存在差别时作出有误的结论。

2. 食品的视觉评价

食品都有比较固定的颜色，颜色是食品的主要表观特征之一。长期以来，人们已经对食品的颜色有了固有的观念，因此颜色对人的影响不仅仅是视觉上的，而且赋予人们对食品品种、品质优劣、新鲜与否的联想。近年食品物性的研究中，关于对食品色彩的认识、评价和测量成了一个很重要的学科领域。视觉生理、色度学、颜色心理学、色光测试技术以及计算机图像处理技术等科技的进步，促进了食品色彩科学的飞速发展。

食品颜色给人的第一印象是视觉上的，然后通过颜色对大脑的刺激，激发以前对这种颜色的记忆，最终形成对某种食品的综合评价。各种食品颜色与感觉是有一定的相关性的，如表2–5所示，可见，食品颜色对人们感觉的影响是深层次的、多方位的。

表2–5　　　　　　　　　　　　　　　　食品颜色与感觉

颜色	感官印象	颜色	感官印象
白色	营养、清爽、卫生、柔和	奶油色	甜、滋养、爽口、美味
灰色	难吃、脏	黄色	滋养、美味
粉红色	甜、柔和	暗黄	不新鲜、难吃
红色	甜、滋养、新鲜、味浓	淡绿色	清爽、清凉
紫色	浓烈、甜、暖	黄绿	不新鲜
深褐色	难吃、硬、暖	暗黄绿	不新鲜、难吃
橙色	甜、美味、滋养、味浓	绿	新鲜
暗橙色	硬、陈旧、暖	黑	硬、味浓

人们普遍喜爱鲜亮的颜色，因为鲜亮的颜色能够给予心灵的愉悦；看来不太鲜亮的颜色，一般给人的印象不太好，因为这些颜色给人低沉与腐败的感觉。由于各国各民族人民的生活环境和习惯不同，长期以来人们对颜色形成了比较稳定的认识。例如，几乎每一个民族都有自己的颜色禁忌，所以面对这些颜色的食品人们就会联想起来，赋予这些颜色食品不良的影响，进一步影响到对食品的食欲，构成各地域、各民族的对饮食的颜色心理。

人的心理和食感具有非常微妙和复杂的关系，即使味道很好的食品，如果色泽不正，往往也会使人觉得索然无味或难以下咽。刺激食欲的颜色与喜好食品往往联系在一起。红苹果、橙蜜橘、粉红的桃、黄色的蛋糕、嫩绿的蔬菜等，给人以好食感的色泽。同时一些腐败变质的食色也使人产生厌恶。即使同一种颜色，如果表现在不同的食品上，也会给人不同的感觉。比如，将中国传统的食品面条和米饭调配成不同的颜色就会引起不同的心理反应和食欲。

判定食品的品质可从明度、色调、饱和度这三个基本属性全面地衡量和比较，这样才能准确地判断和评价出食品的质量优劣，以确保人们购买到优质食品。

（1）明度　颜色的明暗程度。物体表面的光反射率越高，人的视觉就越明亮，这就是说它的明度越高。人们常说的光泽好，也就是指的是明度较高。新鲜的食品常具有较高的明度，明度的降低往往意味着食品不新鲜。例如，因褐变、非酶褐变或其他原因使食品变质时，食品的色泽常发暗甚至变黑。

（2）色调　红、橙、黄、绿等不同的各种颜色，以及如黄绿、蓝绿等许多中间色，它们是由于食品分枝结构中所含色团对不同波长的光线进行选择性吸收而形成的。当物体表面将可见光谱中所有波长的光全部吸收时，物体表面为黑色，如果全部反射，则表现为白色。当对所有波长的光都能部分吸收时，则表现为不同的灰色。黑白系列也属于颜色的一类，只是因为对光谱中各波长的光吸收和反射是没有选择性的，它们只有明度的差别，而没有色调和饱和度这两种特性。色调对于食品的颜色起着决定性的作用。由于人眼的视觉对色调的变化较为敏感，色调稍微改变对颜色的影响就会很大，有时可以说完全破坏了食品的商品价值和实用价值。色调的改变可以用语言或其他方式恰如其分地表达出来（如食品的退色或变色），这说明颜色在食品的感官评价中有很重要的意义。

（3）饱和度　颜色的深浅、浓淡程度，也就是某种颜色色调的显著程度。当物体对光谱中某一较窄范围波长的光发射率很低或根本没有发射时，表明它具有很高的选择性，这种颜色的饱和度就越高。饱和的颜色和灰色不同，当某波长的光成分越多时，颜色也就越不饱和。食品颜色的深浅，浓淡变化对于感官评价而言也是很重要的。

此外，视觉与食品本身的味觉记忆信息有关，苹果的红色给人以甜味的感觉，但辣椒的红色却给人以辣味，青绿色的蔬菜给人以新鲜感，然而腐败变质的肉类等蛋白质食品也呈现青绿色，对于没有饮用过咖啡的人来说，并不能感觉到咖啡（褐色）的苦味，可见，因视觉产生的味觉心理因物因人而异。食品的不同，不同地区的不同民族的饮食习惯不同、人们的味觉记忆内容有别，使得人产生的色彩味觉联想也不同。但就一般规律而言，心理试验报告如下：黄、白、浅红、橙红色具有甘苦味；绿、黄绿、蓝绿色具有酸味；黑、蓝紫、褐、灰色具有苦味；暗黄、红具有辣味；茶褐具有涩味；青、蓝、浅灰色具有咸味；白色清淡；黑色浓咸；明亮色系和暖色容易引起食欲，其中以橙色为最佳；有色彩变化搭配的食物容易增进食欲，单调或者杂乱无章的色彩搭配容易使人倒胃口。

第五节　听　　觉

一、听觉的生理特点

听觉（Auditory Sensation）是声波进入耳朵后产生的感官印象。空气引起耳膜振动后，这种振动经由耳中部的一些小骨而导致耳内部的液压运动，耳蜗为螺旋状小槽，其振动时就会传递神经脉冲到大脑，最后传入大脑皮层的听觉中枢形成听觉。这种声波作用于听觉器官，使其感受细胞兴奋并可引起听神经的冲动并发放传入信息，经各级听觉中枢分析后引起的感觉叫听觉。听觉是仅次于视觉的重要感觉通道，它在人的生活中起着重大的作用。

耳朵包括耳郭、外耳、中耳、内耳等。耳郭就是我们平常就可以看到的耳朵。外耳指外耳道到鼓膜之间的部分，其主要功能在于搜集来自外界的声波，把它向中耳和内耳传递，并在一定程度上有其自身的滤波特性和增大耳压的功能。外耳对中耳和内耳还具有保护作用。中耳包括鼓膜、鼓室、咽鼓管等部分，主要功能在于传递声波、增强声压，对内耳也具有保护作用。内耳由耳蜗、听觉神经和基膜等组成。

外界的声波以振动的方式通过空气介质传送至外耳；再经耳道、耳膜、中耳、听小骨进入耳蜗，此时声波的振动已由耳膜转换成膜振动；这种振动在耳蜗内引起耳蜗液体相应运动进而导致耳蜗后基膜发生移动；基膜移动对听觉神经的刺激产生听觉脉冲信号，使这种信号传至大脑，即感受到声音 。

正常人只能感受频率为 30～15000Hz 的声波，对其中 500～4000Hz 频率的声波最为敏感。声波必须借助于气体、液体或固体的媒介物才能传播。

频率是指声波每秒振动的次数。频率不同，给人的音感也不一样，是决定音高的主要因素之一，声音强度对音高也有一定影响。

音强、音调和音色是描述声音特性的三个要素。

（1）音强　声波振幅的大小决定听觉所感受声音的强弱，振幅大则声音强，响度就大。音强（声波振幅）通常用声压或声压级表示，即分贝（dB）。响度是由声波的物理强度（振幅）决定的。但是，响度和强度并不完全相当，强度相同而频率不同的声音，人感觉到的响度可能不一样。不同频率和振幅的纯音（正弦波）混合可以产生一切声音。音乐声、噪声、音语声等都是不同纯音的混合。因此，每种声音都有自己的波形。

（2）音调　频率是指声波每秒震动的次数，是决定音调的主要因素。一般说来，儿童说话的音调比成人高，女子声音的音调比男子高。人们通常把感受音调和音强的能力称为听力。

（3）音色　音色是区别具有同样音强、音调的两种声音之所以不同的特性。音色与声波的振动波形有关，胡琴、钢琴、吉他、笛子等乐器发出的声音，即使音调、音强都相同，人们可以通过听力分辨出来，靠的就是声音的第三个特征——音色。

二、听觉的敏感性

听觉的敏感性是指人的听力，即对声波的音调和响度的感受能力，对声压、频率及方位的微小变化的判断能力。正常听觉的成人可听到的声音一般在 30～15000Hz。18～28 岁是听力的最佳年龄。人耳对一个声音的强度或频率的微小变化是很敏感的。试验表明，纯音强度的差别阈随刺激强度的增加而降低。1000Hz 的纯音强度为 20dB 时，差别阈为 1.5dB；在 40dB 时，差别阈降至 0.7dB。

当声压发生变化时，人们听到的响度会有变化。例如声压级在 50dB 以上时，人耳能分辨出的最小声压级差约为 1dB；而声压级小于 40dB 时，要变化 1～3dB 才能觉察出来。当频率发生变化时，人们听到的音调会有变化。例如频率为 1000Hz、声压级为 40dB 的声音，变化 3Hz 就能察觉出来；当频率超过 1000Hz、声压级超过 40dB 时，人耳能察觉到的相对频率变化范围（$\Delta f/f$）约为 0.003。另外听觉灵敏度还与年龄有关，因人而异。

人类大脑皮层颞横回的听皮层为最高的听觉中枢，一侧听皮层可接收到两侧耳传入的声音，但对两边耳朵传入的声音敏感程度不一样。左侧听皮层中枢系统对右耳传入的信息敏感，右侧听皮层中枢系统对左耳传入的信息敏感，一侧听中枢对两侧耳传递的信号敏感度可差 20dB。另外，左右两侧听皮层对不同性质的声音信息处理具有选择性。左侧皮层听区可选择性地处理语言信息，右侧皮层听区可选择性地处理音乐声信息。

三、听觉与食品感官评价

听觉与食品感官评价有一定的联系。食品的质感物特别是咀嚼食品时发出的声音，在决定食品质量和食品接受性方面起重要作用，主要用于某些特定食品（如膨化谷物食品）和食品的某些特性（如质构）的评析上。比如，焙烤制品中的酥脆薄饼，爆玉米和某些膨化制品，在咀嚼时应该发出特有的声响，否则人们就可认为其质量已变化而拒绝接受这类产品。

声音对食欲也有一定影响。例如，在葡萄酒的王国里，恐怕再也没有比起泡酒更适合欢庆场合的了。耳朵也能品到酒香，单是开瓶时那强有力的"嘭嘭"声，还有那些迫不及待往外涌出的气泡，以及欢快清脆的泡沫破裂声，就足以使人的心为之兴奋，让人充分感受到食物的美妙。此时，每一种酒演奏出风格不同的篇章：有的气泡细致、绵长，听上去绕梁三日而不绝，有肖邦音乐的温柔感；有的气泡听起来有一鸣响彻寰宇的气势，像贝多芬音乐的高亢。酿酒师是操控整场的指挥家，在未开瓶之前已经策划好了本场音乐会的基调、风格。气泡酒要耐心开启，跟着微弱清脆的"噗"声，白色雾气带出一场特殊的感官享受。

此外，食品感官评价时应避免杂音的干扰，而在饮食艺术设计中，则需要考虑辅助音乐的配合，如与饮食文化相关的背景音乐、与食品烹饪有关联的声音设计等。有研究发现，高分贝背景噪音影响人的味觉敏感度，可导致人在进餐过程中觉得食物没有味道。随着噪声增大，受试者感受食物甜度和咸度敏感度降低，从而导致他们对食物的喜爱程度降低。噪声可能影响大脑感知食物味道的能力，或者因为噪声分散人类进食的注意力。嘈杂的嗓音使人的味觉变迟钝，愉悦的音乐可以优化人的用餐体验。这一发现能够帮助各类餐馆有的放矢地选择背景音乐，让食客充分享受美食。

此外，评价员该熟悉声音强度与音质两个概念，强度是用分贝来衡量的，而音质是用声波的频率来衡量的。有时，声音出现变调的可能原因是声音在头盖骨中传播，而不是在耳内部传播，比如颚和牙齿的移动就使其经过骨结构传播，这种区别在感官评价过程中是必须注意的。

第六节　肤觉和三叉神经感觉

肤觉、三叉神经感觉也属于人类食物感受系统。肤觉检查是用人的手、皮肤表面接触物体时所产生的感觉来分辨、判断产品质量特性的一种感官检查。主要用于检查产品表面的粗糙度、光滑度、软、硬、柔性、弹性、塑性、热、冷、潮湿等。感官检查中应注意：人自身的皮肤（手指、手掌等）光滑程度；皮肤表面是否有伤口、炎症、裂痕。三叉神经是面部最粗大的神经，支配脸部、口腔、鼻腔的感觉和咀嚼肌的运动，并能将感觉讯息传送至大脑。在食品感官评价中，感觉讯息往往与味觉、嗅觉等感觉混合，一起影响人们对食品的评价。

一、肤　　觉

皮肤的感觉称为肤觉（Skin Sensation），是用于辨别物体的机械特性和温度。肤觉包括触觉、痛觉和温度觉。

1. 触觉

触觉是口部和手与食品接触时产生的感觉，通过对食品施加形变应力而产生刺激的反应表现。触觉主要可分为"体觉"（触摸感、皮肤感觉）和"肌肉运动知觉"（深度压力感或本体感受），触觉用于感知外界事物的表面属性。皮肤受到机械刺激尚未引起变形时的感觉为触觉，触觉的感受器在有毛的皮肤中就是毛发感受器，在无毛发的皮肤中主要是迈斯纳小体；若刺激强度增加可使皮肤变形时的感觉为压觉，感受器是巴西尼环层小体；触觉和压觉通称为触压觉。

触压觉的感受器在皮肤内的分布不均匀，所以不同部位有不同敏感性：四肢皮肤比躯干部敏感，手指尖的敏感性强。不同皮肤区感受两点之间最小距离的能力也有所不同：舌尖最敏感，能分辨相隔 1.1mm 的刺激；手指掌面分辨间距 2.2mm；背部正中只能分辨相隔 6~7mm 的刺激。食品的触觉是口部和手与食品接触时产生的感觉，通过对食品形变所施加力产生刺激的反应表现出来，主要表现为咬断、咀嚼、品味、吞咽的反应。

在人体皮肤表皮、真皮、皮下组织中有多种神经末端。我们触摸、轻压样品感觉到的冷、热、痒等感觉都是由这些神经末端感知的，而肌肉运动知觉则是肌肉、腱、关节部位的神经纤维通过肌肉的拉伸与松弛来感知的。这种肌肉机械运动产生的知觉主要来源于触摸时手部肌肉的压缩和口腔咀嚼食物时对样品剪切或破碎的动作使颚、舌部肌肉产生的运动。由于唇、舌、脸部和手的表面感觉比身体其他部位的感觉敏感得多，因此，对样品中颗粒大小、热量、化学特征等属性的区分主要来源于手和口腔的感知。

触觉能通过触摸感受到食品的大小和形状，通过口感了解食物在口腔中的质构变化，通过手感压力了解食物的软硬等。

2. 痛觉

痛觉指机体受到伤害性刺激所产生的感觉。痛觉类很多，可分为皮肤痛，来自肌肉、肌腱和关节的深部痛，内脏痛等。痛觉达到一定程度后，通常可使机体出现某种生理变化和不愉快的情绪反应。痛点疏密不均，故人体各部位的感痛能力有一定差别。痛觉的强弱和皮肤与外界的接触磨擦有关。可乐中 CO_2 引起的"刹口感"，有学者认为这是食物带来的痛觉。

3. 温度觉

皮肤分布着冷点与温点，若以冷或温的刺激作用于冷点或温点，便可产生温度觉。冷点和温点的末端感受体不相同，冷点感受体是克劳泽小体（Krause Bulb），温点感受体是鲁菲尼小体（Ruffini Organ）。人皮肤表面的温度称为生理零度。皮肤低于这个温度就会觉得冷，高于就会觉得热。冷点分布的数量多于温点。两者之比为 4∶1 ~ 10∶1，所以皮肤对冷敏感而对热相对不敏感。面部皮肤对热和冷有最大敏感性，每平方厘米平均有冷点 8 ~ 9 个，温点 1.7 个；腿部皮肤每平方厘米平均有冷点 4.8 ~ 5.2 个，温点 0.4 个；一般躯干部皮肤对冷的敏感性比四肢皮肤大。

二、三叉神经感觉

除了味觉和嗅觉系统具有化学感觉外，鼻腔和口腔中以及整个身体还有一种更为普遍的化学敏感性。比如角膜对于化学刺激就很敏感，切洋葱时人容易流泪就是证明。这种普遍的化学反应就是由三叉神经来调节的，也称三叉神经感觉（Trigeminal Sensation）。

三叉神经为混合神经，是第 5 对脑神经，也是面部最粗大的神经，含有一般躯体感觉和特殊内脏运动两种纤维。支配脸部、口腔、鼻腔的感觉和咀嚼肌的运动，并将头部的感觉讯息传送至大脑。三叉神经由眼支（第一支）、上颌支（第二支）和下颌支（第三支）汇合而成，分别支配眼裂以上、眼裂和口裂之间、口裂以下的感觉和咀嚼肌收缩。

某些刺激物（如氨水、生姜、山葵、洋葱、辣椒、胡椒粉、薄荷醇等）会刺激三叉神经末端，使人在眼、鼻、嘴的黏膜处产生辣、热、冷、苦等感觉。人们一般很难从嗅觉或味觉中区分三叉神经感觉，在测定嗅觉试验中常会与三叉神经感觉混淆。三叉神经对于较温和的刺激物的反应（如糖果和小吃中蔗糖和盐浓度较高而引起的嘴部灼热感、胡椒粉或辣椒引起的热辣感）有助于人们对一种产品的接受。

第七节 食品感官属性的分类

食品感官属性主要包括外观、气味、风味等，识别这些属性的途径涉及视觉、嗅觉、味觉、触觉等。只有在完全了解食品感官属性的物理化学因素以后，才能进行感官评价试验的设计。并且，只有学习了食品属性的真正本质及感官识别的方法，才可能减少对试验结果的曲解。在识别食品的感官属性时，通常按照下面的顺序进行：①外观；②气味/香味/芳香；③浓度、黏度与质构；④风味（芳香、化学感觉、味道）；⑤咀嚼时的声音。

这些感官属性的种类是按照感官属性识别方式的不同来划分的。其中，风味是指食品在嘴里经由化学感官所感觉到的一种复合印象，它不包括外观和质构。芳香用于指示食物在咀嚼时产生的挥发性物质，它是通过后鼻腔的嗅觉系统识别的。然而，在属性识别过程中，大部分（甚至所有的）属性都会部分重叠。也就是说，评价员感受到的是几乎所有感官属性印象的混合，未经培训的评价员是很难对每种属性作出一个独立的评价的。

一、外　　观

每个消费者都知道，外观通常是决定我们是否购买一件商品的唯一属性，如表面的外观粗糙度、表面印痕的大小和数量、液体产品容器中沉淀的密度和数量等。对于这些简单而具体的品质，评价员几乎不需要经过训练，就能够很容易地对产品的相关属性进行描述和介绍。外观属性通常如下所示。

（1）颜色　眼睛对波长在 400 ~ 500nm（蓝色）、500 ~ 600nm（绿色和黄色）、600 ~ 800nm（红色）的视觉感知，通常是根据孟塞尔（Munsell）颜色体的色调（H）、数值（V）和色度（C）三个品质来描述的，孟塞尔颜色体是用立体模型表示出物体表面色的亮度、色调和饱和度作为颜色分类和标定的体系方法。食品变质通常会伴随着颜色的改变。

（2）大小、形状长度、厚度、宽度、颗粒大小、几何形状（方形、圆形等）　大小和形状通常用于指示食品的缺陷。

（3）表面的质构　指示表面是钝度或亮度，粗糙与平坦，湿润或干燥，柔软或坚硬，易碎或坚韧。

（4）澄清度透明液体或固体的混浊或澄清程度，是否存在肉眼可见的颗粒。

（5）碳酸的饱和度对于碳酸饮料，主要观察倾倒时的起泡度。常采用 Zahm Nagel 装置（二氧化碳测定仪）测定。

二、气味/香味/芳香

当样品的挥发性物质进入鼻腔时，它的气味就会被嗅觉系统所识别。香味是食品的一种气味，芬芳是香水或化妆品的气味。芳香既可以指一种令人愉悦的气味，也可以代表食品在口腔中通过嗅觉系统所识别的挥发性香味物质。

食品中释放的挥发性物质的数量是受温度和组分的性质影响的。挥发度也会受到表面条件的影响，在一定温度下，从柔软、多孔和湿润的表面比从坚硬、平滑和干燥的表面会释放出更多的挥发性物质。许多气味只有在酶反应发生时才会从剪切面释放出来（例如洋葱的味道）。气味分子必须通过气体（可能是大气、水蒸气或工业气体）传输，所识别的气味强度才能按气体比例测定出来。

目前，世界上还没有国际性的标准化气味术语。这个领域是非常广泛的，世界上已知的气味物质大概有 17000 多种，一个好的调香师能区分出 150～200 种气味品质。我们可以用多个术语来描述单个气味组分（麝香草酚＝类似药草、绿色、类似橡胶），单个术语也可能包含多种气味组分（柠檬＝α－松萜、β－松萜、α－柠檬油精、β－罗勒烯、柠檬醛、香茅醛、芳樟醇等）。

三、浓度、黏度与质构

这类属性不同于化学感觉和味道，它主要包括以下三方面。黏度用以评定均一的牛顿液体；浓度用以评定非牛顿液体、均一的液体和半固体；质构用以评定固体或半固体。

（1）黏度主要与某种压力下（如重力）液体的流动速率有关。它能被准确测量出来，并且变化范围大概在 10^{-3}Pa·s（水和啤酒类）到 1Pa·s（果冻类产品）之间。浓度（如浓汤、酱油、果汁、糖浆等液体）原则上也能被测量出来，实际上，一些标准化需要借助于浓度计。

（2）质构就复杂得多，可以将其定义为产品结构或内部组成的感官表现。这种表现来源于两种行为。

①产品对压力的反应，通过手、指、舌、颌或唇的肌肉运动知觉测定其机械属性（如硬度、黏性、弹性等）。

②产品的触觉属性，通过手、唇或舌、皮肤表面的触觉神经测量其几何颗粒（粒状、结晶、薄片）或湿润特性（湿润、油质、干燥）。

（3）食品的质构属性包括三方面：机械属性、几何特性、湿润特性。机械属性即是产品对压力的反应，可通过肌肉运动的知觉测定。产品的几何特性可通过触觉感知颗粒的大小、形状和方位，而湿润特性可通过触觉感知产品的水、油、脂肪的特性。

四、风　　味

风味作为食品的一种属性，可以定义为食物刺激味觉或嗅觉受体而产生的各种感觉的综合。但是，为了感官评价的目的，可以将其更狭义地定义为食品在嘴里经由化学感官所感觉到的一种复合印象。按照这个定义，风味可以分为以下三种情况。

（1）芳香即食物在嘴里咀嚼时，后鼻腔的嗅觉系统识别出释放的挥发性香味物质的感觉。

（2）味道即口腔中可溶物质引起的感觉（咸、甜、酸、苦）。

（3）化学感觉因素在口腔和鼻腔的黏膜里可刺激三叉神经末端产生的感觉（苦涩、辣、冷、鲜味等）。

五、声　　音

声音是一个次要的感官属性，但也不能忽视。它主要产生于食品的咀嚼过程。通常情况下，通过测量咀嚼时产生声音的频率、强度和持久性，尤其是频率与强度有助于评价员的整个感官印象。食品破碎时产生声音频率和强度的不同可以帮助我们判断产品新鲜与否，如苹果、土豆片等。而声音的持久性可以帮助我们了解其他属性，如强度、硬度（如咀嚼时产生吱吱响的蛤）、浓度（如液体）。

🔍思考题

1. 人类四种基本感觉是什么？
2. 什么是绝对阈、差别阈？
3. 影响味觉的因素有哪些，各种味之间是如何相互作用的？
4. 食品的嗅觉识别有哪些，为何会产生嗅觉疲劳？

第三章 食品感官评价条件

食品感官评价是以人的感觉为基础的，通过感官评价食品的各种特性后，在经统计分析而获得的客观结果的试验方法。因此，在感官评价过程中，其结果不但受到客观条件的影响，也受到主观条件的影响。感官评价的客观条件包括评价环境条件和样品制备等，主观条件则涉及参与感官评价员的基本条件和素质等。为了减少干扰，确保试验数据的准确性，感官评价一定要有良好的实践原则，主要包括：严格的评价员筛选和训练，良好的感官评价环境；合理的样品准备和呈送流程，严谨地制定检验方案，科学的感官评价组织和管理等。

第一节 食品感官评价员的筛选与训练

参加感官评价的人员的感官灵敏性和稳定性，严重影响最终结果的趋向性和有效性。由于个体感官灵敏性差异较大，而且有许多因素会影响到感官灵敏性的正常发挥。因此，食品感官评价人员的筛选和训练是使感官评价试验结果可靠和稳定的首要条件。

一、感官评价员的类型

1. 专家型

这是食品感官评价员中层次最高的一类，专门从事产品质量控制、评估产品特定属性与记忆中该属性标准之间的差别和评选优质产品等工作。这类专家型评价员，数量最少且不容易培养，品酒师、品茶师等属于这一类人员。他们不仅需要多年积累的专业工作经验和感官评价经历，而且在特性感觉上具有一定的天赋，同时在特征表述上具有突出的能力。

2. 消费者型

这是食品感官评价员中代表性最广泛的一类。通常这种类型评价人员由各个阶层的食品消费者的代表组成。与专家型感官评价员相反，消费者型感官评价员仅从自身的主观愿望出发，评价是否喜爱或接受所试验的产品，及喜爱和接受的程度。这类人员不对产品的具体属性或属性间的差别作出评价，一般适合于嗜好型感官评价。

3. 无经验型

这也是一类只对产品的喜爱和接受程度进行评价的感官评价员，但这类人员不及消费型人员代表性强。一般是在实验室小范围内进行感官评价，由与所试产品有关人员组成，无须经过特定的筛选和训练程序，根据情况轮流参加感官评价试验。

4. 有经验型

通过感官评价员筛选试验并具有一定分辨差别能力的感官评价试验人员，可以称为有经验型评价员。但此类人员仍然需要经常参与有关的差别试验，以保持分辨差别的能力。

5. 训练型

这是从有经验型感官评价员中经过进一步筛选和训练而获得的感官评价员。他们都具有描述产品感官品质特性及特性差别的能力，专门从事对产品品质特性评价。通常建立在感官实验室基础上的感官评价员，都不包括专家型和消费者型，只考虑其他三类人员，即无经验型、有经验型、训练型。

二、感官评价员的选择

食品感官评价试验能顺利进行，必须有充分可利用的感官评价员，这些感官评价员的感官灵敏度和稳定性，严重影响最终结果的趋向性和有效性。在初步确定感官评价员候选人后，应进行筛选工作。在实际工作中，为满足试验方便的需要，这些感官评价员通常来自机构组织内部，比如，研究机构内部、大学的学科内部、公司研发部门。当所需人数较多时，就需要在外界招募，如进行消费者调查等情况。

感官评价员的选择程序包括挑选候选人员和在候选人员中通过特定试验手段筛选两个方面。根据不同的感官评价目的，对感官评价员的要求也不同，那么对这些人员在感官评价上的经验以及训练要求也不同，我们以此将感官评价员进行分类，并对应进行筛选。

1. 初选的方法和程序

感官评价试验组织者可以通过发放问卷或面谈的方式获得相关信息，例表如表 3 - 1 所示。调查问卷的设计一般要满足以下要求。

（1）应能提供尽量多的信息。

（2）应能满足组织者的需求。

（3）应能初步识别合格与不合格人选。

（4）应通俗易懂、容易理解。

（5）应容易回答。

面谈时，应注意如下几个方面。

（1）感官评价组织者应具有专业的感官分析知识和丰富的感官评价经验。

（2）面谈之前，感官评价组织者应准备所有的要询问的问题要点。

（3）面谈的气氛要轻松融合、不能严肃紧张。

（4）应认真记录面谈内容。

（5）面谈中提出的问题应遵循一定的逻辑性，避免随意发问。

表 3 - 1   **挑选和筛选感官评价员**

1. 风味评价候选人员调查表

• 个人情况：

姓名：_____   性别：_____   年龄：_____

地址：_____

联系电话：_____

你从何处听说我们这个项目？_____

• 时间：

（1）一般来说，一周中，你的时间安排怎样？你哪一天有空余的时间？
_____

（2）从 ×月×日 到 ×月×日之间，你是否要外出，如果外出，那需要多长时间？
_____

• 健康状况：

（1）你是否有下列情况？

假牙_____

糖尿病_____

口腔或牙龈疾病_____

食物过敏_____

低血糖_____

高血压_____

（2）你是否在服用对感官有影响的药物，尤其对味觉和嗅觉？_____

• 饮食习惯：

（1）你目前是否在限制饮食？如果有，限制的是哪种食物？_____

（2）你每月有几次在外就餐？_____

（3）你每月吃速冻食品有几次？_____

（4）你每个月吃几次快餐？_____

（5）你最喜爱的食物是什么？_____

（6）你最不喜欢的食物是什么？_____

（7）你不能吃什么食物？_____

（8）你不愿意吃什么食物？_____

（9）你认为你的味觉和嗅觉辨别能力如何？

               嗅觉   味觉

高于平均水平_____ _____

平均水平   _____ _____

低于平均水平_____ _____

（10）你目前的家庭成员中有人在食品公司工作的吗？_____

（11）你目前的家庭成员中有人在广告公司或市场研究机构工作的吗？_____

• 风味小测验：

（1）如果一种配方需要香草香味物质，而手头又没有，你会用什么代替？
_____

（2）还有哪些食物吃起来像乳酪？
_____

续表

（3）为什么往肉汁里加咖啡会使其风味更好？

_____

（4）你怎样描述风味和香味之间的区别？

_____

（5）你怎样描述风味和质地之间的区别？

_____

（6）用于描述啤酒的最适合的词语（一个或两个字）。

_____

（7）对食醋的风味进行描述。

_____

（8）请对可乐的风味进行描述。

_____

（9）请对某种火腿的风味进行描述。

_____

（10）请对苏打饼干的风味进行描述。

_____

2. 香味评价候选人员调查表

● 个人情况：

姓名：_____　性别：_____　年龄：_____

地址：_____

联系电话：_____

你从何处听说我们这个项目？

_____

● 时间：

（1）一般来说，一周中你哪一天有空余的时间？

_____

（2）从×月×日到×月×日之间，你是否要外出，如果外出，那需要多长时间？

_____

● 健康状况：

（1）你是否有下列情况？

鼻腔疾病_____

低血糖_____

过敏史_____

经常感冒_____

（2）你是否在服用一些对器官，尤其是对嗅觉有影响的药物？

● 日常生活习惯

（1）你是否喜欢使用香水？_____

如果用，是什么品牌？

_____

（2）你喜欢带香味还是不带香味的物品？如香皂等。_____

陈述理由_____

（3）请列出你喜爱的香味产品

续表

它们是何种品牌 _____

（4）请列出你不喜爱的香味产品

_____

陈述理由 _____

（5）你最讨厌哪些气味 _____

陈述理由 _____

（6）你最喜欢哪些气味或者香气？ _____

（7）你认为你辨别气味的能力在何种水平？

高于平均值_____ 平均值_____ 低于平均值_____

（8）你目前的家庭成员中有人在香精、食品或者广告公司工作的吗？ _____

如果有，是在哪一家？ _____

（9）评价员在品评期间不能用香水，在评价小组成员集合之前1小时不能吸烟，如果你被选为评价员，你愿意遵守以上规定吗？ _____

• 香气检测：

（1）如果某种香水类型是"果香"，你还可以用什么词汇来描述它？

_____

（2）哪些产品具有植物气味？

_____

（3）哪些产品有甜味？

_____

（4）哪些气味与"纯净""新鲜"有关？

_____

（5）你怎样描述水果味和柠檬味之间的不同？

_____

（6）你用哪些词汇来描述男用香水和女用香水的不同？

_____

（7）哪些词语可以用来描述一篮子刚洗过的衣服的气味？

_____

（8）请描述一下面包坊里的气味。

_____

（9）请你描述一下某种品牌的洗涤剂气味。

_____

（10）请你描述一下某种品牌的香皂气味。

_____

（11）请你描述一下地下室的气味。

_____

（12）请你描述一下某食品店的气味。

_____

（13）请你描述一下香精开发实验室的气味。

_____

2. 挑选和筛选感官评价候选人

（1）挑选感官评价候选人员　在挑选各类感官评价人员时需要考虑下列几个因素。

① 兴趣：兴趣是调动主观能动性的基础，只有对感官评价感兴趣的人，才会在感官评价试验中集中注意力，并圆满完成试验所规定的任务。

② 健康状况：感官评价试验候选人应挑选身体健康、感觉正常、无过敏症和服用影响感官灵敏度药物史的人员，无明显个人气味，戴假牙、色缺陷、光缺陷、敏锐缺陷、失嗅、味盲者、感官疲劳者不能进行感官评价。另外，心理健康也很重要。

③ 表达能力：感官评价试验所需的语言表达及叙述能力与试验方法相关。差别试验重点要求参加试验者的分辨能力，而描述性试验则重点要求感官评价员叙述和定义出产品的各种特性，因此，对于这类试验需要良好的语言表达能力。

④ 准时性：感官评价试验要求参加试验人员每次必须按时出席。

⑤ 对试样的态度：作为感官评价试验候选人必须能客观地对待所有试验样品，即在感官评价中根据要求去除对样品的好恶感，否则就会因为对样品偏爱或厌恶而造成偏差。

⑥ 无不良嗜好：长期抽烟、酗酒将降低感官的灵敏度。有些嗜好是地域性的，有些嗜好有民族宗教习性，都会影响感官评定结果。另外，诸如职业、教育程度、工作经历、感官评价经验等因素也应充分考虑。

（2）筛选感官评价员　食品感官评价员的筛选工作要在初步确定评价候选人后再进行。筛选就是通过一定的筛选试验方法观察候选人员是否具有感官评价能力，如普通的感官分辨能力、对感官评价试验的兴趣、分辨和再现试验结果的能力、适当的感官评价员行为（合作性、主动性和准时性）。根据筛选试验的结果获知每个参加筛选试验人员在感官评价试验上的能力，从而决定候选人是否符合参加感官评价的条件。如果不符合，则被淘汰；如果符合，则进一步考察适宜作为哪种类型的感官评价员。

筛选试验通常包括基本识别试验（基本味或气味识别试验）和差异分辨试验（三点试验、顺位试验等）。有时根据需要也会设计一系列试验来多次筛选人员，或者采用初步选定的人员分组进行相互比较性质的试验。有些情况下，也可以将筛选试验和训练内容结合起来，在筛选的同时进行人员训练。

① 感官功能的测试：如四种基本味道识别能力的测定——甜、咸、酸、苦阈值的测定，筛选去除感官缺陷人员。

② 感官灵敏度的测试

a. 匹配检验。用来评判评价员区别或者描述几种不同物质（强度都在阈值以上）的能力。可以给候选者第一组样品，为 4～6 个，并让他们熟悉这些样品。然后再给他们第二组样品，为 8～10 个，让候选者从第二组样品中挑选出和第一组相似或者相同的样品。匹配正确率低于 75% 和气味的对应物选择正确率低于 60% 的候选人将不能参加试验。

b. 区别检验。此项检验用来区别候选人区分同一类型产品的某种差异的能力。可以用三点试验或二－三点试验来完成。试验结束后，对结果进行统计分析。在三点试验中，正确识别率低于 60% 则被淘汰。在二－三点试验中，识别率低于 75%，则被淘汰。

c. 排序和分级试验。此试验用来确定候选人员区别某种感官特性的不同水平的能力，或者判定样品性质强度的能力。在每次检验中将 4 个具有不同特性强度的样品以随机的顺序提供给候选评价员。要求他们以强度递增的顺序将样品排序。应以相同的顺序向所有候选评价员提供样品以保证候选评价员排序结果的可比性，同时避免由于提供顺序的不同而造成的影响。只接纳正确排序和只将相邻位置颠倒的候选人。

③ 表达能力的测试：用于筛选参加描述分析试验的评价员。表达能力的测试一般分为两步进行：区别能力测试和描述能力测试。

在感官评价员筛选的过程中，应注意下列几个问题。

a. 最好使用与正式感官评价试验相类似的试验材料，这样既可以使参加筛选试验的人员熟悉今后试验中将要接触的样品的特性，也可以减少由于样品间差距而造成人员选择不适当。

b. 在筛选过程中，要根据各次试验的结果随时调整试验的难度。难易程度掌握在从参加筛选试验人员的整体水平来说能够分辨出差别或识别出味道（气味），但其中少数人员不能正确分辨或识别为宜。

c. 参加筛选试验的人数要多于预定参加实际感官评价试验的人数。若是多次筛选，则应采用一些简单易行的试验方法并在每一步筛选中随时淘汰明显不适合参加感官评价的人选。

d. 多次筛选以相对进展为基础，连续进行直至挑选出人数适宜的最佳人选。

e. 筛选的时间应与人们正常的进食习惯相符，如早晨不适合品尝酒类食物或风味很重的食物，饭后或者喝完咖啡也不适宜进行感官评价。感官评价需要在合适的环境中进行。

f. 在感官评价员的筛选中，感官评价试验的组织者起决定性的作用。他们不但要收集有关信息，设计整体试验方案，组织具体实施，而且要对筛选试验取得进展的标准和选择人员所需要的有效数据作出正确判断。只有这样，才能达到筛选的目的。

三、感官评价员的训练

经过筛选出来的感官评价员，通常还要经过特定的训练以确保评价员都能以科学的、专业的方法从事评价工作。

1. 对感官评价员进行训练的作用

（1）提高和稳定感官评价员的感官灵敏度　通过精心选择的感官训练方法，可以增加感官评价人员在各种感官试验中运用感官的能力，减少各种因素对感官灵敏度的影响，使感官敏感度经常保持在一定水平之上。

（2）降低感官评价员之间及感官评价结果之间的偏差　通过特定的训练，可以保证所有感官评价员对他们所要评价的特性、评价标准、评价系统、感官刺激量和强度间关系等有一致的认识。特别是在用描述性词汇作为分度值的评分试验中，训练的效果更加明显。通过训练可以使评价员统一对评分系统所用描述性词汇所代表的分度值的认识，减少感官评价员之间在评分上的差别及误差方差。

（3）降低外界因素对评价结果的影响　经过训练后，感官评价员能增强抵抗外界干扰的能力，将注意力集中于感官评价中。

感官评价组织者在训练中不仅要选择适当的感官评价试验以达到训练的目的，也要向受训练的人员讲解感官评价的基本概念、感官评价程序和感官评价基本用语的定义和内涵，从基本感官知识和试验技能两方面对感官评价员进行训练。

2. 感官评价员的训练

（1）认识感官特性　认识并熟悉各有关感官特性如，颜色、质地、气味、味道和声音的特性。

（2）接受感官刺激训练方法　培训候选评价员正确接受感官刺激的方法，如感官评价员气味识别训练，可训练范式试验及其他识别不同气味的方法。

①范氏试验：一种气体物质不送入口中而在舌上被感觉出的技术，就是范氏试验。

用手捏住鼻孔通过张口呼吸，然后把一个盛有气味物质的小瓶放在张开的口旁（注意：瓶颈靠近口，但不能咀嚼），迅速地吸入一口气并立即拿走小瓶，闭口，放开鼻孔使气流通过鼻孔流出（口仍闭着）从而在舌上感觉到该物质。

这个试验已广泛地应用于训练和扩展人们的嗅觉能力。

②不同气味识别：各种气味就像学习语言那样可以被记忆。人们时时刻刻都可以感觉到气味的存在，但由于无意识或习惯性也就并不觉察它们。因此要记忆气味就必须设计专门的试验，有意地加强训练这种记忆（注意：感冒者例外），以便能够识别各种气味，详细描述其特征。

选用一些纯气味物（如十八醛、对丙烯基茴香醚、肉桂油、丁香等）单独或者混合用纯乙醇（99.8%）作溶剂稀释成 10g/mL 或 1g/mL 的溶液（当样品具有强烈辣味时，可制成水溶液），装入试管中，用纯净无味的白滤纸制备尝味条（长 150nm，宽 10nm），用尝味条蘸取适量溶液，蘸液部分悬空放入口中，闭口稍作停留，迅速取出尝味条，闭口，放开鼻孔使气流通过鼻孔流出（口仍闭着），从而在舌上感觉到该物质，并记忆该物质的气味特点。

（3）学习感官检验设备的使用。

（4）熟悉感官评价方法，如差别检验方法、使用标度、设计和使用描述词、产品知识的培训。

3. 感官评价员训练的组织者在实施训练过程中应注意的问题

（1）训练期间可以通过提供已知差异程度的样品做单向差异分析或通过评析与参考样品相同的试样的感官特性，了解感官评价员训练的效果，决定何时停止训练，开始实际的感官评价工作。

（2）参加训练的感官评价员应比实际需要的人数多，以防止因疾病、度假或因工作繁忙造成人员调配困难。

（3）已经接受过训练的感官评价员，若一段时间内未参加感官评价工作，要重新接受简单训练之后才能再参加感官评价工作。

（4）训练期间，每个参训人员至少应主持一次感官评价工作，负责样品制备、设计试验、收集整理数据和召集讨论会等，使每一个感官评价人员都熟悉感官试验的整个程序和进行试验所应遵循的原则。

（5）除嗜好性感官试验外，在训练中应反复强调试验中客观评价样品的重要性，评价人员在评析过程中不能掺杂个人情绪。另外，应让所有参加训练的人员明确集中注意力和独立完成试验的意义，试验中尽可能避免评价员之间的谈话和结果讨论。

（6）在训练期间尤其是训练开始阶段要求感官评价员在试验前不接触或避免使用有气味化妆品及洗涤剂，避免味感受器官受强烈刺激，如喝咖啡、嚼口香糖、吸烟等。

第二节　食品感官评价的环境条件

在食品感官评价过程中，环境条件对最终的评价结果有很大影响。通常，感官评价环境条件的控制都是从如何创造最能发挥感官作用的氛围和减少对感官评价员的干扰，以及减轻对产品质量的影响着手。

一、食品感官评价室的设计

食品感官评价室由两个基本部分组成：试验区和样品制备区，这是食品感官评价室设计的基本要求，若条件允许，也可设置一些附属部分，如办公室、休息室、更衣室、盥洗室等。

1. 试验区的设计

食品感官评价室主要由两部分组成：试验区和样品制备区。

试验区是感官评价人员进行感官试验的场所，专业的试验区应包括品评区、讨论区以及评价员的等候区等。通常由多个隔开的评价小间构成，如图 3-1 所示。评价小间面积一般很小（0.9m×0.9m），只能容纳一名感官评价员在内独自进行感官评价试验。评价小间内带有供评价员使用的工作台和座椅，工作台上应配备漱口用的清水和吐液用的容器，最好配备用于传递回答结果的信号系统、计算机、固定的水龙头和漱口池。评价小间越小，评价员越有压迫感，有可能会影响注意力；而过分宽大的评价小间则浪费空间。评价小间彼此间应该用不透明的隔离物分隔开，隔离物应延伸出桌面边缘至少45cm，这是为了防止邻近评价小间的评价员相互间影响注意力。评价小间后面的走廊应该足够宽，以便于评价员能够方便地进出评价室。

评价小间的服务窗口应足够大，以适合样品盘和打分表的传递。但也应做到尽量小，尽可能减小评价小组对准备/服务区的观察。窗口一般约45cm宽、40cm高，具体确切的尺寸应取决于评价场所所使用的样品托盘的大小。服务窗口应该平滑地安装于桌面上，样品能较方便地被递进或递出评价小间。评价小间可设有三种用来递送样品的服务窗口：滑动门（垂直或水平的）需要的空间最少，而面包盒式（上下翻转）和旋转式门能更有效

图 3 - 1　感官评价室实例

地防止来自样品制备区样品的气味及视觉方面的提示而误导感官评价员。

评价小间内应安装信号系统，感官评价员按动开关，则样品制备区相应的信号灯就会亮，感官评定负责人可据此了解评价员何时已做好评定准备或何时出现了问题，也可在每间评价小间内安装计算机操作系统。

试验区是感官评价室的中心区，评价小间的大小和个数，应视检验样品数量的多少及种类而定。

2. 样品制备区的设计

样品制备区是准备感官评价试验样品的场所。该区域区靠近试验区，但又要避免评价员进入试验区时经过制备区看到所制备的各种样品和嗅到气味后产生影响，也应该防止制备样品时，气味传入试验区。

试验区和样品制备区在感官评价室内的布置有各种类型。常见的形式是试验区和样品制备区布置在同一个大房间内，以评价小间的隔板将试验区和样品制备区分隔开。试验区和制备区从不同路径进入，而制备好的样品只能通过评价小间隔板上带活动门的窗口送入评价小间工作台。除特殊样品所需的专用设备外，一般的样品制备区需具备以下设备。

（1）冰箱及冷库，用来保藏样品。

（2）工作台、烤箱及制备空间等。

（3）洗碗机、清洁机、垃圾处理设备、垃圾篓、水池等。

（4）存放玻璃器皿、样品盘等的储藏库。

（5）大的垃圾箱，用来快速处理已评定过的样品。

除上述比较理想的感官评价室布置外，有时也会因经济原因或使用频率低而采用一些临时性的布置。在这种情况下，评价室内没有专门的评价小间，仅在圆桌或方桌上放置临时的活动隔板将评价人员隔开。按这种方式，普通试验室经过整理后也可暂时作为感官评价室。

3. 感官评价室的类型

感官评价室的类型一般可分为分析研究型试验室和教学研究型试验室。分析研究型实验室通常是企业和研究机构用于对食品原料、产品等的感官品质进行分析评价并指导产品配方、工艺的确定或改进等的房间（图3-2）。教学研究型试验室为高等院校或教育培训机构所具备，用于食品专业学生及感官评价从业人员的培训，其兼具分析研究型试验室的部分功能（图3-3）。

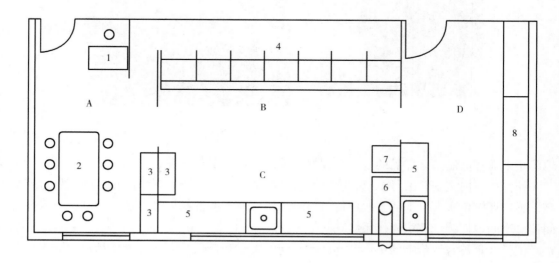

图3-2　分析研究型食品感官评价室

A办公讨论区　B评价试验区　C试验准备区　D仪器分析区

1—办公桌　2—会议桌　3—储物柜　4—评价小间　5—试验台　6—通风柜　7—冰箱　8—仪器台

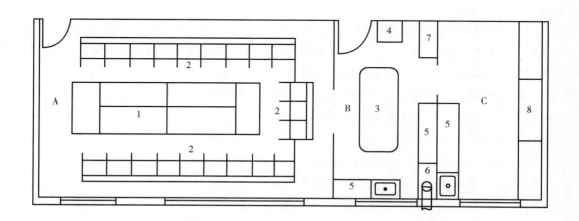

图3-3　教学研究型食品感官评价室

A教学、评价、讨论区　B试验准备区　C仪器分析区

1—课桌（会议桌）　2—评价小室　3—样品准备台　4—冰箱　5—试验台　6—通风柜　7—储物柜　8—仪器台

各评价室的基本要求是：试验区和样品制备区可由不同的路径进入，而制备好的样品只能通过试验区每一评价小间的带活动门的窗口送入到评价工作台上。

值得注意的是，如果作为多功能考虑，讨论区兼作休息区也是可行的。休息区可供评价员在样品试验前等候，或多个样品试验间隔的中间休息用，有时也可用于做一些规定或通知的传达使用。

二、试验区环境条件

食品感官评价室应建立在环境清净、交通便利的地区，周围不应有外来气味或噪声。设计感官评价室时，一般要考虑的条件有噪声、振动、室温、湿度、色彩、气味、气压等，针对检查对象及种类，还需作适合各自对象的特殊要求。

1. 试验区内的微气候

这是专指试验区工作环境内的气象工作条件。它包括温度、湿度、换气速度和空气纯净程度。

（1）温度和湿度 气温大于25℃时，开始有不适感觉；30℃时，人体血管会扩张，出虚汗，感到疲惫；气温降低时，人体机能会迅速下降。低温条件可导致神经兴奋性与传导能力降低，机体灵活性下降，出现痛觉迟钝和嗜睡状态。温度对分析材料的影响也极为显著。温度过高，会使样品中的水分大量散失，香味物质大量挥发，有些食品的色泽也会因此发生变化；温度过低，一些样品的硬度会增大。

湿度对人体的热平衡和湿热感作用很大。高温高湿时，人体散热困难；低温高湿环境会使人感到更加寒冷。湿度过高，样品中水分增加，甚至可导致样品发生霉变；湿度过低，样品水分含量降低，感官指标可能会发生变化。

温度和湿度对感官评价人员的喜好和味觉也有一定影响。当处于不适当的温度、湿度环境中时，感官同样处在不良的环境中，因此，或多或少会抑制感官感觉能力的充分发挥。若温度、湿度条件进一步恶劣时，还会造成一些生理上的反应，对感官评价影响增大。所以，在试验区内最好有空气调节装置，使试验区内温度恒定在21℃左右、相对湿度保持在55%～65%。

（2）换气速度 有些食品本身带有挥发性气味，感官评价人员在工作时也会呼出一些气体。因此，应特别重视评价小间的换气速度。为保证试验区内的空气始终清新，换气速度以半分钟左右置换一次室内空气为宜。

（3）空气的纯净度 从感官评价的角度看，空气的纯净程度主要体现在进入试验区的空气是否有味和试验区内有无散发气味的材料和用具。前者可在换气系统中增加气体交换器和活性炭过滤器去除异味。后者则需在建立感官评价室时，精心选择所用材料，避免使用有气味的材料。

2. 光线和照明

光线的明暗决定视觉的灵敏性。不适当的光线会直接影响感官评价人员对样品色泽的评价，对其他类型的感官评价试验也有不同程度的影响。

大多数感官评价试验只要求试验区有 200～400 lx 光亮的自然光即可满足。通常感官评价室都采用自然光线和人工照明相结合的方式。人工照明选择日光灯或白炽灯均可，以光线垂直照射到样品面上不产生阴影为宜，避免在光源较暗、逆光、视野的外周过亮、明暗对比太大、灯光晃动或闪烁的条件下工作，否则视点移动时，眼球需要进行明暗调节，很容易疲劳。在研究产品的风味、滋味、组织、声音，而不需要观察产品外观时，必须遮盖颜色。对于这些需要遮盖或掩蔽样品色泽的试验，可以通过降低试验区光照，使用滤光板或调换彩色灯泡来调整，通常使用红色、绿色、黄色遮盖不同样品。对于评析样品外观或色泽的试验，需要增加试验区的光亮，使样品表面光亮达到 1000 lx 为宜。

3. 外界干扰

感官评价试验要求在安静、舒适的气氛下进行，任何干扰因素都会影响感官评价人员的注意力，影响正确评价的结果。当感官评价人员遇到难以评判的样品时，这方面的影响更显突出。因此，必须控制外界对试验区的干扰。分散感官评价人员注意力的干扰因素主要是外界噪声，为避免这类干扰，感官评价室应远离噪声源，如道路、噪声较大的机械等，应避开噪声较大的门厅、楼梯口、主要通道等，也可以对感官评价室或试验区进行隔音处理，使环境噪音应低于 40dB。此外，应订立一些制度保证感官评价室的安静状态，如试验期间禁止在试验区及其附近区域谈话，试验区禁装电话等。

4. 颜色

试验区墙壁和内部设施的颜色应为中性色，以免影响样品检验的结果。推荐使用乳白色或中性浅灰色。

三、样品制备区的要求

1. 环境条件

样品制备区的环境条件除应满足试验区对样品制备的要求外，还应充分重视样品制备区的通风性能，有合适的上下水装置，以防止制备过程中样品的气味传入试验区。建筑和装饰材料、试验器具、设备设施必须使用无味或者阻味材料。样品制备区应与试验区相邻，以便感官评价人员进入试验区时不能通过样品制备区，样品制备区内所使用的器皿、用具和设施都应无气味。

2. 常用设施和用具

样品制备区应配备必要的加热、保温设施（电炉、燃气炉、微波炉、烤箱、恒温箱、干燥箱等），以保证样品能适当处理和按要求维持在规定的温度下，样品制备区还应配备储藏设施，能存放样品，试验器皿和用具。根据需要还可配备一定的厨房用具和办公用具。

3. 样品制备区工作人员

感官评价实验室内样品制备区的工作人员（试验员）应是经过适当训练，具有常规化学实验室工作能力，熟悉食品感官评价有关要求和规定的人员。这类人员最好是专职固定工作人员。未经训练的兼职人员（如办公室的工作人员）不适合作样品制备区的工作，因为感官评价实验室各项条件的控制和精确的样品制备对试验成功与否起决定性因素，否则试验终将失去作用。

四、食品感官评价的组织和管理

食品感官评价应在专人组织指导下进行，该组织者必须具有良好的感官识别能力和专业知识水平，熟悉多种试验方法并能根据实际问题正确选择试验法和设计试验方案。

根据试验目的不同，组织者可组织不同的感官评价小组，通常感官评价小组有生产厂家组织、实验室组织、协作会议组织及地区性和全国性产品评优组织。

（1）生产厂家所组织的评价小组　是为了改进生产工艺，提高产品质量和加强原材料及半成品质量而建立的。

（2）实验室组织　是为开发、研制新产品的需要而设置的。

（3）协作会议组织　是各地区之间同行业交流经验，取长补短、改进和提高本行业生产工艺及产品质量而自发设置的。

（4）产品评优组织　主要目的是评选地方和国家级优质食品，通常由政府部门召集组织的。它的评价员应该具有广泛的代表性，要包括生产部门、商业销售部门和消费者代表及富有经验的专家型评价员，并且要考虑代表的地区分布，避免地区性和习惯性造成的偏差。而生产厂家和研究单位（试验室）组织的评价员除市场嗜好调查外，一般都如前面介绍的评价人员来源于本企业或本单位，协作会议组织的评价员应来自各协作单位，都应是生产业内人员。

第三节　样品的制备和呈送

样品是感官评价的对象，样品的制备方法和呈送至评价员的方式，将影响评价员对样品的评价心理，这决定着感官评价试验能否获得可靠的结果。

一、样品制备的要求

1. 均一性

这是感官评价试验样品制备中最重要的因素。所谓均一性就是指制备的样品除所要评价的特性外，其他特性应完全相同。样品在其他感官质量上的差别会造成对所要评价特性的影响，甚至会使评价结果完全失去意义，在样品制备中要达到均一的目的，除精心选择适当制备方式减少出现特性差别的机会外，还应选择一定的方法掩盖样品间的某些明显的差别。对不希望出现差别的特性，采用不同方法消除样品间该特性上的差别。例如，在评价某样品的风味时，就可使用无味的色素物质掩盖样品间的色差，使感官评价人员能准确地分辨出样品间的味差。在样品的均一性上，除受样品本身性质影响外，许多外部因素也会影响均一性，如样品温度、摆放顺序或呈送顺序等。

2. 样品量

样品量对感官评价试验的影响，体现在两个方面，即感官评价人员在一次试验所能评价的样品个数及试验中提供给每个评价人员供分析用的样品数量。感官评价人员一次能够评价的样品数取决于下列因素。

（1）感官评价人员的预期值　这主要指参加感官评价的人员，事先对试验了解的程度和根据各方面信息对所进行试验难易程度的预估。有经验的评价员还会注意试验设计是否得当，若由于对样品、试验方法了解不够或对试验难度估计不足，可造成试验时间拖延，从而会降低可评价样品数，且结果误差会增大。

（2）感官评价人员的主观因素　参加感官评价试验人员对试验重要性的认识，对试验的兴趣，理解和分辨未知样品特性和特性间差别的能力等也会影响感官评价试验中评价员所能正常评价的样品数。

（3）样品特性　样品的性质对可评价样品数也有很大的影响。特性强度不同，可评价的样品数差别很大。通常，样品特性强度越高，能够正常评价的样品数越少。强烈的气味或味道会明显减少可评价的样品数。另外，噪声、谈话、不适当光线等也会降低评价人员评价样品的数量。

大多数食品感官评价试验在考虑到各种影响因素后，每次试验可评价样品数控制在4~8个。对含酒精饮料和带有强刺激感官特性的样品，样品数应限制在3~4个。

（4）呈送给每个评价员的样品分量应随试验方法和样品种类的不同而分别控制　有些试验（如二－三试验）应严格控制样品分量，另一些试验则不须控制，可给评价人员足够评价的量。通常，对需要控制用量的差别试验，每个样品的分量控制在液体30mL，固体30~40g为宜。嗜好试验的样品分量可比差别试验高一倍。描述性试验的样品分量可依实际情况而定。

二、影响样品制备和呈送的因素

在食品感官评价中，应该对样品的制备有相应的规定，控制样品制备及呈送过程中的各种影响因素。

1. 温度

在食品感官评价试验中，只有以恒定和适当的温度提供样品才能获得稳定的结果。

样品温度的控制应以最容易感受样品间所评价特性为基础，通常是将样品温度保持在该产品日常食用的温度。表3－2所示为几种样品呈送时的最佳温度。

表3－2　　　　　　　　　几种食品作为感官评价样品时最佳呈送温度

品种	最佳温度/℃	品种	最佳温度/℃
啤酒	11~15	乳制品	15
白葡萄酒	13~16	冷冻浓橙汁	10~13
红葡萄酒、餐未葡萄酒	18~20	食用油	55

样品温度的影响除过冷、过热的刺激造成感官不适、感觉迟钝，还涉及温度升高，挥发性气味物质挥发速度加快，影响其他的感官感觉，以及食品的质构和其他一些物理特性，如松脆性、黏稠性会随温度的变化而产生相应的变化，从而影响检验结果。适当的呈送温度会带来较好的辨别度，像液体牛乳等乳制品中，如果产品加热到高于它们的保藏温度，可能会增强感官特性。因此，液体牛乳的品尝可在15℃而不是通常的4℃下进行，以增强对挥发性风味的感觉。冰淇淋在品尝之前应在 −15℃下至少保持12 h，最好在呈送前立即从冰箱中直接舀冰淇淋，而不是将冰淇淋舀好后再存放在冰箱中。在试验中，可采用事先制备好的样品保存在恒温箱内，然后统一呈送以保证样品温度恒定和均一。

当样品在环境温度下呈送时，样品准备人员应该在每一组试验期间测量和记录该环境的温度。对于在非环境温度下呈送的样品，呈送温度以及保温方法（如沙浴、保温瓶、水浴、加热台、冰箱、冷柜等）应作规定。此外，也应规定样品在指定温度下的保存时间。

2. 器皿

食品感官评价试验所用器皿应符合试验要求，同一试验内所用器皿最好外形、颜色和大小相同。器皿本身应无气味或异味。通常采用玻璃或陶瓷器皿比较适宜，但清洗麻烦。清洗时应小心清洗干净并用不会给容器留下毛屑的布或毛巾擦拭干净，以免影响下次使用。也有采用一次性塑料或纸塑杯、盘作为感官评价试验用的器皿，但塑料器皿对于热饮风味会产生影响。

器皿和用具的清洗应选择不会遗留气味的洗涤剂和毛巾等，器皿和用具的储藏柜应无味，不相互污染。木质材料不能用作切肉板、和面板、混合器具等，因为木材多孔，易于渗水和吸水，且易于沾油，并将油转移到与其接触的样品上。

3. 编号

所有呈送给评价人员的样品都应适当编号，以免给评价员任何相关信息。样品编号工作应由试验组织者或样品制备工作人员进行，试验前不能告知评价员编号的含义或给予任何暗示。可以用数字、拉丁字母或字母和数字结合的方式对样品进行编号。用数字编号时，最采用从随机数表上选择三个数的随机数字。用字母编号时，则应该避免按字母顺序编号或选择喜好感较强的字母（如最常用字母、相邻字母、字母表中开头与结尾的字母等）进行编号。同次试验中所用编号位数应相同。同一个样品应编几个不同号码，保证每个评价员所拿到的样品编号不重复。

编号时应注意以下几点。

（1）用字母编号时，应避免使用字母表中相邻字母或开头与结尾字母，双字母最好，以防产生记号效应。

（2）用数字编号时，最好采用三位数以上的随机数字，但同次试验中各个编号的位数应一致，数字编号比字母编号干扰小。

（3）不要使用人们忌讳的数字或字母。

（4）人们具有倾向性的编号也尽量避免。

（5）同次试验中所用编号位数应相同，同一个样品应编几个不同号码，保证每个评价员所拿到的样品编号不重复。

（6）在进行较频繁的试验时，必须避免使用重复编号数，以免使评价员联想起以前同样编号的样品，产生干扰。

4. 样品摆放的顺序

呈送给评价员的样品摆放顺序也会对感官评价试验（尤其是评分试验和顺位试验）结果产生影响，要避免产生顺序效应、位置效应、预期效应等。

顺序效应是指由于试样的提供顺序对感官评价产生的影响。如在比较两种试样滋味时，往往对最初的刺激评价过高，这种倾向称为正顺序效果，反之称为负顺序效果。一般品尝两种试样的间隔时间越短越容易产生正顺序效果；间隔时间越长，负顺序效果产生的可能性越大，为避免这种倾向，一是可在品尝每一种试样后都用蒸馏水漱口，二是均衡安排样品不同的排定顺序。

位置效应是指将试验样品放在与试验质量无关的特定位置时，评价员往往会多次选择特定位置上试样的现象。在试样之间的感官质量特性差别很小或分析人员经验较少的情况下，位置效应特别显著。如在评价员较难判断样品间差别时，往往会多次选择放在特定位置上的样品。如在三点试验法中选择摆放在中间的样品，在五中取二试验法中，则选择位于两端的样品。可以采用以下方式减少评价时对于外界条件产生的干扰，保证试验的可信度。

① 使为品尝提供的样品在某个位置出现次数相同。

② 每次重复的试验配置顺序随机化。

③ 递送样品应尽量避免直线摆放，最好是圆形摆放。

预期效应是指将试验样品按连续性或对称性规则摆放时，往往会使评价员获得暗示而引起评价能力偏差的现象。在评价样品质量好坏时，如样品连续都是质量差的，评价员就会怀疑自己能力而认为其中一个有质量好的。样品好坏依次排列或好坏对称排列，也会使评价员对自己的评价结果产生怀疑。如品尝一组样品的浓度次序从高到低，评价人员无需品尝后面的样品便会察觉出样品浓度排列顺序而引起判断力的偏差。这种从样品排列规则上领会出的暗示现象，也称为预期效应。

三、不能直接感官评价的样品的制备

大多数食品感官评价都是将样品制备好后，按要求直接呈送给评价员的，但有些试验样品由于食品风味浓郁或物理状态（黏度、颜色、粉状度等）等原因而不能直接进行感官评价，如香精、调味料、糖浆等。为此，需根据检查目的进行适当稀释，或与化学组分确定的某一物质进行混合，或将样品添加到中性的食品载体中，再按照常规食品的样品制备方法进行制备并进行分发、呈送。

1. 评价样品本身的性质

对于大多数差异检验，只需要直接提供试验样品，不需要其他添加物。例如，品尝咖啡、茶、花生酱、黄油、蔬菜、肉、牛乳、面包、香料等，不需要调味品或其他常用的配料。但对于一些嗜好性检验和接受性检验，则需要按日常消费习惯提供试验样品。例如，根据需要在咖啡或茶中加牛乳、糖或柠檬，将花生酱和黄油涂于面包上，在蔬菜和肉中加调味料。对于这些和调味品、敷料剂或汤料一起品尝的食品，必须使用均一的载体，不能掩盖试验样品的特征。

将均匀定量的样品用一种化学组分确定的物质（如水、乳糖、糊精等）稀释或在这些物质中分散样品，使每一个试验系列的每个样品使用相同的稀释倍数或分散比例。由于这种稀释可能改变样品的原始风味，因此配制时应避免改变其所测特性。

评价样品的性质也可采用将样品添加到中性的食品载体中的方法，如将样品定量地混入所选用的载体中或放在载体（如牛乳、油、面条、大米饭、馒头、薯片、面包、乳化剂和奶油等）上面，然后按直接感官评价样品的制备与呈送方法进行操作。在选择样品和载体混合的比例时，应避免二者之间的拮抗或协同作用。

2. 评价样品对食物制品的影响

本法适用于评价将样品加到需要它的食物制品中的一类样品，如香精、香料等。

一般情况下，使用的是一个较复杂的制品，样品混于其中，在这种情况下，样品将与其他风味竞争。

在同一检验系列中，评价每个样品所使用的相同样品/载体比例。制备样品的温度应与评估时的正常温度相同（例如冰淇淋处于冰冻状态），同一检验系列的样品温度也应相同。几种不能直接感官分析食品的试验条件如表 3 - 3 所示。

表 3 - 3　　　　　不能直接感官分析食品的试验条件

品种	载体	温度/℃
色拉酱	涂抹于蔬菜或面包	20
芥末	混于适量肉类	25
酱汁	涂抹于薯片/条或面包	常温
酱油	混于适量肉类	50 ~ 60
咖啡	加入适量乳、糖	70 ~ 80
食用油	油炸面包圈或点心	烤热或油炸温度

3. 载体的要求

食品不能直接进行感官评价时，需要借助载体，载体必须使样品的特性得以充分体现，因此应具备以下要求。

（1）在口中能同样均匀分散样品。

（2）没有强的风味，不能影响样品性质，载体风味与样品具有一定适合程度。

（3）载体必须简便，制备时间短，是常见食品，尽可能是熟食并且在室温下可即食，刺激小。

（4）载体应该容易得到，这样可以保证试验结果的重现性。

（5）载体应具有适宜的物质特性，并使它发挥应有的作用，样品与载体在唾液作用下同样可溶解或互溶，载体温度与样品品尝温度不能冲突。

思考题

1. 感官评价员的筛选应注意哪些问题，为何要进行系统的培训？
2. 食品感官评价试验室的设计、环境有何要求？
3. 根据试验目不同，感官评价小组可以有哪些类型？
4. 食品感官评价中样品制备有何要求，影响样品制备和呈送的因素有哪些？

第四章 食品感官评价的方法分类

感官评价法是以人的感官感知测定产品性质或调查嗜好程度的方法。选择合适的感官评价方法才能回答在检验产品中提出的问题。基于这一原因，感官评价方法通常根据其主要目的和适当用途来进行分类。按应用目的可分为：分析型感官评价和嗜好型感官评价，在分析型感官评价中，一类是区分两种或多种产品，另一类是描述产品。按方法的性质又可以分为：差异识别检验（用以检验产品间的感官差别）、差异标度和类别检验（用以估计差别的顺序和大小、样品的归属类别或等级等）、描述分析性检验（用于识别存在某样品中的特殊感官指标）。

第一节 分析型感官评价和嗜好型感官评价

食品感官评价方法按应用目的分为：分析型感官评价和嗜好型感官评价。分析型感官评价是把人的感觉器官作为一种测量分析仪器，来测定物品的质量特性或评价物品之间的差异等。例如，质量检查、产品评优、评价各种食品的外观、香味、口感等特性都属于分析型感官评价。嗜好型感官评价与分析型正好相反，它是试图对产品的好恶程度量化的方法。在新产品开发过程中对试制品的评价以及市场调查中使用的感官评价，都属于此类型分析。

弄清感官评价的目的，分清是利用人的感觉测定物质的特性（分析型）还是通过物质来测定人们嗜好度（嗜好型）是设计感官评价的出发点。例如，对两种冰淇淋，如果要研究二者的差别，就可以把冰淇淋溶解或用水稀释，应在最容易检查出其差别的条件下进行检验，但如果要研究哪种冰淇淋受消费者欢迎，通常必须在一般能吃的状态下进行检验。

一、分析型感官评价

分析型感官评价方法，主要包括二种常见的检验方法：差别性检验（或称区别性检验）和描述性检验。前者一般较简单，常用于试图回答两种类型产品间是否存在不同的情况，比如，可以从系列相似或对照产品中，正确挑选出检验产品的受试者比率，推断出产品的差别；后者主要是对产品感官性质的感知强度量化的检验方法，可用于阐述产品在一定的感官特性上有何不同。分析型感官评价必须注意评价基准的标准化、试验条件的规范化、评价员的选定等。

实际应用时，应根据试验的样品数、目的要求、精度及经济性选用适用的方法。通常，当了解两个样品间的差异时，可使用成对比较试验法、三点试验法、二 – 三点试验法、配偶法和评分法等，且对于同样的实验次数、同样的差异水平，成对比较试验法所要求的正解数最少；当要了解三个以上样品间的品质、嗜好等关系时，可使用顺位法、评分法、成对比较法（多组）等。对于分类法、顺位法和成对比较法（多组），当有差异的样品数量增大时，成对比较法（多组）的精度高，但试验时间增长，而分类法和顺位法所需时间仅为成对比较法（多组）的三分之一。对于嗜好型试验方法多采用成对比较法、选择法、顺位法和评分法。表 4 – 1 总结了各种常用方法的样品数目、统计处理方式和适用的目的。

表 4 – 1   感官评价方法适用目的

方法	样品数	数据处理	适用目的	备注
成对比较法	2	二项式分布	差异识别或嗜好调查	猜对率 1/2
二 – 三点法	3（2 同，1 异）	二项式分布	差异识别	猜对率 1/2
三点法	3（2 同，1 异）	二项式分布	差异识别，识别能力或嗜好调查	猜对率 1/3
五中取二法	5		差异识别	较精确
"A" – "非 A" 法	两类	χ^2 检验	差异识别	
选择法	1 ~ 18	χ^2 检验	嗜好调查	
顺位法	2 ~ 6	排序分析、方差分析	差异识别或嗜好调查	
配偶法	两组		差异识别或识别能力	
分类法	1 ~ 18	χ^2 检验	差异程度	
评分法	1 ~ 18	t 检验	差异程度或嗜好程度	
成对比较法（多组）	1 ~ 18	方差分析	差异程度	精度高，但样品多时太复杂
特性评析	1 ~ 18	χ^2 检验	差异或嗜好程度	
描述法	1 ~ 5	图示法	品质研究	
定量描述法	1 ~ 5	图示法、方差分析、回归分析	品质研究	

1. 差别（区别）性检验

差别（区别）性检验（Difference Test）要求评价员判断两个或两个以上的样品间是否存在感官差异或者评价员是否更偏爱某个样品，并得出两个或两个以上样品间是否存在差异的结论，或者获得偏爱哪个样品以及偏爱程度的情况。区别性检验的结果分析是以每一类别的评价员数量为基础的，如有多少人偏爱样品 A，多少人偏爱样品 B；多少人能正确回答出哪个是不同的样品等。常用的区别性检验主要有成对比较试验法、二 – 三点试验法和三点试验法。另外，常用方法还有排序试验法、分类试验法等，通过试验得出样品间差异的顺序和大小、应归属的类别或等级，可得出两个或两个以上的样品间是否存在区别的结论。

（1）成对比较试验法　利用成对比较试验法（Paired Comparison Test）检验时，要求参与者在两种产品中选择一种在某一特定品质上表现更加强烈、更加突出的产品。例如，要求评价员从两种桃饮料中，挑选出一种桃香气更加逼真的饮料。

成对比较试验形式有 AB、BA、AA、BB 组合，每次试验中，每个样品的猜测性（有无差别）的概率为 1/2。如果增加试验次数至 n 次，那么其概率将降低至 $1/2^n$。所以在条件许可的情况下，应尽可能增加试验次数。当猜测性的概率值小于 5% 时，试验次数分别应不小于 5 次（2 个样品之间），如表 4-2 所示。

（2）二-三点试验法　二-三点试验法（Duo-Trio Test）中，先提供一个对照样品，再提供两个检验样品。其中一个检验样品与对照样品一致，而另一个则来自不同的产品、批次或生产工艺。评价员要正确找出与对照样品一致的样品，这有 1/2 的概率。在二-三点试验法中，超出随机期望值的正确选择比率是产品间可感知差异的重要依据。

（3）三点试验法　三点试验法（Triangular Test）较早地应用于酒类企业的品质管理中，举一个典型例子，20 世纪 40 年代的嘉士伯（Carlsberg）啤酒厂就采用此法，提供 2 个样品，其中有两个样品是相同的，第三个样品不同，要求评价员从这 3 个样品中找出不同的那个，这一检验主要作为一种筛选评价啤酒的评价员的方法，以确保他们具有充分的辨别能力，这种区分能力可以从正确选择的次数超出随机期望水平的程度来推知。其试验方法有 AAB、ABA、ABB、BAA、BBA、BAB 等 6 种。每次试验中，每个样品猜测性的概率值为 1/3。试验次数的增加会降低其猜测性。当猜测性的概率值小于 5% 时，试验次数应不小于 3 次（3 个样品之间），见表 4-2。

表 4-2　　　　　　　　　　　　　　　试验次数对猜测性的影响

猜测概率	试验次数					
	1	2	3	4	5	6
$1/2^n$——成对比较试验法	0.5	0.25	0.13	0.063	0.031	0.016
$1/3^n$——三点试验法	0.33	0.11	0.036	0.012	0.0039	0.0013

以上这些简单的区别检验在实际应用中非常实用而被广泛采用。典型的区别检验一般有 25~40 个参与者，他们均经过筛选，对普通的产品差别有较好的敏感性，而且对检验程序较熟悉。一般提供的样品较充分，以便于清楚地判断感官差别。当检验较方便时，经常进行重复检验。

2. 描述性检验（Description Test）

描述性检验要求试验人员对食品的质量指标用合理、清楚的文字作准确的描述。描述性检验主要是对产品感官性质的感知强度量化的检验方法。其主要用途有：新产品的研制与开发；评价产品间的差别；质量控制；为仪器检验提供感官数据；提供产品特性的永久记录；监测产品在储藏期间的变化等。因为感官感觉中任何一个器官的机能活动，不仅取决于直接刺激该器官所引起的响应，而且还受到其他感觉系统的影响，即感觉器官之间相互联系、相互作用，所以，食品的感官是不同强度的各种感觉的总和。并且，各种不同刺激物的影响性质各不相同，因此，在食品感官检验中，即要控制一定条件来恒定一些因素的影响，又要考虑各种因素之间的互相关联作用。

（1）按食品感官评价的描述内容分，常用的方法有风味描述法、质地描述法。

① 风味描述法（Flavour Profile Method）：主要依靠经过训练的评价小组，使他们能分辨某种食品的所有风味特点，并且可以用一种简单的分类标准来标示这些特点的强度并排出顺序。

评价小组对一个产品能够被感知到的所有气味和风味、它们的强度、出现的顺序以及余味进行描述、讨论，达成一致意见之后，由评价小组组长进行总结，并形成书面报告。其分析结果报告可以是描述表格或附图，图形可以是扇形、半圆形、圆形和蜘蛛网形等。特点是灵敏性高，但参评人数少，个别人影响大。

② 质地描述法（Texture Profile Method）：质地描述法即对食品质地、结构体系从其机械、几何、表面特性、主体特性等方面的感官分析，分析从开始咬食品到完全咀嚼食品所感受到的以上这些方面的存在程度和出现的顺序。这一技术采用一套固定的力相关和形相关的特性来表述食品的流变学和触觉特性以及咀嚼时即时的变化。这些特性与食品的磨碎和流体评价对应。例如，硬的感觉与穿透样品所需的力有关，流体或半固体的黏稠感觉与黏度有部分相关性。可以利用标准产品或者作为标准的模拟食品，来对质地剖面评价小组进行训练，体会每一范围的特殊强度点。各属性定义一般由评价小组商讨决定，各属性所采用参照样品标度则根据文献或国家标准确定。此外，在质地剖面时，所有评价员在培训和实际评价时所用的样品都必须相同，包括样品准备、呈递顺序等。质地剖面已广泛应用于谷物面包、大米、饼干和肉类等多种食品感官评定。该分析方法分为5个阶段：咀嚼前、咬第一口、咀嚼阶段、剩余阶段、吞咽阶段。其特点是参比样确定比较困难。

（2）按食品感官评价的描述手段分，常用的方法有简单描述检验法、定量描述和感官剖面检验法。

① 简单描述检验法（Simple Descriptive Test）：要求评价员对构成食品特征的各个指标进行定性描述，尽量完整地描述出样品品质的检验方法称为简单描述试验。描述试验对评价员的要求较高，他们一般都是该领域的技术专家，或是该领域的优选评价员，并且具有较高文学造诣，对语言的含义有正确的理解和恰当的使用能力。

按描述内容可将简单描述检验法分为风味描述法和质地描述法。按评价方式也可分为自由式评价和界定式描述。自由式描述即评价员可用任意的词汇，对样品特性进行描述，但评价员一般需要对产品特性非常熟悉或受过专门训练；界定式描述则在评价前由评价组织者提供指标检验表，评价员是在指标检验表的指导下进行评价的。最后，在完成评价工作后，要由评价小组组织者统计结果，并将结果公布，由小组讨论确定评价结果。该方法多用在食品加工中质量控制、产品储藏期间质量变化以及评价员培训等情况。

② 定量描述和感官剖面检验法（Quantative Descriptive and Sensory Profile Test）：定量

描述和感官剖面检验法在 20 世纪 70 年代早期的斯坦福研究院被提出，不仅是对食品的风味和质地，对食品的其他所有感官特性都更具广泛的应用性。它是评价员尽量完整地描述食品感官特性以及这些特性强度的检验方法。这种方法多用于产品质量控制、质量分析、判定产品差异性、新产品开发和产品品质改良等方面，还可以为仪器检验结果提供可对比的感官数据，使产品特性可以相对稳定地保存下来。定量描述和感官剖面检验法借鉴了行为学的研究基础，采用试验设计和统计分析中变量分析等方法，相对于一般的剖面分析方法的小组讨论和集体意见，该方法保证了小组成员的独立判断和统计检验。该方法评价员培训时间短，容易开展。且通过统计结果，人为作用的影响被弱化。但不具有绝对可比性。该方法应建立对产品所有属性进行评价的词汇表，利用定量标度和重复试验，严格培训评价员，建立具有系统数据分析模型。

定量描述和感官剖面检验法依照检验方式的不同，也可分为一致方法和独立方法两大类型。

a. 一致方法。一致方法的含义是，在检验中所有的评价员（包括评价小组组长）以一个集体的一部分而工作，目的是获得一个评价小组赞同的综合印象，使描述产品风味特点达到一致、获得同感的方法。在检验过程中，如果不能一次达成共识，可借助参比样来进行，有时需要多次讨论方可达到目的。

b. 独立方法。独立方法是由评价员先在小组内讨论产品的风味，然后由每个评价员单独工作，记录对食品感觉的评价成绩，最后用计算平均值的方法，获得评价结果。

无论是一致方法还是独立方法，在检验开始前，评价组织者和评价员应完成以下工作：制定记录样品的特殊目录、确定参比样、规定描述特性的词汇、建立描述和检验样品的方法。

描述性检验已被证明是最全面、信息量最大的感官评价工具，它适用于表达各种产品的变化和食品开发中的研究问题。它这一进步在一些领域里的应用取得了令人瞩目的成果。描述试验是对样品与标准样品之间进行比较的，可给出较为准确的描述。

以描述型感官评价为训练目标的一组评价员人数可以相对较少（约 12 人），这是由于对他们的训练目标较高，经过训练后的评价员对产品的评价标准较接近，从而降低了误差波动，容易达到有效的统计检验力和检验敏感度。

二、嗜好型感官评价

嗜好型感官评价是根据消费者的嗜好程度评定食品特性的方法，是指人对食品感官属性的个别或全部形成的强烈的倾向性态度或行为。对于食品而言，只注重其的营养价值还远远满足不了人们的需要。加工的食品是否味美、人们是否喜欢吃，即加工食品是否满足人们的嗜好，是评定其质量的重要因素之一。对食品成分进行分析，通过测定其中的蛋白质、脂肪、食盐、糖等含量，能够计算其营养价值，但这些并不能说明人们对该食品的嗜好程度，即使是测定食品的黏性、弹性、硬度、酥脆性等物性参数，也不一定能得到和嗜好程度完全一致的数据。因此，即使在物理化学等测试技术和手段飞速发展的今天，对味香及嗜好度等本质上为主观特性的测定，也不得不依靠人的感官评价。

由于人们对食品的嗜好千差万别，即使是同一个人，也因其心理状态、生理状态及环境的变化，对同一种食品的嗜好表现通常也是不一样的。因此，即使是专家所评定的结果，也不一定能代表大多数人的嗜好。食品感官评价主要是研究怎样从大多数食用者当中选择必要的人选（称评价员），在一定的条件下对试样加以品评，并将结果填写在问卷表（评分单）中，然后对他们的回答结果进行统计分析来客观地评定食品的质量，如表 4-3所示。可见，食品的感官评价绝不是简单的品尝，对于试样、评价员、环境等很多方面均有严格的规定，根据测试目的和要求的不同，要采用不同的感官检验方法加以实施。

［例］征集 100 名花生酱消费者，在中心地点试验，每人得到两份样品，样品 A-B、B-A 的顺序各半，要求选出喜欢的一个样品。

表 4-3　　　　　　　　　　食品嗜好型感官评价问卷表应用举例

花生酱消费者试验
试验指令： 请将两样品的编号按从左到右的顺序写在下面横线上。请先品尝左侧的花生酱，然后再品尝右侧的花生酱。品尝完两个样品后，在你喜欢的样品的编号上打钩： —————————　　　　　——————————
请简要说明您选择的理由：

食品感官嗜好的特点如下：

（1）个体性　食品感官嗜好反映了人个体对食品风味的倾向性态度和行为。

（2）群体性　由于传统、习惯、地域、文化等因素的作用，总会造成一些群体对某一类（种）食品或某一种风味（包括颜色、嗅觉、形状、滋味等）具有相同或相近的嗜好。

（3）外显性　个体的食品感官嗜好必然会表现在日常的饮食行为中，而不会仅仅隐含在动机中。

（4）相对稳定性　个体的食品感官嗜好形成以后，在一定的时间内总是存在并延续的，甚至伴随一生。

（5）可测性　这种对食品及其风味的倾向性态度和行为是可以通过试验或调查进行测量和统计的。

嗜好型食品感官评价的方法主要有以下三种。

（1）喜好性试验　希望能得知产品是否显著地受消费者喜欢或喜好的程度，或者希望得知产品间之差异是否能被消费者型的评价员察觉，如使用差别检验法、分类与排序法进行差别检验。

（2）接受性试验　希望能得知产品改进后或新产品是否被消费者接受，采用百分比的方式进行统计，可简单判断有多大比例的消费者接受了新产品，并进一步分析了解其中的原因。一般来说，消费者所打的分数都在中等分数，通常 60% ~ 70% 的接受性说明新产品被接受。

（3）适当强度的标示　评分法最中间的那个类别或分数表示刚好或恰恰好，如在"7分"适当强度评分法中的"4分"是刚好或恰恰好，表示这就是消费者所要的强度，低于"4分"表示强度不够，而高于"4分"则表示强度太强。该方法与一般评分法不同，一般喜好性的"7分"评分法，中间分"4分"是不喜欢也不讨厌，"7分"是最喜欢。

第二节　差异识别检验、差异标度和类别检验、描述分析性检验

一、差异识别检验

差异识别检验只要求评价员评定两个或两个以上的样品中是否存在感官差异（或偏爱其一）。差别试验的结果分析是以每一类别的评价员数量为基础。例如，有多少人回答样品 A，多少人回答样品 B，多少人回答正确。解释其结果主要运用统计学的二项分布参数检查。差异识别试验中，一般规定不允许"无差异"的回答（即强迫选择）。差异识别试验中要注意样品外表、形态、温度和数量等的明显差别所引起的误差。差异识别检验中常用的方法有成对比较试验法、二－三点试验法、三点试验法、"A"－"非A"试验法、五中取二试验法、选择试验法和配偶试验法。

二、差异标度和类别检验

在差异标度和类别检验中，要求评价员对两个以上的样品进行评价，并判定出哪个样品好，哪个样品差，以及它们之间的差异大小和差异方向等，通过试验可得出样品间差异的顺序和大小，或者样品应归属的类别或等级。选择何种手段解释数据，取决于试验的目的及样品数量。

此类检验法常有顺位试验法、分类试验法、评分法和评估试验法。

三、描述分析性检验

在描述分析性检验中，要求评价员判定出一个或多个样品的某些特征或对某特定特征进行描述和分析。通过试验可得出样品各个特性的强度或样品全部感官特征。常用的方法有简单描述试验法和定量描述试验法。

🔍思考题

1. 食品感官评价方法按应用目的可以分为哪两种，按性质可以分为哪三种？
2. 分析型感官评价二种常见的检验方法是什么，有何特点？

3. 嗜好型食品感官评价的方法有哪些，有何区别？

4. 差异识别检验（或称差别性检验、区别性检验）和描述性检验的特点是什么？

5. 常用的差别试验法有哪些？

6. 什么是差异标度和类别检验？

第五章　差异识别检验

差异识别检验在实际应用中非常实用而被广泛采用。典型的差异识别检验一般有24～48个参与者，他们均经过筛选，对特定产品的差别有较好的敏感性，而且对检验程序较熟悉。一般提供的样品较充分，以便于清楚地判断感官差别。当试验可以较方便进行时，经常进行重复检验。

第一节　成对比较试验法

以随机顺序同时出示两个样品给评价员，要求评价员对这两个样品进行比较，判定整个样品或某些特征强度顺序的一种评价方法称为成对比较试验法（Paired Comparison Test）或者二点试验法。成对比较试验法有两种检验形式：差别成对比较法（也称二点差别试验法、简单差别试验、异同试验，为双边检验）、定向成对比较法（也称二点偏爱试验法，为单边检验）。

研究的目的决定采取何种形式的试验法：如果不知道样品间何种感官属性不同，那么就应采用差别成对比较法（双边检验）。样品（A≠B）呈送顺序：AA、BB、AB、BA，这些顺序在评价员中交叉进行随机处理，且每种次序出现的次数相同。

如果已知两种样品在某一特定感官属性上存在差别，那么就应采用定向成对比较法（单边检验）。样品（A＞B 或 A＜B）呈送顺序：AB、BA，且是随机的，每种次序出现的次数相同。感官专业人员必须保证两个样品只在单一的所指定的感官方面有所不同，否则不适用此检验方法。

进行成对比较试验法时，一开始就应分清是单边还是双边检验。在确定成对比较试验法是单边检验还是双边检验时，关键是看备择假设是单边的还是双边的。当试验的目的是关心两个样品是否不同，则采用双边检验。当试验目的是为了知道哪个样品的特性更加好，或者更受欢迎，确定某项改进措施或处理方法的效果时，通常使用单边检验。表5-1所示为一些单边检验和双边检验的常见例子。

问卷中一般采用"强迫选择"，即当评价员认为样品间无差异，也要求他指出哪个样品更……，或更喜欢哪个样品。此外，问卷也可以允许回答"无差异"或"不偏爱"。如果回答"无差异"或"不偏爱"时，可按下列两种方法之一处理。

① 忽略不计，即从全体评价员答案的总数中减去这些答案；

② 给这两类答案各分配一半"无差异"或"不偏爱"的答案。"无差异"或"不偏

爱"的答案占有较大的比例时，说明两种样品之间的差异低于评价员的觉察阈。这可能是因为检验方法有缺陷，也可能是一些评价员发生了某种生理变化或对所参与的检验缺乏积极性。

表 5 – 1 单边检验和双边检验的常见例子

单边检验	双边检验
确认试验产品（如样品 A）更酸	确定哪一产品更酸
确认试验产品（如样品 A）更受欢迎	确定哪一产品更受欢迎
确认 A > B 或 B > A	确定 A ≠ B

一、差别成对比较法（双边检验）

差别成对比较法（双边检验）是最为简单的一种感官评价方法，它可用于确定两种样品之间是否存在差异，差异方向如何。试验形式有 AB、BA、AA、BB 组合，每次试验中，每个样品的猜测性（有无差别）的概率为 1/2。本方法比较简便，但效果较差（猜对率为 1/2）。通过比较观察的频率和期望的频率，根据 χ^2 分布检验分析结果。

1. 实际操作

把 A、B 两个样品同时呈送给评价员，要求评价员根据要求进行评价。在试验中，应使样品 A、B 和 B、A 这两种次序出现的次数相等，样品编码可以随机选取 3 位数组成，而且每个评价员之间的样品编码尽量不重复。

一般要求 24 ~ 48 名评价员进行，最多可以用 100 ~ 200 人。可以使用经过培训的评价员进行评价，也可以使用未接受过培训的评价员，但在同一试验中使用的评价员应具有统一的经验（有或没有经验）。

2. 统计原理

原假设：不可能根据样品间差异区别这两种样品。在这种情况下，正确识别出单个样品的概率为 1/2 。

备择假设：可以根据样品间差异区别这两种样品。在这种情况下，正确识别出单个样品的概率为 > 1/2 。

该检验是双边检验。当评价员人数小于 100 时，正确数目大于或等于表 5 – 2 某水平上的相应数值，则说明以该显著水平拒绝原假设而接受备择假设。当评价员人数大于 100 时，计算方法详见以下实例分析。

3. 实例分析

有 28 位感官评价员，采用差别成对比较法，评价 2 种牛乳（如样品 521、样品 298）是否有差异，差别成对比较法感官评价表（表 5 – 3）如下所述。

表 5 - 2　　　　　差别成对比较法检验表（双边检验）／二 - 三点试验法检验表

答案数目	显著水平			答案数目	显著水平			答案数目	显著水平		
	5%	1%	0.1%		5%	1%	0.1%		5%	1%	0.1%
7	7	7	—	24	17	19	20	41	27	29	31
8	7	8	—	25	18	19	21	42	27	29	32
9	8	9	—	26	18	20	22	43	28	30	32
10	9	10	10	27	19	20	22	44	28	31	33
11	9	10	11	28	19	21	23	45	29	31	34
12	10	11	12	29	20	22	24	46	30	32	34
13	10	12	13	30	20	22	24	47	30	32	35
14	11	12	13	31	21	23	25	48	31	33	35
15	12	13	14	32	22	24	26	49	31	34	36
16	12	14	15	33	22	24	26	50	32	34	37
17	13	14	16	34	23	25	27	60	37	40	43
18	13	15	16	35	23	25	27	70	43	46	49
19	14	15	17	36	24	26	28	80	48	51	55
20	15	16	18	37	24	27	29	90	54	57	61
21	15	17	18	38	25	27	29	100	59	63	66
22	16	17	19	39	26	28	30				
23	16	18	20	40	.	28	31				

表 5 - 3　　　　　　　　　　差别成对比较法评价表

姓名：_____　座位号：_____　　　　日期：_____年_____月_____日

问题 1. 您面前两个样品的编号分别是（从左到右）：_____、_____

问题 2. 请从左到右品尝你面前的两个样品，确定两个样品是相同还是不同。

　　　　　　两个样品相同_____

　　　　　　两个样品不相同_____

若您认为两个样品"不相同"，请继续做问题 3，否则结束问卷。

问题 3. 您觉得两样品在哪方面存在差异：_____

（1）结果统计

① 参与感官评价人员 28 人，有效评价表 28 份。

② 21 人回答正确，7 人回答错误。

（2）结果分析

在 28 张有效评价表中，有 21 张回答正确，查表 5 - 2，19（5%）＜21＜23（0.1%），

说明在 5% 的显著水平两个样品间有差异。

（3）说明

① 假定问题仅为评定两个样品是否相同，即为差异识别，要求有效评价表的正解数，此正确数与表 5-2 中相应的某显著的水平的数比较，若大于等于表中的数，则说明在此显著水平上样品间有显著性差异；

② 评价员人数大于 100 的结果分析：

当有效评价表数大于 100 时（$n > 100$），表明有差异的评价最少数为 $\frac{n+1}{2} + k\sqrt{n}$ 的最近整数。

式中 k 值为：

显著水平	5%	1%	0.1%
k 值	0.98	1.16	1.55

［例］150 张有效评价表，在各显著水平下，表明有差异的评价最小数为：

$$\frac{150+1}{2} + 0.98 \times \sqrt{150} = 87.5 \approx 88$$

$$\frac{150+1}{2} + 1.16 \times \sqrt{150} = 89.7 \approx 90$$

$$\frac{150+1}{2} + 1.55 \times \sqrt{150} = 94.5 \approx 95$$

即在 5% 显著水平下，有显著差异的评价最小数为 88 份；在 1% 显著水平下，有显著差异的评价最少数为 90 份；在 0.1% 显著水平下，有显著差异的评价最少数为 95 份。

二、定向成对比较法（单边检验）

此检验方法对 A、B 两种样品进行比较，判断哪一种样品较好，或两种样品在某一特性上存在差异（如甜度、酸度、脆性等）。

1. 实际操作

试验形式有 AB、BA 组合，呈送顺序应该具有随机性，评价员先受到 A 样品或 B 样品的概率应相等。样品编码可以随机选取 3 位数组成，而且每个评价员之间的样品编码尽量不重复。

评价员必须清楚理解感官专业人员所指定的特定属性的含义，一般应该经过识别指定的感官属性方面的训练。感官专业人员必须保证两个样品只在单一的所指定的感官方面有所不同，否则不适用此方法。例如，增加蛋糕的糖含量，会使蛋糕比较甜，但同时会改变蛋糕的质地和色泽。在这种情况下，定向成对比较法不是一种很好的差异试验方法。

2. 统计原理

该检验是单边检验。正确数目大于或等于表 5-4 某水平上的相应数值，则说明以该显著水平拒绝原假设而接受备择假设。也就是说，感官评价员能够根据制定的感官属性区别样品，那么对于指定感官属性程度较高的样品，由于高于另一样品，被选择的概率较高。定向成对比较法结果可以给出样品间制定属性存在差异的方向。

假定要求评价最喜欢哪个样品，则为定向成对比较法。从有效的评价表中收集较喜欢 A 的回答数和较喜欢 B 的回答数，运用回答数较多的数与表 5-4 所得各显著水平的数比较，若此数大于或等于表中某显著水平的相应数字，则说明两样品的嗜好程度有差异，若小于表中的任何显著水平的数，则说明两样品间无显著差异。

表 5-4　　　　　　　　　　　　　定向成对比较法检验表（单边检验）

答案数目	显著水平			答案数目	显著水平			答案数目	显著水平		
	5%	1%	0.1%		5%	1%	0.1%		5%	1%	0.1%
7	7	—	—	24	18	19	21	41	28	30	32
8	8	8	—	25	18	20	21	42	28	30	32
9	8	9	—	26	19	20	22	43	29	31	33
10	9	10	—	27	20	21	23	44	29	31	34
11	10	11	11	28	20	22	23	45	30	32	34
12	10	11	12	29	21	22	24	46	31	33	35
13	11	12	13	30	21	23	25	47	31	33	36
14	12	13	14	31	22	24	25	48	32	34	36
15	12	13	14	32	23	24	26	49	32	34	37
16	13	14	15	33	23	25	27	50	33	35	37
17	13	15	16	34	24	25	27	60	39	41	44
18	14	15	17	35	24	26	28	70	44	47	50
19	15	16	17	36	25	27	29	80	50	52	56
20	15	17	18	37	25	27	29	90	55	58	61
21	16	17	19	38	26	28	30	100	61	64	67
22	17	18	19	39	27	28	31				
23	17	19	20	40	27	29	31				

3. 实例分析

有 30 位感官评价员，采用定向成对比较法，评价 2 种果汁（如样品 595、样品 176），其中"595"配方明显较甜，评价哪种样品更甜。定向成对比较试验法感官评价表（表 5-5）如下。

（1）结果统计

① 参与感官评价人员 30 人，有效评价表 30 份。

② 22 人认为"595"更甜，8 人认为"176"更甜。

（2）结果分析

在 30 张有效评价表中，有 22 认为"595"更甜，查表 5-4，21（5%）< 22 < 25（0.1%），说明在 5% 的显著水平"595"比"176"更甜。

（3）说明

评价员人数大于 100 的结果分析：

当有效评价表数大于 100 时（$n > 100$），表明有差异的评价最少数为 $\dfrac{n+1}{2} + k\sqrt{n}$ 的最近整数。

式中 k 值为：

显著水平	5%	1%	0.1%
k 值	0.98	1.29	1.65

表 5-5　　　　　　　　　　　　　定向成对比较法评价表

姓名：＿＿＿＿＿＿＿＿＿ 座位号：＿＿＿＿＿ 日期：＿＿＿＿年＿＿＿月＿＿＿日   问题 1. 您面前两个样品的编号分别是（从左到右）：＿＿＿＿＿、＿＿＿＿＿   问题 2. 请从左到右品尝你面前的两个样品：   　　　　　　　两个样品中＿＿＿＿＿＿＿更甜

［例］某厂研发蘑菇汤料新产品，在汤汁中加入胡椒粉，与不添加胡椒粉的老产品进行偏爱性比较，收到 150 张有效评价表，其中有 89 人喜欢新产品 A，61 人喜欢老产品 B，在各显著水平下，表明有差异的评价最小数为：

$$\frac{150+1}{2} + 0.98 \times \sqrt{150} = 87.5 \approx 88$$

$$\frac{150+1}{2} + 1.29 \times \sqrt{150} = 91.3 \approx 91$$

$$\frac{150+1}{2} + 1.65 \times \sqrt{150} = 95.7 \approx 96$$

即在 5% 显著水平下，有显著差异的评价最小数为 88 份；在 1% 显著水平下，有显著差异的评价最少数为 91 份；在 0.1% 显著水平下，有显著差异的评价最少数为 96 份。喜欢 A 产品的有 89 人，88（5%）< 89 < 91（1%），说明在 5% 的显著水平下，加了胡椒粉后新产品更受偏爱。

三、成对比较试验法的实际应用

1. 差别成对比较法应用

（1）问题　某饮品公司一直使用一种天然提取的西瓜香精，为降低原料成本，该公司决定使用化学合成的等同香精代替，但初步试验表明，合成香精的香味可能没有原来浓，现在研究人员想知道这两种香精添加在产品中是否有所差别。

（2）项目目标　研究开发一种原料替代的西瓜香气特征的产品。

（3）试验目标　测量两种香精赋予产品西瓜香味特征的相对能力，即两种西瓜风味是否不同。

（4）试验设计　试验由 45 人参加，将 α 设为 5%。否定假设是 H_0；样品 A 的西瓜风味 = 样品 B 的西瓜风味，备择假设是 H_a：样品 A 的西瓜风味 ≠ 样品 B 的西瓜风味，所以这个检验是双边的。样品分别被标为 697（原产品）和 735（新产品），问卷表类似表 5-3。

（5）试验的问题是　两样品是否相同？或者，哪一种更具有西瓜风味？

（6）样品筛选　试验之前对两种样品进行品尝，以确定它们的风味确实相似。

（7）分析结果　有 32 人认为样品 697 的西瓜风味更强。当 $\alpha = 0.05$ 的临界值为 29（查表 5-2），因此认为两种样品之间存在显著差异。

（8）解释结果　为了保持原有市场，建议慎重合成的新西瓜香精，因此从试验可以看出它的西瓜风味不如原产品的浓，应继续试验，寻找合适的替代品。

2. 定向成对比较法应用

（1）问题　某啤酒酿造商通过市场调研报告，获得他们酿造的啤酒 A 不够苦的分析结果。该厂又使用了更多的酒花酿制了啤酒 B，试图增加适当苦味口感。

（2）项目目标　调整啤酒苦味口感，使用更多啤酒花，生产一种苦味更重些的啤酒。

（3）试验目标　对啤酒 A 和啤酒 B 进行对比，看两者之间是否在苦味上存在虽然小但却是显著的差异。

（4）试验设计　选用成对比较试验法，为了确保试验的有效性，将 α 设为 1%，否定假设是 H_0：A 的苦味与 B 的苦味相同；备择假设是 H_a：B 的苦味 > A 的苦味；因此检验是单边检验。两种啤酒分别被标有 295 和 673，试验由 40 人参加。问卷类似表 5-5。

（5）试验的问题是哪一个样品更苦？

（6）样品筛选　试验之前由一小型评价小组进行品尝，以确保除了苦味之外，两种样品之间其他的差异非常小。

（7）分析结果　有 26 人选择样品 B，从表 5-4 可知，$\alpha = 1\%$ 对应的临界值是 28，因此两种样品之间不存在显著差异。

（8）解释结果　新改良的啤酒仍没有改善苦味不够的问题，应继续试验，增加产品苦味。

第二节　二-三点试验法

先提供给评价员一个对照样品，接着提供两个样品，其中一个与对照样品相同，而另一个则来自不同的产品、批次或生产工艺。要求评价员在熟悉对照样品后，从后提供的两个样品中挑选出与对照样品相同样品的方法称为二－三点试验法（Duo－Trio Test）。此方法是常用的三点试验法的一种替代法，最早由 Pervan 和 Swartz 于 1950 年提出。

此试验法用于区别两个同类样品间是否存在感官差异，尤其适用于评价员熟悉对照样品的情况，如成品检验和异味检查。评价员要正确找出与对照样品一致的样品，这有 1/2 的概率。但由于精度较差（猜对率为 1/2），故常用于评价员很熟悉对照样品的情况以及风味较强、刺激较烈和产生余味持久的产品检验，以降低评价次数，避免味觉和嗅觉疲劳。另外，外观有明显差别的样品不适宜此法。

二－三点试验法有两种形式：固定参照模式（以正常生产为参照样）和平衡参照模式（正常生产的样品和要进行检验的样品被随机用做参照样品）。固定参照二－三点试验法中，样品有两种可能的呈送顺序，如 $R_A BA$、$R_A AB$，应在所有的评价员中实行交叉平衡原则。而在平衡参照二－三点试验法中，样品有四种可能的呈送顺序，如 $R_A BA$、$R_A AB$、$R_B AB$、$R_B BA$，一半的评价员得到一种样品类型作为参照，而另一半的评价员得到另一种样品类型作为参照。样品在所有的评价员中实现交叉平衡。当评价员对两种样品都不熟悉，或者没有足够的数量时，可运用平衡参照二－三点试验法。

1. 实际操作

向评价员提供一个已标明的对照样品和二个已编码的待测样品，其中一个编码样品与对照样品相同，要求评价员在熟悉对照样品后，选出这个与对照样品相同的编码样品。

通常评价时，在评价对照样品后，最好有 10s 左右休息时间。同时要求，两个样品作为对照品的几率应相同。应先对对照样品品尝，然后开始对待测样品的评价。

2. 统计原理

原假设：不可能根据特性强度区别这两种样品。在这种情况下，正确识别出单个样品的概率为 1/2。

备择假设：可以根据特性强度区别这两种样品。在这种情况下，正确识别出单个样品的概率为 > 1/2。

3. 实例分析

某饮料厂，为降低饮料成品的异味，在加工中添加某种除味剂，为了了解除味效果，可运用二－三点试验法进行试验，由 40 名评价员进行检查，其中有 20 名接受到的对照样品是未经去味的制品，另 20 名接受到的对照样品是经去味处理的制品，要求评价员首先品尝对照样品，而后以从左到右的顺序依次品尝待测样品，指出与对照样品相同的是哪个，二－三点试验法感官评价表（表 5－6）如下所示。

① 结果统计：共得到 40 张有效答案，其中有 28 张回答正确。

② 结果分析：查表 5－2 中 $n = 40$ 一栏，知 26（5%）< 28 < 31（0.1%），则在 5% 显著水平，两样品间有显著差异，即去除异味效果显著。

③ 说明：有效评价表数为 n，回答正确的表数为 R，查表 5－2 中为 n 的一行的数值，若 R 小于其中所有数，则说明在 5% 水平，两样品间无显著差异，若 R 大于或等于其中某数，说明在此数所对应的显著水平上两样品间有差异。

表5-6 二-三点试验法评价表

姓名：＿＿＿＿＿＿＿ 座位号：＿＿＿＿＿ 日期：＿＿＿年＿＿＿月＿＿＿日
在您面前有 3 个样品，其中一个标明"对照"的对照样，另外两个标有"编号"的待测样。
问题 1. 您面前两个样品的编号分别是（从左到右）：＿＿＿＿＿、＿＿＿＿＿
请先品尝对照样，然后以从左到右的顺序依次品尝两个待测样，选出您觉得与对照样相同的待测样，您可以重复品尝多次，但必须做出选择。
问题 2. 与对照样相同的待测样编号是：＿＿＿＿＿

第三节　三点试验法

同时提供三个编码样品，其中有两个是相同的，要求评价员挑选出其中不同于其他两样品的样品检查方法称为三点试验法（Triangular Test），也称三角试验法。通常应用于评价两样品之间的细微差异，如品质控制或仿制某个优良产品；也可用于挑选或培训评价员，锻炼其发现产品差别的能力。

此法适用于评价两个样品之间的细微差异，如品质管理和仿制产品，也可适用于挑选和培训评价员或者考核评价员的能力。三点试验法较早地应用于酒类企业的品质管理中。举一个的典型例子，20 世纪 40 年代的嘉士伯（Carlsberg）啤酒厂就采用此法，提供三个样品，其中有两个样品是相同的，第三个样品不同，要求评价员从这三个样品中找出不同的那个。这一检验主要作为一种筛选评价啤酒评价员的方法，以确保他们具有充分的辨别能力，这种区分能力可以从正确选择的次数超出随机期望水平的程度来推知。

在三点试验中，所有评价员都应基本上具有同等的评价能力和水平，并且因食品的种类不同，评价员也应该是各具专业所长的。参与评价的人数多少要因任务而异，可以在 5 人到上百人的很大范围内变动，并要求做差异显著性测定。一般来说，三点试验通常要求评价员在 24 ~ 48 人，而如果试验目的是检验两种产品是否相似时（是否可以相互替换），要求的参评人员人数为 50 ~ 100 人。

此法的猜对率为 1/3，因此要比成对比较试验法和二-三点试验法的 1/2 猜对率精确度高得多。在三点试验法中，超出随机期望值的正确选择的比率是关于产品间可感知差异的重要依据。

1. 实际操作

为了使三个样品的排列次序和出现次数的几率相等，可运用以下 6 组组合：

BAA　ABA　AAB　ABB　BAB　BBA

在试验中，6 组出现的几率也应相等，当评价员人数不足 6 的倍数时，可舍去多余样品组，或向每个评价员提供 6 组样品做重复检验。

三点试验法要求的技术比较严格。主持人最好组织一次预备试验，以便熟悉可能出现的问题，以及先了解一下原料的情况。但要防止预备试验对后续的正规检验起诱导作用。

评价员必须按从左到右的顺序品尝样品。在评价过程中，允许评价员重新检验已经做过的那个样品。评价员找出与其他两个样品不同的一个样品或者相似的样品后，对结果进行统计分析。三点试验法比较复杂，即使是有经验的评价员也会感到不是很容易。如当其中某一对被认为是相同的时候，也还得用另一样品的特征去证明。这样反复的互证，是做起来难的事情。为了判断正确，不能让评价员知道其排列的顺序，所以样品的排序者不能参加评价。不能使评价员从样品提供的方式中对样品的性质作出结论。应以同一方式即相同设备、相同容器、相同数量产品和相同排列形式（三角形，直线等）制备各种检验样品组。

评价组的主持人只允许其小组出现以下两种结果。第一种，根据"强迫选择"的特殊要求，必须让评价员指明样品之一与另二个样品不同。第二种，根据实际，对于的确没有差别的样品，允许打上"无差别"字样。这两点在显著性测定表上查找差异水平时，都是要考虑到的。当考虑到检验结果的准确性时，应该使用"强迫选择"。而对于允许选择"无差别"的"非强迫选择"时，则根据检验目的，可按不同的方式处理"无差异"答案，如忽略不计"无差异"答案数，即从评价小组的答案总数中减去这些数；或者考虑下述几种方式：将"无差异"答案的三分之一归于正确答案，或将"无差异"答案归于不正确答案。无差异答案占有较大的比例时，说明两个样品之间的差异低于评价员的觉察阈。这可能是因为检验方法有缺陷，也可能是一些评价员发生了某种生理变化或对所参与的检验缺乏积极性的原因。

2. 统计原理

原假设：不可能根据特性强度区别这两种样品。在这种情况下，正确识别出单个样品的概率为1/3。

备择假设：可以根据特性强度区别这两种样品。在这种情况下，正确识别出单个样品的概率 > 1/3。

该检验是单边检验。正确数目大于或等于表5-7某水平上的相应数值，则说明该显著水平拒绝原假设而接受备择假设。

3. 实例分析

［例］某食品生产企业，调整产品配方结构，新产品用甜蜜素代替旧产品中使用的蔗糖，通过三点试验法进行感官试验，判断这两种产品之间是否纯在差异。有36人参加评价，评价员得到3份编码的样品，要求以从左到右的顺序依次品尝，指出单个的样品。三点试验法准备工作表（表5-8），三点试验法评价表（表5-9）如下所示。

表 5 − 7　　　　　　　　　　三点试验法检验表

答案数目	显著水平			答案数目	显著水平			答案数目	显著水平		
	5%	1%	0.1%		5%	1%	0.1%		5%	1%	0.1%
4	4	—	—	33	17	18	21	62	28	31	33
5	4	5	—	34	17	19	21	63	29	31	34
6	5	6	—	35	17	19	22	64	29	32	34
7	5	6	7	36	18	20	22	65	30	32	35
8	6	7	8	37	18	20	22	66	30	32	35
9	6	7	8	38	19	21	23	67	30	33	36
10	7	8	9	39	19	21	23	68	31	33	36
11	7	8	10	40	20	21	24	69	31	34	36
12	8	9	10	41	20	22	24	70	32	34	37
13	8	9	11	42	21	22	25	71	32	34	37
14	9	10	11	43	21	23	25	72	32	35	38
15	9	10	12	44	22	23	25	73	33	35	38
16	9	11	12	45	22	24	26	74	33	36	39
17	10	11	13	46	23	24	26	75	34	36	39
18	10	12	13	47	23	24	27	76	34	36	39
19	11	12	14	48	23	25	27	77	34	37	40
20	11	13	14	49	24	25	28	78	35	37	40
21	12	13	15	50	24	26	28	79	35	38	41
22	12	14	15	51	24	26	29	80	35	38	41
23	12	14	16	52	25	27	29	82	36	39	42
24	13	15	16	53	25	27	29	84	37	40	43
25	13	15	17	54	26	27	30	86	38	40	44
26	14	15	17	55	26	28	30	88	38	41	44
27	14	16	18	56	26	28	31	90	39	42	45
28	15	16	18	57	26	29	31	92	40	43	46
29	15	17	19	58	27	29	32	94	41	44	47
30	15	17	19	59	27	29	32	96	42	44	48
31	16	18	20	60	28	30	33	98	42	45	49
32	16	18	20	61	28	30	33	100	43	46	49

表 5 - 8　　　　　　　　　　　**三点试验法准备工作表**

编号：_____　　　　日期：_____年_____月_____日

试验样品：_____　　　　　　　　　　　　　试验类型：三点试验法

产品代号	含有 2 个 A 的号码使用情况	含有 2 个 B 的号码使用情况
A：原产品	589　　437	964
B：新产品	232	841　　376

评价座位号	对应样品编号
1, 7, 13, 19, 25, 31	589　437　232（AAB）
2, 8, 14, 20, 26, 32	964　841　376（ABB）
3, 9, 15, 21, 27, 33	841　376　964（BBA）
4, 10, 16, 22, 28, 34	232　437　589（BAA）
5, 11, 17, 23, 29, 35	589　232　437（ABA）
6, 12, 18, 24, 30, 36	841　964　376（BAB）

表 5 - 9　　　　　　　　　　　**三点试验法评价表**

姓名：_____　座位号：_____　　日期：_____年_____月_____日

在您面前有 3 个编码的样品，其中两个是一样的，另外一个是与其他两个不同的。

问题 1. 您面前三个样品的编号分别是（从左到右）：_____、_____、_____

请以从左到右的顺序依次品尝三个样品，选出那个与其他两个不同的样品。您可以重复品尝多次，但必须做出选择，填写出单个样品编号。

问题 2. 单个的样品编号是：_____

① 结果统计：36 张有效评价表，有 21 张正确选择出单个样品。

② 结果分析：查表 5 - 7 中 $n = 36$ 栏。由于 21 大于 1% 显著水平的临界值 20，小于 0.1% 显著水平的临界值 22，则说明在 1% 显著水平，两样品间有差异。

③ 说明：当有效评价表数大于 100 时（$n > 100$ 时），表明在差异的评价最少数为 $0.4714z\sqrt{n} + \dfrac{(2n + 3)}{6}$ 的近似整数；若回答正确的评价表数大于或等于这个最少数，则说明两样品间有差异。式中 z 值为：

显著水平	5%	1%	0.1%
z 值	1.64	2.33	3.10

同样，若要求调查对样品的喜好程度，则应从正确选择出单个样品的评价表中，统计出多数人认为更喜好某一样品的人数，这可说明两样品间的喜好程度是否有差异。例如，36 张有效评价表，有 21 张正确地选出了单个样品，在此 21 张评价表中有 12 张表示喜好样品 A，查表 5−4 中 $n=21$ 一栏，可说明 A、B 两样品间不存在显著差异，实际上，这是一个定向成对比较法的检验问题。

第四节 "A" − "非 A" 试验法

在评价员熟悉样品 "A" 以后，再将一系列样品提供给评价员，其中有 "A" 也有"非 A"。要求评价员指出哪些是 "A"，哪些是 "非 A" 的检验方法称为 "A" − "非 A"试验法（"A" or "not A" Test）。此检验本质上是一种顺序差别成对检验或简单差别检验。

此试验适用于确定由于原料、加工、处理、包装和储藏等各环节的不同所造成的产品感官特性的差异，特别适用于检验具有不同外观或后味样品的差异检验，也适用于确定评价员对一种特殊刺激的敏感性。

1. 实际操作

实际检验时，分发给每个评价员的样品数应相同，但样品 "A" 的数目与样品 "非A" 的数目不必相同。"A" − "非 A" 试验法有 4 种样品呈送顺序（AA、BB、AB、BA）。这些顺序应在评价员中交叉随机化，每种顺序出现的次数应相同。此试验中，分发给每个评价员的样品数应相同，但样品 "A" 的数目与样品 "非 A" 的数目不必相同。通常，该试验需要 12 ~ 48 名评价员，他们经过一定的培训后，对样品 "A" 和非 "A" 比较熟悉。在每次试验中，每个样品要被呈送 20 ~ 50 次，每个评价员可以接受 1 个样品，也可以接受 2 个样品（一个 "A"，一个 "非 A"）还可以连续评价 10 个样品，每次评价的样品数量视评价员的生理疲劳和精神疲劳而定，受检验的样品数量不能太多，每次样品出示的时间间隔一般是 2 ~ 5min。

2. 统计原理

统计评价表的结果，并汇入表 5−10 中，表中 n_{11} 为样品本身是 "A"，评价员也认为是 "A" 的回答总数；n_{22} 为样品本身为 "非 A"，评价员也认为是 "非 A" 的回答总数；n_{21} 为样品本身是 "A"，而评价员认为是 "非 A" 的回答总数；n_{12} 为样品本身是 "非 A"，而评价员认为 "A" 的回答总数。$n_{1.}$、$n_{2.}$ 为第 1 行、第 2 行回答数之和，$n_{.1}$、$n_{.2}$ 为第 1 列、第 2 列回答数之和，n 为所有回答数，然后用 χ^2 检验（附录一）来进行解释。

表 5 – 10 "A" – "非 A" 试验结果统计表

	"A"	"非 A"	累计
判为 "A" 的回答数	n_{11}	n_{12}	$n_1.$
判为 "非 A" 的回答数	n_{21}	n_{22}	$n_2.$
累计	$n._1$	$n._2$	n

假设评价员的判断与样品本身的特性无关。当回答总数为 $n \leqslant 40$ 或 n_{ij}（$i = 1$，2；$j = 1$，2）$\leqslant 5$ 时，χ^2 的统计量如式（5 – 1）所示：

$$\chi^2 = \frac{[\,|\,n_{11} \times n_{22} - n_{12} \times n_{21}\,| - (n/2)\,]^2 \times n}{n._1 \times n._2 \times n_1. \times n_2.} \tag{5-1}$$

当回答数 $n > 40$ 和 $n_{ij} > 5$ 时，χ^2 的统计量如式（5 – 2）所示。

$$\chi^2 = \frac{|\,n_{11} \times n_{22} - n_{12} \times n_{21}\,|^2 \times n}{n._1 \times n._2 \times n_1. \times n_2.} \tag{5-2}$$

式中：将 χ^2 统计量与 χ^2 分布临界值比较：

当 $\chi^2 \geqslant 3.84$（5% 显著水平）

当 $\chi^2 \geqslant 6.63$（1% 显著水平）

因此，在此选择的显著水平上拒绝原假设，即评价员的判断与样品本身特性有关，即认为样品 "A" 与 "非 A" 有显著差异。

当 $\chi^2 < 3.84$（5% 显著水平）

当 $\chi^2 < 6.63$（1% 显著水平）

因此，在此选择的显著水平上接受原假设，即认为评价员的判断与样品本身特性无关，即认为样品 "A" 与 "非 A" 有无显著差异。

3. 实例分析

［例］30 位评价员判定某种食品经过冷藏（A）和室温储藏（非 A）后，二者的差异关系。每位评价员评价 3 个 "A" 和 2 个 "非 A"，利用 "A" – "非 A" 试验法进行评价，判断这两种储藏方法的食品的差异是否能被识别出来。"A" – "非 A" 试验法评价表（表 5 – 11）如下：

表 5 – 11 "A" – "非 A" 试验法评价表

姓名：＿＿＿＿＿＿＿ 座位号：＿＿＿＿＿ 日期：＿＿＿＿年＿＿＿＿月＿＿＿＿日
1. 试验前熟悉样品 A 和非 A，记住它们各自的口味。
2. 请按照从左到右的顺序依次品尝样品，每个样品品尝一次，每品尝完一个样品后，在其编号后面的（ ）内打 "√"，并漱口等待一分钟后品尝下一个样品。
注意：您所得到的样品中，有 3 个 "A" 和 2 个 "非 A"。

续表

问题：			
样品顺序号	样品编号	该样品是	
		A	非 A
1	＿＿＿＿＿	（　　）	（　　）
2	＿＿＿＿＿	（　　）	（　　）
3	＿＿＿＿＿	（　　）	（　　）
4	＿＿＿＿＿	（　　）	（　　）
5	＿＿＿＿＿	（　　）	（　　）

① 结果统计

评价统计结果如表 5 – 12 所示。

表 5 – 12　　　　　　　　　　"A" – "非 A" 试验法结果统计

		"A"	"非 A"	累计
判别评价数累计	"A"	40	40	80
	"非 A"	20	50	70
		60	90	150

② 结果分析

由于 $n = 150 > 40$，$n_{ij} > 5$，则

$$\chi^2 = \frac{(n_{11} \times n_{22} - n_{12} \times n_{21})^2 \times n}{n_{\cdot 1} \times n_{\cdot 2} \times n_{1\cdot} \times n_{2\cdot}} = \frac{(40 \times 50 - 40 \times 20)^2 \times 150}{60 \times 90 \times 80 \times 70} = 7.14$$

因为 $\chi^2 = 7.14 > 6.63$，所以在 1% 显著水平上有显著差异。

第五节　五中取二试验法

同时提供给评价员五个以随机顺序排列的样品，其中两个是同一类型，另三个是另一种类型。要求评价员将这些样品按类型分成两组的一种检验方法称为五中取二试验法（"Two Out of Five" Test）。

此试验可识别出两样品间的细微感官差异。当评价员人数少于 10，多用此试验。但此试验易受感官疲劳和记忆效果的影响，并且需用样品量较大。

1. 实际操作

评价员应经过培训，一般人数应在 10 ～ 20 人，如果样品间的差异较显著，人数可以少于 10 人。试验样品应以下列方式组合（表 5 – 13），如果参与评价的人数少于 20 人，可

以从以下组合中随机选取，但含有 3 个 A 或 3 个 B 的组合要相同，也就是说，有过多的 3 个 A 或 3 个 B 的，应删除再随机补充的其他组合。

表 5 – 13　　　　　　　　　　　五中取二试验法样品排列组合表

AAABB	AABAB	ABAAB	BAAAB
AABBA	ABABA	BAABA	ABBAA
BABAA	BBAAA	BBBAA	BBABA
BABBA	ABBBA	BBAAB	BABAB
ABBAB	BAABB	ABABB	AABBB

2. 统计原理

假设有效评价表数为 n，回答正确的评价表数为 k，查表 5 – 14 中 n 栏的数值。若 k 小于这一数值，则说明在 5% 显著水平两种样品间无差异。若 k 大于或等于这一类值，则说明在 5% 显著水平两种样品有显著差异。

表 5 – 14　　　　　　　　　　　五中取二试验法检验表（$\alpha = 5\%$）

评价员数（n）	正答最少数（k）	评价员数（n）	正答最少数（k）	评价员数（n）	正答最少数（k）
9	4	23	6	37	8
10	4	24	6	38	8
11	4	25	6	39	8
12	4	26	6	40	8
13	4	27	6	41	8
14	4	28	7	42	9
15	5	29	7	43	9
16	5	30	7	44	9
17	5	31	7	45	9
18	5	32	7	46	9
19	5	33	7	47	9
20	5	34	7	48	9
21	6	35	8	49	10
22	6	36	8	50	10

3. 实例分析

［例］某食品厂为了检查原料质量的稳定性，把两批原料分别添加入某产品中，运用五中取二试验对添加不同批次的原料的两个产品进行检验。由 10 名评价员进行检验，其

中有 3 名评价员正确地判断了五个样品的两种类型。查表 5 - 14 中 $n=10$ 一栏得到正答最少数为 4，大于 3，说明这两批原料的质量无差别。

第六节　其他试验法

一、选择试验法

从 3 个以上的样品中，选择出一个最喜欢或最不喜欢的样品的检验方法称为选择试验法。此试验可识别出两样品间的细微感官差异。当评价员人数少于 10 人时，多用此试验。但此试验易受感官疲劳和记忆效果的影响，并且需用样品量较大。它常用于嗜好调查。

1. 实际操作

注意样品呈递的随机顺序。

2. 统计原理

（1）求数个样品间有无差异，根据 χ^2 检验判断结果，用如公式（5 - 3）求 χ_0^2 值：

$$\chi_0^2 = \sum_{i=1}^{m} \frac{\left(x_i - \frac{n}{m}\right)^2}{\frac{n}{m}} \tag{5-3}$$

式中　m——样品数；

　　　n——有效评价表数；

　　　x_i——m 个样品中，最喜好其中某个样品的人数。

查 χ^2 表（见附录 1），若 $\chi_0^2 \geqslant \chi^2 (f, \alpha)$（$f$ 为自由度，$f = m - 1$，α 为显著水平），说明 m 个样品在 α 显著水平存在差异，若 $\chi_0^2 < \chi^2 (f, \alpha)$，说明 m 个样品在 α 显著水平不存在差异。

（2）求被多数人判断为最好的样品与其他样品间是否存在差异，根据 χ^2 检验判断结果，用如公式（5-4）求 χ_0^2 值：

$$\chi_0^2 = \left(x_i - \frac{n}{m}\right)^2 \frac{m^2}{(m-1)n} \tag{5-4}$$

查 χ^2 表（见附录 1），若 $\chi_0^2 \geqslant \chi^2 (1, \alpha)$，说明此样品与其他样品之间在 α 水平上存在差异。否则，无差异。

3. 实例分析

某生产厂家把自己生产的商品 A，与市场上销售的三个同类商品 x、y、z 进行比较。由 80 位评价员进行评价，并选出最好的一个产品来，结果如下。

商品	A	x	y	z	合计
认为某商品最好的人员	26	32	16	6	80

（1）求四个商品间的喜好度有无差异。

$$\chi_0^2 = \sum_{i=1}^m \frac{\left(x_i - \frac{n}{m}\right)}{\frac{n}{m}} = \frac{n}{m} \sum_{i=1}^m \left(x_i - \frac{n}{m}\right)^2$$

$$= \frac{4}{80} \times \left\{ \left(26 - \frac{80}{4}\right)^2 + \left(32 - \frac{80}{4}\right)^2 + \left(16 - \frac{80}{4}\right)^2 + \left(6 - \frac{80}{4}\right)^2 \right\}$$

$$= 19.6$$

$$f = 4 - 1 = 3$$

查表知：

$$\chi^2 (3, 0.05) = 7.81 < \chi_0^2 = 19.6$$

$$\chi^2 (3, 0.01) = 11.34 < \chi_0^2 = 19.6$$

所以，结论为四个商品间的喜好度有显著性差异。

（2）求被多数人判断为最好的商品与其他商品间是否有差异。

$$\chi_0^2 = \left(x_i - \frac{n}{m}\right)^2 \frac{m^2}{(m-1)n}$$

$$= \left(32 - \frac{80}{4}\right)^2 \times \frac{4^2}{(4-1) \times 80} = 9.6$$

查表知：

$$\chi^2 (1, 0.05) = 3.84 < \chi_0^2 = 9.6$$

$$\chi^2 (1, 0.01) = 6.63 < \chi_0^2 = 9.6$$

所以，结论为被多数人判断为最好的商品 x 与其他商品间存在极显著差异，但与商品 A 相比，由于 $\chi_0^2 = \left(32 - \frac{58}{2}\right)^2 \times \frac{2^2}{(2-1) \times 58} = 0.62$，远远小于 $\chi^2 (1, 0.05)$，故可以认为无差异。

二、配偶试验法

把两组试样逐个取出各组的样品进行两两归类的检验方法称为配偶试验法。此方法可应用于检验评价员识别能力，也可用于识别样品间的差异。

1. 实际操作

检验前，两组中样品的顺序必须是随机的，但样品的数目可不尽相同，如 A 组有 7 个样品，B 组可有 m 个样品，也可有 $m+1$ 或 $m+2$ 个样品，但配对数只能是 m 对。

2. 统计原理

统计出正确的配对数平均值，即 $\bar{S}_0$，然后根据以下情况查表 5 - 15 或表 5 - 16 中的相应值，得出有无差异的结论。

（1）m 对样品重复配对时（即由两个以上评价员进行配对时），若 $\bar{S}_0$ 大于或等于表 5 - 15 中的相应值，这说明在 5% 显著水平样品间有差异。

（2）m 个样品与 m 个或（$m+1$）或（$m+2$）个样品配对时，若 $\bar{S}_0$ 值大于或等于表

5−15 中 $n=1$ 栏或表 5−16 中的相应值，说明在 5% 显著水平样品间有差异，或者说评价员在此显著水平有识别能力。

表 5−15　　　　　　　　　　　　配偶试验检验表（$\alpha=5\%$）

n	S	n	S	n	S	n	S
1	4.00	6	1.83	11	1.64	20	1.43
2	3.00	7	1.86	12	1.58	25	1.36
3	2.33	8	1.75	13	1.54	30	1.33
4	2.25	9	1.67	14	1.52		
5	1.90	10	1.60	15	1.50		

注：此表为 m 个和 m 个样品配对时的检验表。适用范围：$m \geq 4$；重复次数 n。

表 5−16　　　　　　　　　　　　配偶法检验表（$\alpha=5\%$）

m	S		m	S	
	$m+1$	$m+2$		$m+1$	$m+2$
3	3	3	5	3	3
4	3	3	6 以上	4	3

注：此表为 m 个和（$m+1$）个或（$m+2$）个样品配对时的检验表。

3. 实例分析

［例1］由四名评价员通过外观，对 8 种不同加工方法的食物进行配偶试验，结果如下。

评价员	A	B	C	D	E	F	G	H
1	B	C	E	D	A	F	G	B
2	A	B	C	E	D	F	G	H
3	A	B	F	C	E	D	H	C
4	B	F	C	D	E	G	A	H

四个人的平均正确配偶数 $\overline{S}_0 = \dfrac{3+6+3+4}{4} = 4$，查表 5−15 中 $n=4$ 栏，$S=2.25 < \overline{S}_0 = 4$，说明这 8 个产品在 5% 显著水平有差异。

［例2］向某个评价员提供砂糖、食盐、酒石酸、硫酸奎宁、谷氨酸钠五种味道的稀释溶液（0.4%，0.13%，0.05%，0.0064%，0.05%）和两杯蒸馏水，共七杯试样。要求评价员选择出与甜、咸、酸、苦、鲜味相应的试样。结果如下：甜——食盐，咸——砂糖、酸——酒石酸、苦——硫酸奎宁、鲜——蒸馏水，即该评价员判断出 2 种味道的试样，即 $\overline{S}_0 = 2$。而查表 5−16 中 $m=5$，（$m+2$）栏的临界值为 $3 > \overline{S}_0 = 2$，说明该评价员

在5%显著水平无判断味道的能力。

Q 思考题

1. 成对比较试验法有何特点，其适用范围是什么？请阐述差别成对比较试验法与定向成对比较试验法的异同。

2. 请阐述二－三试验法、三点试验法的特点和适用范围，并说明两者有何异同。

3. 二－三点试验法中，固定参照模式和平衡参照模式的样品呈送顺序有何不同？

4. 请阐述"A"－"非A"试验法、五中取二试验法的特点和适用范围，并分别说明其样品呈送顺序。

5. 请举例不同差别识别检验方法在食品加工与质量控制中的实际应用。

第六章 差异标度和分类检验

差异标度和分类检验是评价员将感官体验进行量化最常见的方法。评价员将这些感觉进行量化有多种方法：可以只是分分类，也可以排排序，也可以用数字反应感官体验的强度。差异标度和分类检验通常用以估计差别的顺序和大小，或样品的归属类别或等级。

1. 标度

标度（Scale）是指标准的尺度，用于衡量、比较和量值化人的感觉强度。根据试验测量对象的差别度大小，而采用不同的合适的标度形式，从而达到准确有效的目的，就像测量长度时，不同的场合使用不同的单位一样，如 m、mm、μm、nm 等，采用不同的标度，应使用不同的数据统计方法。这种标度的使用是经过事先培训的，它是一门度量的科学，既使用数字来表达样品性质的强度（甜度、硬度、柔软度），又可以使用词汇来表达对该性质的感受（太软、正合适、太硬）。常用标度方法有以下几点。

（1）类项标度 评价员根据特定而有限的反应，给数值赋予察觉到的感官刺激，是一种最古老，使用最为广泛的标度方法。

（2）量值估计 流行的标度技术，不受限制地应用数字来表示感觉的比率，它有两种基本变化形式——外部参比样和内部参比样。外部参比样指预先设定一个具有标准标度的参比样；内部参比样指插入系列检验样品中，并作为参比样提供给评价员的检验样品。

（3）线性标度 又称为图表评估标度或视觉相似标度，让评价员在一条线段上做标记以表示感官特性的强度或数量。

2. 标度建立的原则

标度一个最大的进步是再同一属性因子下有较细致的感官标度区分。而这种区分的感官分辨率，又是根据试验心理学原理，即人的感官在十以下有较好较准的区分度，超出十以上区分度较差，这就是为什么常规标度表常取其标度数在三、五、七、九，只需感官评价员在一个小的区间内作出准确判断，减少误差，即三、五、七、九原则。而评分表则常常需要感官评价员对某个感官属性在 20 或 30 分值上作出判断，从某种意义上讲，这是感官评价误差的一个重要来源。

3. 测量

测量（Scaling）是指度量感觉的强度。不同类型的感官评价表以一组感觉基元和复合感为背景，通过相应的量值进行评估，并根据不同的感觉属性因子在产品中的重要性程度，赋予一定的标度权重，就构造成一类稳定的、行业内认可的产品感官评价表，即一个产品感官品质度量空间，以供不同场合实际评价使用。如果说感觉属性因子及量值估计是感官分析的四则运算，那么产品感官评价表则是感官分析的综合应用题，是根据该产品的特征感觉属性因子集及性质，对一个特定产品的整体性综合性的感官分析，对每一个产品或样品建立产品感官品质度量空间，也是感官分析的最终目标。感官评价是一种基于样品间相对差别的比较检验和测量的心理学试验方法，而不是一种绝对物理量的测量方法，没有不同类型的样品、或同类型内不同样品间的相对比较。

　　不同人的感觉是有差异的，但这种差异会呈现明显的正态性。在实际的感官评价中，不采用一个人去做多次的重复评价，而会利用多个评价员的同时评价当做心理测量的重复次数或者叫做平行试验来增加测量的准确性及效度，即置信度，但是不能提高感官评价的分辨率。实践中许多连续型随机变量的频率密度直方图形状是中间高、两边低、左右对称的，这样的变量服从正态分布，人群感觉正态性决定样品间差别度的正态分布，而正态分布是感官评价结果统计分析方法的理论基础。

第一节　顺位试验法

　　比较数个样品，按指定特性由强度或嗜好程度排出一系列样品的方法称为顺位试验法（Ranking Test）。

1. 特点

　　该法只排出样品的次序，不评价样品间差异的大小。它具有简单并且能够评判 2 个以上样品的特点。其缺点是顺位试验只是一个初步的分辨试验形式，它无法判断样品之间差别的大小和程度，只是试验数据之间在进行比较。

　　此试验可用于进行消费者接受性调查及确定嗜好顺序，选择或筛选产品，确定由于不同原料、加工、处理、包装和储藏等环节造成的对产品感官特性的影响，通常多用 Kramer检定表法。

2. 实际操作

　　该法向评价员提供一定数量的随机呈递的样品，要求按某一特性，排出样品的次序，不评价样品间差异的大小。

　　当评价少数样品（6 个以下，最好 4~5 个）的复杂特征（如质地、风味等）或多数样品（20 个以上）的外观时，此法是迅速而有效的，否则，要注意用水、淡茶或无味面包等来恢复原感觉能力，防止疲劳产生的误差。

　　检验前，应由组织者对检验提出具体的规定（如对哪些特性进行排列、特性强度是从强到弱还是从弱到强进行排列等）和要求（如在评价气味前要先摇晃等）。此外，排序只能按一种特性进行，如果要求对不同的特性排序，则应按不同的特性安排不同的顺序。检验时，评价员得到全部被检样品后，按规定要求将样品进行大概分类并记下样品号码，然后进行整理比较，找出最强和最弱者，类推次强和次弱者，最后确定整个系列的强弱顺序。对于不同的样品，一般不应排为同一位次，当实在无法区别两种样品时，应在评价表中注明为同位级。例如，相邻两个样品的顺序无法确定，鼓励评价员去猜测，如果实在猜不出，可以取中间值，如 4 个样品中，当对中间两个的顺序无法确定时，就将它们都排为 $(2+3)/2 = 2.5$。

3. 统计原理及实例分析

顺位试验法的结果分析方法很多，但较常用的有 Kramer 检定表法。首先将每一评价中的每一特性和每一评价员对每一试验的每一特性评价记录在如表 6-1 所示的表格内。表 6-1 是六个评价员对 A、B、C、D 四种样品的苦味排序结果。

表 6-1　　　　　　　　　评价员对四种样品的苦味排序结果

评价员	1	2	3	4
1	A	B	C	D
2	B =	C	A	D
3	A	B =	C =	D
4	A	B	D	C
5	A	B	C	D
6	A	C	B	D

注：= 为同位级。

每个评价员对每个样品排出的位级中，当有相同位级时，则取平均位数，并统计每个样品的位级和。表 6-2 是表 6-1 中的样品位级和位级和。

表 6-2　　　　　　　　　　　　样品位级和位级和

评价员	A	B	C	D	位级和
1	1	2	3	4	10
2	3	1.5	1.5	4	10
3	1	3	3	3	10
4	1	2	4	3	10
5	1	2	3	4	10
6	1	3	2	4	10
每个样品的级和 R_n	8	13.5	16.5	22	60

依据评价员数 n 和样品数 m，查附录 2 得出各显著水平下的临界值。如表 6-3 所示，$n=6$、$m=4$ 的临界值。

表 6-3　　　　　　　　　　　　显著水平临界值

	5% 显著水平	1% 显著水平
上段	9 ~ 21	8 ~ 22
下段	11 ~ 19	9 ~ 21

首先通过上段来检验样品间是否有显著差异，把每个样品的位级和与上段的最大值

R_{imax} 和最小值 R_{imin} 相比较。若样品位级和的所有数值都在上段的范围内，说明样品间没有显著差异。若样品位级和 $\geq R_{imax}$ 或 $\leq R_{imin}$，则样品间有显著差异。据表 6 – 2，由于最大 $R_i = 22 = R_D$，最小 $R_i = 8 = R_A$，所以说明在 1% 显著水平，四个样品之间有显著性差异。再通过下段检查样品间的差异程度。若样品的 R_n 处在下段范围内，则可将其划为一组，表明其间无差异。若样品的位级和 R_n 落在下段的范围之外，则落在上限之外和落在下限之外的样品就可分别组成为一组。由于最大 $R_{imax} = 21 < R_D = 22$；最小 $R_{imin} = 9 > R_A = 8$；$R_{imin} = 9 < R_R = 13.5 < R_C = 16.5 < R_{imax} = 21$，所以 A、B、C、D 四个样品可划分为 3 个组：

$\underline{D}$ $\underline{B}$ $\underline{C}$ $\underline{A}$

结论：在 1% 的显著水平上，D 样品最苦，B、C 样品次之，A 样品最不苦，且 B、C 样品在苦感上无显著性差异。

第二节　分类试验法

评价员评价样品后，划出样品应属的预先定义类别，这种评价试验方法称为分类试验法（Grading Test）。在顺位试验中，两个样品之间必须存在先后顺序，而在分类试验中，两个样品可能属于同一类，也可能属于不同类，而且它们之间的级数差别可大可小。顺位试验和分类试验各有特点和针对性。

1. 特点

一般可用于产品质量的等级分类，了解不同加工工艺对产品质量的影响等。

2. 实际操作

当样品打分有困难时，可用分类法评价出样品的好坏差异，得出样品的级别、好坏，也可以鉴定出样品的缺陷等。

把样品以随机的顺序出示给评价员，要求评价员按顺序评价样品后，根据评价表中所规定的分类方法对样品进行分类。

3. 统计原理及实例分析

统计每一种产品分属每一类别的频数，然后用 χ^2 检验比较两种或多种产品落入不同类别的分布，从而得出每一种产品应属的级别。如表 6 – 4、式（6 – 1）～式（6 – 3）所示。

表 6 – 4　　　　　　　　　　四种产品的分类检验结果

样品	1 级	2 级	3 级	合计
A	7	21	2	30
B	18	9	3	30
C	19	9	2	30
D	12	11	7	30
合计	56	50	14	120

［例］有四种产品，通过检验分成三级，了解它们由于加工工艺的不同对产品质量所造成的影响。

由 30 位评价员进行评价分级，各样品被划入各等级的次数统计填入表 6 – 4。

假设各样品的级别分布相同，则各级别的期待值为：

$$E = \frac{该等级次数}{120} \times 30 = \frac{该等级次数}{4} \tag{6-1}$$

即 $E_1 = \frac{56}{4} = 14, E_2 = \frac{50}{4} = 12.5, E_3 = \frac{14}{4} = 3.5$，而实际测定值 Q 与期待值的差 $Q_{ij} - E_{ij}$ 列出如表 6 – 5 所示。

表 6 – 5　　　　　　　　　　各级别期待值与实际值的差

i $\diagdown$ j	1 级	2 级	3 级	合计
A	– 7	8.5	– 1.5	0
B	4	– 3.5	– 0.5	0
C	5	– 3.5	– 1.5	0
D	– 2	– 1.5	3.5	0
合计	0	0	0	

$$\chi_0^2 = \sum_{i=1}^{i} \sum_{m-1}^{m} \frac{(Q_{ij} - E_{ij})^2}{E_{ij}} \tag{6-2}$$

$$= \frac{(-7)^2}{14} + \frac{4^2}{14} + \frac{5^2}{14} + \cdots + \frac{3.5^2}{3.5} = 19.49$$

$$自由度 f = 样品自由度 \times 级别自由度 \tag{6-3}$$

$$= (m - 1) \times (t - 1)$$

$$= (4 - 1) \times (3 - 1) = 6$$

查 χ^2 表（见附录一），$\chi^2 (6, 0.05) = 12.59$

$$\chi^2 (6, 0.01) = 16.81$$

由于　　$\chi_0^2 = 19.49 > 16.81$

所以，这三个级别之间在 1% 显著水平有显著性差异，即：这四个样品可以分成 3 个等级，其中 C、B 之间相近，可表示为 C、B、A、D，即 C、B 为 1 级，A 为 2 级，D 为 3 级。

第三节　评分试验法

要求评价员把样品的品质特性以数字标度的形式来评价的一种检验方法称为评分试验

法（Scoring Test）。

1. 特点

由于此方法可同时评价一种或多种产品的一个或多个指标的强度及其差别，所以应用较为广泛，尤其用于评价新产品。

2. 实际操作

在评分法中，所使用的数字标度为等距标度或比率标度。它不同于其他方法的是所谓的绝对性判断，即根据评价员各自的评价基准进行判断。它出现的粗糙评分现象也可由增加评价员人数来克服。

检验前，首先应确定所使用的标度类型，使评价员对每一个评分点所代表的意义有共同的认识。样品的出示顺序可利用随机排列方式。

3. 统计原理及实例分析

将评价结果换成数值，如下所示。

（1）9 分制评分式

① 非常喜欢 = 9，很喜欢 = 8，……，很不喜欢 = 2，非常不喜欢 = 1。

② 非常不喜欢 = -4，很不喜欢 = -3，不喜欢 = -2，不太喜欢 = -1，一般 = 0，稍喜欢 = 1，喜欢 = 2，很喜欢 = 3，非常喜欢 = 4。

非常不喜欢	很不喜欢	不喜欢	不太喜欢	一般	稍喜欢	喜欢	很喜欢	非常喜欢
-4	-3	-2	-1	0	1	2	3	4

（2）5 分制评分式

① 无感觉 = 1，稍有感觉 = 2，有 = 3，较强 = 4，非常强 = 5。

② 太淡 = -2，稍稍有点淡 = -1，刚好 = 0，稍稍有点浓 = +1，太浓 = +2。

还可有 10 分制或百分制等，然后通过 F 检验来分析各个样品的各个特性间的差异情况。当样品数只有 2 个时，可用较简单的 t 检验。

［例1］10 位评价员评价两种样品，以 9 分制评价，求两样品是否有差异。评价结果统计如表 6 - 6 所示。

表 6 - 6　　　　　　　　　　　　　　评价结果

评价员		1	2	3	4	5	6	7	8	9	10	合计	平均值
样品	A	8	7	7	8	6	7	7	8	6	7	71	7.1
	B	6	7	6	7	6	6	7	7	7	7	66	6.6
评分差	d	2	0	1	1	0	1	0	1	-1	0	5	0.5
	d^2	4	0	1	1	0	1	0	1	1	0	9	

用 t 检验进行解析，如式（6 - 4）~ 式（6 - 5）所示。

$$t = \frac{\bar{d}}{\sigma_e / \sqrt{n}} \tag{6-4}$$

其中 $\bar{d} = 0.5, n = 10$。

$$\sigma_e = \sqrt{\frac{\sum (d - \bar{d})^2}{n - 1}} = \sqrt{\frac{\sum d^2 - (\sum d)^2/n}{n - 1}} \qquad (6-5)$$

$$= \sqrt{\frac{9 - \frac{5^2}{10}}{10 - 1}} = 0.85$$

所以，$t = \dfrac{0.5}{0.85/\sqrt{10}} = 1.86$

以评价员自由度为9查 t 分布表（附录3），在5%显著水平相应的临界值为 t_9（0.05）= 2.262，因为 2.262 > 1.86，可推断 A、B 两样品没有显著差异（5%水平）。

［例2］为了调查人造奶油与天然奶油的嗜好情况，制备了三种样品：①用人造奶油制作的白色调味汁；②用天然奶油及人造奶油各50%制作的白色调味汁；③用天然奶油制作的白色调味汁。选用48名评价员进行评分检验。评分标准为：+2 表示风味很好；+1 表示风味好；0 表示风味一般；-1 表示风味不佳；-2 表示风味很差。

检验结果见表6-7。

样品号	+2	+1	0	-1	-2	总分（A）	平均分数（$\bar{A}$）
1	1	9	2	4	0	+7	0.44
2	0	6	6	4	0	+2	0.13
3	0	5	9	2	0	+3	0.19

表6-7　　　　　　　　　　　　　　检 验 结 果

其中，$A_1 = (+2) \times 1 + (+1) \times 9 + 0 \times 2 + (-1) \times 4 + (-2) \times 0 = +7$

$\bar{A}_1 = A_1/16 = \dfrac{7}{16} = 0.44$

$t = +7 + 2 + 3 = 12$

$CF = \dfrac{t^2}{48} = \dfrac{12^2}{48} = 3$

（1）总平方和，如式（6-6）所示，

$$总平方和 = \sum_{i=1}^{3} \sum_{i=1}^{16} x_{ij}^2 - CF \qquad (6-6)$$

$$= (+2)^2 \times (1+0+0) + (+1)^2 \times (9+6+5) + 0^2 \times (2+6+9) + (-1)^2 \times$$
$$(4+4+2) + (-2)^2 \times (0+0+0) - 3 = 31$$

$$样品平方和 = \frac{1}{16} \sum_{i=1}^{3} t^2 - CF = \frac{1}{16}(7^2 + 2^2 + 3^2) - 3 \qquad (6-7)$$

$$= 0.88$$

因此，误差平方和 = 31 - 0.88 = 30.12

（2）总自由度、样品自由度、误差自由度如下所示。

$$总自由度 = 48 - 1 = 47$$

$$样品自由度 = 3 - 1 = 2$$

$$误差自由度 = 47 - 2 = 45$$

（3）均方差为变因平方和除以自由度，如下所示。

$$样品方差 = \frac{0.88}{2} = 0.44$$

$$误差方差 = \frac{30.12}{45} = 0.67$$

$$二者方差比为 F_0 = \frac{0.44}{0.67} = 0.66$$

（4）检定　因 F 分布表（附录五）中自由度为 2 和 45 的 5% 误差水平时，有

$$F_{45}^2(0.05) \approx 3.2 > F_0$$

故可得出"这三种调味汁之间的风味没有差别"的结论。

第四节　成对比较试验法（多组）

把数个样品中的任何两个分别组成一组，要求评价员对其中任意一组的两个样品进行评价，最后把所有组的结果进行综合分析，从而得出数个样品相对结果的检验方法称为成对比较试验法（多组）。

1. 特点

当有数个样品进行比较，而一次把全部样品的差别判断出来有困难时，常用此法。但是，当比较的样品增多时，要求比较的数目 $\left[配对数为 \frac{1}{2}(n-1) \cdot n \right]$ 就会变得极大，以至实际上较难实现。

2. 实际操作

检验时，要求各个样品的组合几率应相同，而且评价顺序应是随机的、均衡的。可同时出示给评价员一对或 n 对组合，但要保证不应导致评价员产生疲劳效应。

3. 统计原理及实例分析

结果解析采用 Scheffe 法。

［例］12 名评价员评价市售炖牛肉（A、B 两公司样品）和家制品（C）的嗜好性。

将样品组成（C，A）、（A，B）和（B，C）三种组合，由每一名评价分别按照每种组合的正、反两种顺序进行品尝，再按如下标准判断嗜好度。

其中，＋2——首先被品尝的样品确实比后一种样品的味道美得多；

＋1——先品尝的比后一种味道美一些；

0——前后两种样品的味道相同；

－1——先品尝的样品比后一种略有一点不好；

－2——先品尝的样品远不如后一种好。

检验结果见表 6 – 8。

表 6 – 8 检验结果（评价数）

样品组合 \ 标准	–2	–1	0	+1	+2	总分	平均（μ）	平均优势（π）
C，A	0	0	4	6	2	10	0.833	0.500
A，C	0	5	4	3	0	– 2	– 0.167	– 0.500
C，B	10	2	0	0	0	– 22	– 1.8333	– 1.375
B，C	1	1	0	6	4	11	0.917	1.375
A，B	5	3	1	1	2	– 8	– 0.667	– 0.667
B，A	2	2	1	0	7	8	0.667	0.667
合计	18	13	10	16	15	– 3		

表中总分为该组合的评分总和，如（C、A）组为（–2）×0＋（–1）×0×4＋（+1）×6＋（+2）×2＝10，平均值（μ）＝ $\dfrac{总分}{评价人数}$，如 $\dfrac{10}{12}＝0.833$，平均优势（π）＝正、反平均值之和的平均。如 C、A 的平均优势 ＝ $\dfrac{1}{2}(\overline{CA}－\overline{AC})$ ＝ $\dfrac{1}{2}\{0.83＋[－(－0.167)]\}$ ＝0.500，而 A、C 的平均优势为 – 0.500。

（1）样品效应 a 为该样品与其他样品配对的平均优势之和除以样品数。如式（6–8）~式（6–10）所示。

$$a_C ＝ \frac{1}{3}(\pi_{CA}＋\pi_{CB}) ＝ \frac{1}{3}(\pi_{AC}＋\pi_{BC}) \tag{6–8}$$

$$＝ \frac{1}{3}(0.500－1.375) ＝ － 0.292，$$

$$a_A ＝ \frac{1}{3}(\pi_{AC}＋\pi_{AB}) ＝ － \frac{1}{3}(\pi_{CA}＋\pi_{BA}) \tag{6–9}$$

$$＝ \frac{1}{3}[－(0.500)＋0.667] ＝ － 0.389，$$

$$a_B ＝ \frac{1}{3}(\pi_{BC}＋\pi_{BA}) ＝ － \frac{1}{3}(\pi_{CB}＋\pi_{AB}) \tag{6–10}$$

$$＝ \frac{1}{3}(1.375＋0.667) ＝ 0.681$$

样品效应和 ＝ $a_C＋a_A＋a_B ＝ － 0.292－0.389＋0.681 ＝ 0$

（2）组合效应 γ

$$\gamma_{CA} ＝ 0.500－[－0.292－(－0.389)] ＝ 0.403$$

$$\gamma_{CB} ＝ － 1.375－[－0.292－(－0.681)] ＝ － 0.402$$

$$\gamma_{AB} ＝ 0.667－[－0.389－(－0.681)] ＝ 0.403$$

（3）平方和

样品效应平方和如式（6-11）所示。

$$S_a = 2nt \sum_{i=1}^{i} a_i^2 \qquad (6-11)$$
$$= 2 \times 12 \times 13 \times [(-0.292)^2 + (-0.389)^2 + 0.689^2]$$
$$= 50.4249$$

无顺序样品效应平方和如式（6-12）所示。

$$S_\pi = 2n \sum_{i=1}^{i} \sum_{i=1}^{i} n_{ij}^2 \qquad (6-12)$$
$$= 2 \times 12 \times [0.500^2 + (-1.375)^2 + (0.66)^2]$$
$$= 62.0523$$

组合效应平方和如式（6-13）所示。

$$S_r = S_\pi - S_a = 62.0523 - 50.4249 \qquad (6-13)$$
$$= 11.6274$$

排列效应平方和如式（6-14）所示。

$$S_\mu = n \sum_i \sum_i \mu_{ij}^2 \qquad (6-14)$$
$$= 12 \times [0.833 + (-0.167)^2 + \cdots + 0.667^2]$$
$$= 69.7484$$

顺序效应平方和如式（6-15）所示。

$$S_\delta = S_\mu - S_\pi = 69.7484 - 62.0523 \qquad (6-15)$$
$$= 7.6957$$

总效应平方和如下所示。

$$S_t = 2^2 \times (18+15) + 1^2 \times (13+16) + 0$$
$$= 161$$

误差效应平方和如式（6-16）所示。

$$S_s = S_t - S_\mu = 161 - 69.7480 \qquad (6-16)$$
$$= 91.2520$$

（4）自由度

$$样品效应 = 3 - 1 = 2$$
$$组合效应 = 2 - 1 = 1$$
$$顺序效应 = 3 \times (2-1) = 3$$
$$总自由度 = 2 \times 12 \times 3 = 72$$
$$误差自由度 = 72 - 2 - 1 - 3 = 66$$

（5）均方差

$$样品均匀差 = \frac{50.4249}{2} = 25.2146$$

$$组合均方差 = \frac{11.6274}{1} = 11.6274$$

$$顺序均方差 = \frac{7.6957}{3} = 2.5652$$

$$误差均方差 = \frac{91.2520}{66} = 1.3826$$

（6）方差比 F_0

$$样品 F_0 = \frac{25.2416}{1.3826} = 18.2371$$

$$组合 F_0 = \frac{11.6247}{1.3826} = 8.4098$$

$$顺序 F_0 = \frac{2.5652}{1.3826} = 1.8553$$

（7）检定

① 先检定各因子是否有显著水平差异：查 F 分布表（附录五）知，$F_{66}^2 = 3.15$，$F_{66}^1 = 4.00$，$F_{66}^3 = 2.76$，因为样品 $F_0 = 18.2371 > F_{66}^2 = 3.15$，组合 $F_0 = 8.4098 > F_{66}^1 = 4.00$，顺序 $F_0 = 1.8553 < F_{66}^3 = 2.76$，则说明在 5% 显著水平，该检验存在样品效应和组合效应差异，而顺序效应则无。

② 效应关系检定：依据 Y_i 求值公式，比较 Y_i 与各样品效应的 a 值差的绝对值的大小，决定样品间显著水平。如式（6-17）所示。

$$Y_{0.05} = q_1 - 0.05 \cdot \delta^2/2nt \tag{6-17}$$

式中，$\delta^2 = 1.3826$ 为误差均方差，$q_{1-0.05}$ 查 q（t，φ，0.05）表（见附录六）可知，当样品数 $t = 3$，自由度 $\varphi = 66$ 时，$q = 3.40$，则

$$Y_{0.05} = 3.40 \times \sqrt{\frac{1.3826}{2 \times 12 \times 3}} = 0.471$$

因为 C、A 样品之间 $|a_C - a_A| = 0.097 < Y_{0.05}$，所以无显著差异。

又因 C、B 之间 $|a_C - a_B| = 0.973 > Y_{0.05}$，故有显著差异。

再因（B、C）得分 11，而（C、A）得分 10，故 B 样品的嗜好度最大。

也就是说，有 95% 把握认为人们对 C、A 两样的嗜好没有明显区别，但对 C 与 B 和 A 与 B 之间的嗜好有明显不同。所以可以说，B 公司产品更有竞争能力，A 公司和家制品次之。

第五节 多项特性评析法

由评价员在一个或多个指标基础上，对一个或多个样品进行分类、排序的检验方法称为多项特性评析法。

1. 特点

此法可用于评价样品的一个或多个指标的强度及对产品的嗜好程度。进一步也可通过多指标对整个产品质量的重要程度确定其权数，然后对各指标的评价结果加权平均，得出整个样品的评分结果。

2. 实际操作

检验前，要清楚地定义所使用的类别，并使评价员理解。标度可以是图示的、描述的或数字的形式的；它可以是单极标度，也可以是双级标度。

3. 统计原理及实例分析

根据检验的样品、目的等的不同，特性评析法的评价表可以是多种多样的。

［例］有 A、B、C、D、E 五个样品，希望通过对其外观、组织结构、风味的评价把五个样品分列入应属的级别。

①级别定义

外观	Ⅰ 级：……	组织结构	Ⅰ 级：……
	Ⅱ 级：……		Ⅱ 级：……
	Ⅲ 级：……		Ⅲ 级：……
风味	Ⅰ 级：……		
	Ⅱ 级：……		
	Ⅲ 级：……		

②标度示例

Ⅰ级　②　④　　Ⅱ级　③　　Ⅲ级　⑤　①

好————————————————→差

③结果分析

统计每一样品落入每一级别的频数，然后用检验比较各个样品落入不同级别的分布，从而得出每个样品应属的级别，具体的统计分析方法与分类法相同，请详见分类法的结果分析。

确定了样品的各个特征级别之后，可应用加权法进一步确定各个应属的级别。例如：假设该样品的外观、组织特性、风味的权类分别为 30%、30%、40%，把评价表中的级别及标度转换成如下数值：

Ⅰ级				Ⅱ级				Ⅲ级			
1	2	3	4	4	5	6	7	7	8	9	10

统计各样品的各个特性数值平均值，并与规定的权数相乘。

［例］假设外观的平均为 $\bar{x}_2$，组织特性的平均为 $\bar{x}_2$，风味的平均为 $\bar{x}_3$。那么对于 A 样品。其综合结果就为：

$$30\% \, \bar{x}_{1A} + 30\% \, \bar{x}_{2A} + 40\% \, \bar{x}_{3A}$$

样品 B 的综合结果为：

$$30\% \, \bar{x}_{1B} + 30\% \, \bar{x}_{2B} + 40\% \, \bar{x}_{3B}$$

若样品 A 的综合结果为 2.7，则就可说明 A 样品为 I 级品，以此类推，可得 B、C、D、E 样品所属的级别（而非分类）。

🔍思考题

1. 什么是顺位试验法、分类试验法、评分试验法，它们的适用范围是什么？

2. 评分试验法中如何设计样品评分？

3. 什么是成对比较试验法（多组），它与成对比较试验法有何差异？

4. 多项特性评析法的含义和特点是什么，如何设计多项特性的评价标度？

第七章　描述分析性检验

描述分析性检验（Analysis or Description Test）是评价员对产品的所有品质特性进行定性，定量的分析及描述评价，是所有感官分析方法中最为复杂的一种。它是一种全面的感官评价方法，所有的感官（视觉、听觉、嗅觉、味觉等）都要参与的描述活动。它要求评价产品的所有感官特性，如外观（颜色、表面质地、大小和形状）；嗅闻的气味特征（嗅觉、鼻腔感觉）；口中的风味特性（味觉、嗅觉及口腔的冷、热、辣、涩等知觉和余味）；组织特性和几何特性。其中，组织特性即质地，包括：机械特性——硬度、凝聚度、黏度、附着度和弹性五个基本特性及碎裂度、固体食物咀嚼度、半固体食物胶密度三个从属特性；几何特性——产品颗粒、形态及方向物性，有平滑感、层状感、丝状感、粗粒感等，以及油及水含量感，如油感、湿润感等。

定性方面的性质就是该产品的所有特征性质，定量分析则从强度或程度上对该性质进行说明。两个样品可能含有性质相同的感官特性，但同一感官特性的强度有所不同。如表7-1所示两种薯片（样品243、样品529）有相同的感官特性（定性），但这些特性的量上是不一样的（定量），该试验是用15的标度尺来进行定量的，"0"表示强度为无，"15"标示强度极大。

表7-1　　　　　　　　　　　　　两种薯片的感官特性比较

感官特性	样品243	样品529	感官特性	样品243	样品529
油炸土豆味	7.5	4.8	咸	6.2	13.5
生土豆味	10.1	3.7	甜	2.2	1.0
植物油味	3.6	1.1			

因此它要求评价员除具备人体感知食品品质特性和排列次序的能力外，还要具备描述食品品质特性的专有名词定义及其在食品中的实质含义的能力，以及总体印象或总体风味强度和总体差异分析的能力。

通常可依据是否进行定量分析将描述分析法分为简单描述试验法和定量描述法。评价可用于一个或多个样品，可以是总体的也可以集中在某一方面，可以同时定性和定量地表示一个或多个感官指标。

第一节　简单描述试验法

要求评价员对构成品特征的各个指标进行定性描述，尽量完整地描述出样品品质的检验方法称为简单描述试验法（Simple Descriptive Test）。它具体还可分为风味描述法和质地描述法。此方法可用于识别或描述某一特殊样品或许多样品的特殊指标，或将感觉到的特性指标建立出一个序列。此法常用于质量控制，产品在储存期间的变化或描述已经确定的差异检测，也可用于培训评价员。

欲使感官评价人员能够用精确的语言对风味、质地等进行描述，就要让评价人员经过一定的训练。训练的目的就是要使所有的感官评价员都能使用相同的概念，并且能够与其他人进行准确的交流，并采用约定成俗的科学语言，即所谓"行话"，把这种概念清楚地表达出来。而普通消费者用来描述感官特性的语言，大多采用日常用语或大众用语，并且带有较多的感情色彩，因而总是不太精确和特定（表 7 - 2）。

表 7 - 2　　　　　　　　　　　质构感官评价用术语和大众用语对比表

质构类型	主用语	副用语	大众用语
机械性用语	硬度	脆度	软、韧、硬
	凝结度	咀嚼度	易碎、嘎巴脆、酥脆
	黏度	胶黏度	嫩、劲嚼、难嚼
	弹性		松酥、糊状、胶黏
	黏着性		稀、稠
			酥软、弹
			胶黏
几何性用语	物质大小形状		沙状、粒状、块状等
	物质成质特征		纤维状、空泡状、晶状等
其他用语	水分含量	油状	干、湿润、潮湿、水样
	脂肪含量	脂状	油性
			油腻性

一、方　　法

简单描述法一般有两种描述方式：一种是自由式描述，由评价员用任意的词汇，对每个样品的特性进行描述。这种形式往往会使评价员不知所措，所以应尽量由非常了解产品特性的或受过专门训练的评价员来进行描述。另一种形式是界定式描述，首先提供指标检查表，使评价员能根据指标检查表进行评价。

二、描述术语

一般要求评价员从食品的外观、嗅闻的气味特征、口中的风味特征（味觉、嗅觉及口腔的冷、热、收敛等知觉和余味）、组织特性和几何特性等感官特性进行食品描述。常见食品感官特性（表7－3）和常用描述性词语（表7－4）如下。

表7－3　　　　　　　　　　　　　　常见食品感官特性表述

感官特性		词语举例
外观	颜色	色彩、纯度、均匀、一致性
	表面质地	光泽度、平滑度
	大小和形状	尺寸和几何形状
	整体性	松散性、黏结性
气味	嗅觉	花香、果香、臭鼬味
	鼻腔感觉	凉的、刺激的
	嗅觉	花香、果香、臭鼬味、酸败味
风味	味觉	甜、酸、苦、咸、鲜
	口腔感觉	凉、热、焦糊、涩、金属味
口感、质地	机械参数	硬、黏、韧、脆
	几何参数	粒、片、条
	水油参数	油的、腻的、多汁、潮的、湿的

表7－4　　　　　　　　　　　　　　常用描述性词语

描述的内容	常用词语
风味	一般、正好、焦味、苦味、酸味、咸味、油脂味、油腻味、金属味、蜡质感、酶臭味、腐败味、鱼腥味、陈腐味、滑腻感、有涩味
外观	一般、深、苍白、暗状、油斑、白斑、褪色、斑纹、波动（色泽有变幻）、有杂色
质地	一般、黏性、油腻、厚重、薄弱、易碎、断向粗糙、裂缝、不规则、粉状感有孔、油脂析出、有线散现象

　　描述性术语选择有一定标准。首先，用于描述分析的标准术语应该有统一的标准或指向。如风味描述，所有的感官评价人员都能使用相同的概念（确切描述风味的词语），并且能以此与其他评价员进行准确地交流。因此描述分析要求使用具有精确的且具有特定概念的，并经过仔细筛选过的科学语言（表7－5），清楚地把评价（感受）表达出来。其次，选择的术语应当能反映对象的特征。选择的术语（描述符）应能表示出样品之间可感知的差异，能区别出不同的样品来。但选择术语（描述符）来描述产品的感官特征时，必须在头脑中保留产品的一些适当特征。

　　对于每一条描述性术语来说，应该经过必要性和正交性检验。每个被选择的术语对于整个系统来说，是必需的，不是多余的，都是"必要"的；术语之间没有相关性。同时使用的术语在含义上很少或没有重叠，应该是"正交"的。尽可能使用单一的术语，避免使用组合的术语。术语应当被分成元素性的、可分析的和基本的部分，组合术语可用于产品广告，这种做法在商业上很受欢迎，但不适于感官研究。理想的术语应与产品本质的、对整体特征有决定性影响作用的因素相关，能与影响消费者接受性的结论性概念相关。

表 7 −5   常用食品特性词语的特定概念

词语	含义
酸味	由某些酸性物质的水溶液产生的一种基本味道
苦味	由某些物质（如奎宁）水溶液产生的一种基本味道
咸味	由某些物质（如氧化钠）的水溶液产生的一种基本味道
甜味	由某些物质（如蔗糖）的水溶液产生的一种基本味道
碱味	由某些物质（例如碳酸氢钠）在嘴里产生的复合感觉
涩味	某些物质产生使皮肤或黏膜表面收敛的复合感觉
风味	品尝过程中感受到的嗅觉，味觉和三叉神经觉特性的复杂结合。它可能受触觉、温度觉、痛觉和（或）动觉效应的影响
异常风味	非产品本身所具有的风味（通常与产品的腐败变质相联系）
沾染	与该产品无关的外来味道、气味等
厚味	味道浓的产品
平味	风味不浓且无任何特色
乏味	风味远不及预料的那样
无味	没有风味的产品
口感	在口腔内（包括舌头与牙齿）感受到的触觉
后味、余味	在产品消失后产生的嗅觉和（或）味觉
芳香	一种带有愉快内涵的气味
稠度	由机械的方法或触觉感受器，特别是口腔区域受到的刺激而觉察到的流动特性
硬	需要很大力量才能造成一定的变形或穿透的产品质地
结实	需要中等力量就能造成一定的变形或穿透的产品质地
柔软	只需要小的力量就可造成一定的变形或穿透的产品质地
嫩	很容易切碎或嚼烂的食品
老	不易切碎或嚼烂的食品
酥	破碎时带响声的松而易碎的食品
有硬壳	具有硬而脆的表皮的食品

此外，每一条术语还应经过评价员的实践检验。这样评价员才可以精确地、可靠地使用术语；评价员们对某一特定术语含义易于达成一致理解；对术语原型事例达成一致意见（例如，用"酥脆"来描述"薯片"产品质地特性的普遍认可）；对术语使用的界限具有清晰明确地认识（评价员明白在何种程度范围之内使用这一词汇）等。

三、评价员要求

描述试验对评价员的要求较高，要求评价员一般都是该领域的技术专家，或是该领域的优选评价员，并且具有较高文学造诣，对语言的含义有正确的理解和恰当使用的能力。训练后的感官评价人员能够用精确的、约定成俗的科学语言，即所谓"行话"，把食品特性清楚地表达出来。需要注意的是，可以鼓励评价员使用更丰富的语言去描述样品，那些约定成俗的科学语言只是一种参考，可以不断修改和补充。

对于描述分析技术，在培训阶段要求评价小组成员对特定产品类项建立自己的"术语"。每一位评价员的个体差异或文化背景，或者喜好和经验，对其形成的概念具有重要影响，因此为评价小组提供尽可能多的标准参照物（表7-6），有助于形成具有普遍适用性意义的概念。

表7-6 食品几何特性的参照样品

与微粒尺寸和形状有关的特性	参照样品	与方向有关的特性	参照样品
粉末状的	特级细砂糖	薄层状的	烹调好的黑线鳕鱼
白垩质的	牙膏	纤维状的	芹菜茎、芦笋、鸡胸肉
粗粉状的	粗面粉	浆状的	桃肉
沙粒状的	梨肉、细沙	蜂窝状的	橘子
粒状的	烹调好的麦片	充气的	三明治面包
粗粒状的	干酪	膨化的	爆米花、奶油面包
颗粒状的	鱼子酱、木薯淀粉	晶状的	砂糖

四、结果分析

评价小组需要专家5名或以上，或者优选评价员5名或以上。在进行问答表设计时，首先应了解该产品的整体特征，或该产品对人的感官属性有重要作用或者重要贡献的某些特征，将这些特征列入评价表中，让评价员逐项进行评价，并用适当的词汇予以表达，或者用某一种标度进行评价。

每个评价员在品评样品时要独立进行，记录中要写清每个样品的特征。在评价员完成评价后，由评价小组组织者主持，进行必要的讨论，根据每一描述性词汇的使用频数得出评价结果。得出的综合结论一般要求言简意赅、字斟句酌，以力求符合实际。该方法的结果通常不需要进行统计分析。

为了避免试验结果不一致或重复性不好，可以加强对评价人员的培训，并要求每个评价员都使用相同的评价方法和评价标准。这种方法的不足之处是，评价小组的意见可能被小组当中地位较高的人所左右，而其他人员的意见不被重视或得不到体现。

五、风味描述法和质地描述法

风味描述法也称风味剖析法（Flavor Profile），是一种定性描述分析方法，广泛应用于感官评价中，一般由 4～6 名受过训练的评价员，对一个产品能够被感知到的所有气味和风味、它们的强度、出现顺序及余味等进行描述讨论，达成一致意见后，由评价小组负责人进行总结，形成书面报告。该方法方便快捷，结果不进行统计分析。该方法一般不单独使用，而是和其他的仪器或方法相结合使用。

质地描述法也称质地剖析法（Texture Profile），也是一种定性描述分析方法，它从其机械、几何、脂肪、水分等方面对食品质地和结构体系进行感官分析，分析从开始咬食品到完全咀嚼食品所感受到的以上这些方面存在的程度和出现的顺序。该方法已广泛应用于谷物面包、大米、饼干和肉类等多种食品的感官评价中。

第二节　定量描述试验法

定量描述试验法（Quantative Descriptive Analysis，QDA 法）也称定量描述和感官剖面检验法（Quantative Descriptive and Sensory Profile Tests），要求评价员尽量完整地对形成样品感官特征的各个指标强度进行评价的检验方法。这种评价是使用以前由简单描述试验所确定的术语词汇中选择的词汇，描述样品整个感官印象的定量分析。

这种方法可单独或结合地用于评价气味、风味、外观和质地。此方法对质量控制、质量分析、确定产品之间差异的性质、新产品研制、产品品质的改良等最为有效，并且可以提供与仪器检验数据对比的感官数据，提供产品特征的持久记录。

一、参　比　样

通常，在正式小组成立之前，需要有一个熟悉情况的阶段，以了解类似产品，建立描述的最好方法和统一评价识别的目标，确定参比样品（纯化合物或具有独特性质的天然产品）和规定描述特性的词汇。参比样（Reference Sample）用于定义或阐明一个特性或一个给定特性的某一特定水平物质。表 7-7 为常用食品质构特性及其对应参比样。

参比样可与被检测样不同，仅作为对照，其他样品与之比较。当参比样用于一个给定特性的强度对照时，通常为具有某一特性的系列样品，涵盖特性强度最小到最大的变化区间。一般来说，理想的参比样应包括对应于标度上每一点的特定样品。

1. 参比样的选择

参比样应具备普遍性、代表性、稳定性、可代替性、溯源性。参比样应在适合的条件下储存以保证其稳定性，并根据感官货架期，定期处置或更换。

（1）普遍性　参比样最好是成品，无需加工或仅简单加工即可，如市场上人们熟悉的产品，必要时可自行制备。

表7-7   常用食品质构特性及其对应参比样

特性	定义、相关描述词语及参比样	
硬度	定义：使产品达到变形或穿透所需力有关的机械质地特性。在口中，它是通过牙齿间（固体）或舌头与上腭间（半固体）对产品的压迫而感知到的	
	评价方法：将样品放在臼齿间或舌头与上腭间，并均匀咀嚼，评价压迫食品所需要的力量	
	柔软的（soft）	奶油、乳酪
	结实的（firm）	橄榄
	硬的（hard）	硬糖块
碎裂性	定义：黏聚性和粉碎产品所需力量有关的机械质地特性，可通过在门齿间（前门牙）或手指间的快速挤压来评价	
	评价方法：将样品放在臼齿间并均匀地咬直至将样品咬碎，评价粉碎食品并使之离开牙齿所需力量	
	易碎的（crumbly）	玉米脆皮松饼蛋糕
	易裂的（crunchy）	苹果、生胡萝卜
	脆的（brittle）	松脆花生薄片糖、带白兰地酒味的薄脆饼
	松脆的（crispy）	炸马铃薯片、玉米片
	有硬壳的（crusty）	新鲜法式面包的外皮
咀嚼性	定义：黏聚性和咀嚼固体产品至可被吞咽所需时间或咀嚼次数有关的机械质地特性	
	评价方法：将样品放在口腔中每秒钟咀嚼一次，所用力量与用0.5s内咬穿一块口香糖所需力量相同，评价当可将样品吞咽时所咀嚼次数或能量	
	嫩的（tender）	嫩豌豆
	有咬劲的（chewy）	果汁软糖（糖果类）
	坚韧的（tough）	老牛肉、腊肉皮
胶黏性	定义：柔软产品的黏聚性有关的机械质地特性，它与在嘴中将产品磨碎至易吞咽状态所需的力量有关	
	评价方法：将样品放在口腔中，并在舌头与上腭间摆弄，评价分散食品所需要的力量	
	松脆的（short）	脆饼
	粉质的（mealy） 粉状的（powdery）	马铃薯，炒干的扁豆
	糊状的（pasty）	栗子泥
	胶黏的（gummy）	煮熟燕麦片、食用明胶
黏性	定义：抗流动性有关的机械质地特性，它与将勺中液体吸到舌头上或将它展开所需力量有关	
	评价方法：将一装有样品的勺放在嘴前，用舌头将液体吸进口腔里，评价用平稳速率吸液体所需的力量	
	流动的（fluid）	水
	稀薄的（thin）	酱油
	油滑的（unctuous）	稀奶油
	黏的（viscous）	甜炼乳、蜂蜜

续表

特性	定义、相关描述词语及参比样	
弹性	定义：快速恢复变形有关的机械质地特性，与解除形变压力后变形物质恢复原状的程度有关的机械质地特性	
	评价方法：将样品放在臼齿间（固体）或舌头与上腭间（半固体），并进行局部压迫，取消压迫并评价样品恢复变形的速度和程度	
	可塑的（plastic）	人造奶油
	韧性的（malleable）	棉花糖
	弹性的（elastic）	鱿鱼
黏附性	定义：移动附着在嘴里或黏附于物质上的材料所需力量有关的机械质地特性	
	评价方法：将样品放在舌头上，贴上腭，移动舌头，评价用舌头移动样品所需的力量	
	黏性的（sticky）	棉花糖料食品装饰
	发黏的（tacky）	奶油太妃糖
	黏的（gooey） 胶质的（gluey）	焦糖水果冰淇淋的食品装饰料、煮熟的糯米
粒度	定义：感知到的产品中粒子的大小和形状有关的几何质地特性	
	平滑的（smooth）	糖粉
	细粒的（gritty）	梨
	颗粒的（grainy）	粗粒面粉
	粗粒的（coarse）	煮熟的燕麦粥
构型	定义：感知到的产品中微粒子形状和排列有关的几何质地特性	
	纤维状的（fibrous）	沿同一方向排列的长粒子，如芹菜
	蜂窝状的（cellular）	球形或卵形的粒子，如橘子
	结晶状的（crystalline）	
水分	定义：描述感知到的产品吸收或释放水分的表面质地特性	
	干的（dry）	奶油硬饼干
	潮湿的（moist）	苹果
	湿的（wet）	荸荠、牡蛎
	含汁的（juicy）	生肉
	多汁的（succulent）	橘子
	多水的（watery）	西瓜
脂肪含量	定义：感知到的产品脂肪数量或质量有关的表面质地特性	
	油性的（oily）	浸出和流动脂肪的感觉，如法式调味色拉
	油腻的（greasy）	浸出脂肪的感觉，如腊肉、油炸马铃薯片
	多脂的（fatty）	产品中脂肪含量高但没有渗出的感觉，如猪油、牛脂

（2）代表性 参比样应具有典型的期望参比的感官特性，该特性不被其具有的其他感官特性掩盖。

（3）稳定性 在适宜存放的条件下，参比样质量稳定，不同批次重现性好。

（4）可代替性 在参比样难以获得的时候，应能找到其他代替品，如其他品牌的类似产品。

（5）溯源性 可以建立参比的感官特性与某种可精确测量的物理量之间的相关性，从而可以通过仪器（质构仪、电子舌、电子鼻等）测定值估算感官特性强度，以快速筛选参比样，并在一定程度上体现感官评价结果的溯源性，用仪器辅助校准和检定人的感觉量。

2. 参比样量值的确定

参比样的量值可包括感觉强度的标度值及感官特性相关的特征物理量的参考值。感觉强度的标度值由一个或多个评价小组的感官评价结果的平均值表示。特征物理量通过感官特性与特征物理量的相关性分析及进行特征提取来确定。特征物理量的参考值通过多次平行测定，以平均值及其变化范围表示。参照样特性标度值/物理量的参考值举例如表 7 - 8 所示。

表 7 - 8　　　　　　　　　　　　　硬性的标准标度

术语	强度值	参照样	品牌/种类、生产厂商	样品量	温度
软	1.0	奶油乳酪	Karft	1cm³ 方块	7～13℃
	2.5	鸡蛋白	带壳大火烹调 5min	1cm³ 方块	室温
	4.5	乳酪	Land O'Lakes	1cm³ 方块	10～18℃
	6.0	橄榄	大个饱满/Goya Foods	1 颗	室温
	7.0	法兰克福香肠	加热 5min/Herbew National	1cm 的片	室温
	9.5	花生	真空包装/Planters	1 颗花生粒	室温
	11.0	胡萝卜	新鲜，未烹调，未去皮	1cm 厚片	室温
	12.0	杏仁	去皮的/Planter	1 颗	室温
硬	14.5	水果硬糖	LifeSaves	同色 3 块	室温

注：① 操作要点：对于固体样品，将其放在臼齿之间，然后用力均匀地咬，评价用来压迫食品所需的力。对于半固体样品，评价用舌头将样品往上腭挤压所需的力。

② 达到某种变形所需的力，如在臼齿之间压迫样品的力、在舌头和上腭之间压迫样品的力、用门牙将样品咬断的力。

二、评价员的要求及训练

在定量描述试验中，对评价员需要有招募、筛选、培训以及维护的环节，尤其是在培训环节，为了确保能够找到产品的差异及保证结果的可重复性，需要对评价员进行严格的训练，要求他们形成共同的感官语言，能够利用标准参比样准确判断样品的感官属性强度，且在大多数情况下，还要求评价员判断的正确率达到一个较为合理的水平。经过训练的评价员，可以熟练地对样品与标准样品之间进行比较，对食品的质量指标可以用合理、清楚的文字做出准确的描述，然后通过不同的分析方法对试验结果进行分析评价。

一般采用 10~12 位评价员，评价员在实际评价产品前，又经较长时间的培训才能参与到感官评价中，评价前要通过标准气味、口感、颜色及记忆力、语言表达和创造性测试。评价员必须建立产品各方面属性词汇表，包括外观、风味、质构，对产品进行全面感官分析。

在进行培训的时候，为了使评价员对所使用的每一个词汇所代表的确切感官特征有正确的认识，通常采用标样对每一种感受词汇的使用进行界定。同时，也可以采用不同浓度的标样对其进行定量描述的训练。评价员在熟悉了标准样品后，就可以对所需描述的样品进行某种特性的定量描述了。

培训后，评价员进行实际的描述分析，从描述分析的结果可以对评价员的评价水平作出判断。如 A 评价员评价的结果与整个评价小组的评价结果在顺序上刚好相反，而 B 评价员等评价的结果与整个评价小组的平均值的趋势是一致的，这种情况下，就应该放弃评价员 A 的评价结果，采纳评价员 B 的结果，并对其他合格评价员的评价结果进行综合。

三、定量描述的方法

根据目的的不同，定量描述试验法的检验内容通常有特性特征的鉴定、感觉顺序的确定、强度评价、余味和滞留度的测定、综合印象的评估、强度变化的评估、扣分法等。

1. 特性特征的鉴定

即用叙词或相关的术语规定感觉到的特性特征。

2. 感觉顺序的确定

即记录显示和察觉到各特性特征所出现的顺序。

3. 强度评价

每种特性特征的强度（质量和持续时间），可由评价小组或独立工作的评价员测定。特性强度可由多种标度来评估。

① 数字法

0 = 不存在　　1 = 刚好可识别　　2 = 弱　　3 = 中等　　4 = 强　　5 = 很强

② 标度点法

弱□□□□□□□强

在每个标度的两端写上相应的叙词，如"弱""强"，其中间级数或点数根据特性特征而改变。在标度点"□"上写出的 1~7 数值，符合该点的强度。

③ 直线评估法

弱　　　　　　强

例如，在 100mm 长的直线上，距两端大约 10mm 处写上叙词，或直接在直线段规定两端点叙词（如弱—强）。评价员在线上作一个记号表明强度，然后测量评价员作的记号与线左端之间的距离（mm），表示强度数值。

强度评价的有效性和可靠性取决于参照标尺使用的一致性，这样才能保证结果的一致性，且选用的尺度的范围要足够宽，可以包括该感官性质的所有范围的强度，同时精确度要足够高，可以表达两个样品之间的细小差别，评价员经全面培训后熟悉掌握标尺的使用。

4. 余味和滞留度的测定

样品被吞下后（或吐出后），出现的与原来不同的特性特征称为余味。样品已经被吞下（或吐出后），继续感觉到的特性特征称为滞留度。在一些情况下，可要求评价员评价余味，并测定其强度，或者测定滞留度的强度和持续时间。

5. 综合印象的评估

综合印象是对产品的总体评估，考虑到特性特征的适应性、强度、相一致的背景特征的混合等，综合印象通常在一个三点标度上评估：1 表示低，2 表示中，3 表示高。在一致方法中，评价小组赞同一个综合印象。在独立方法中，每个评价员分别评估综合印象，然后计算其平均值。

6. 强度变化的评估

可以要求以曲线（有坐标）形式表现从接触样品刺激到脱离样品刺激的感觉强度变化（如食品中的甜、苦等）。

7. 扣分法

除了可以对样品的各感官品质进行直接定量描述外，另一种定量描述的方法是采用扣分的方式。可以从产品的外观缺陷、质构缺陷以及风味缺陷入手，减去相应的分数，得到各品质的评分。这种方法尤其适用于评价一些风味上有较大差异，或者风味差异不能决定其优劣的产品，有些产品的诱人之处就在于变化性，因此，可以通过缺陷鉴别来进行评分。

四、结果分析

检验的结果可根据要求以表格或图的形式报告，也可利用各特性特征的评价结果做样品间适宜的差异分析。

［例1］定量描述风味剖析法检验添加了磷酸三钠的火鸡肉馅饼的风味，应考虑该食品中所有的风味和风味特征，并评估这些术语所代表的程度和变异性。为此，利用3~5周甚至更长的时间对6~10名评价员进行训练，使其能对目标产品的风味进行精确的定义。在训练阶段，产生每个术语的参比标准和定义。使用合适的参比标准（对于程度的明确、具体的描述），有助于提高描述结果的一致性。训练结束后，评价员可以为表达感受所用的术语所代表的强度定义一系列参比标准（如表7-9至表7-11所示），然后，对于感知到的风味特征强度采用以下标度进行评估。

最终评价数据可由评价小组领导者根据评价小组各成员的评价，获得具有一致性的描述结论。值得注意的是，实际实施中的评价结论，并不是对各个评价员的评价进行平均，而是通过评价小组成员和评价小组领导之间对于产品讨论后，重新评价之后获得的。火鸡肉馅饼的风味剖析结果如表7-9所示。

表7 – 9　　　　　　添加了磷酸三钠的火鸡肉馅饼的风味描述词汇、定义及参照物

风味	定义	参照物
蛋白质味	明确的蛋白质的味道（如乳制品、肉类、大豆等），而不是碳水化合物或脂类的味道	
肉类味	明确的瘦肉组织的味道（如猪肉、牛肉、家禽），而不是其他种类的蛋白质的味道	
血清味	与肉制品当中的血有关的味道，通常和金属味一同存在	用微波炉将新鲜的鸡大腿加热，使其内部温度达到50℃的味道 = 2
金属气味	将氧化的金属器具（如镀银勺）放入口中的气味	
金属感觉	将氧化的金属器具（如镀银勺）放入口中的感觉	0.15%硫酸亚铁溶液 = 2
家禽味	明确的家禽肉类的味道，而不是其他种类的肉	用微波炉将新鲜鸡大腿加热到80℃的味道 = 2
肉汤味	煮制的非常好的肉类汁液的味道，如果能够分辨出是哪一种肉类，可以标明××肉汤	Swanson 牌子的鸡肉汤的味道 = 1
火鸡味	明确的火鸡肉，而不是其他种类的家禽肉的味道	用微波炉将新鲜火鸡大腿加热到80℃的味道 = 2
器官部位肉味	器官组织，而不是肌肉组织的肉的味道，比如心脏或胗（胃），但不包括肝	用清水在小火下将鸡心完全煮熟然后切碎的味道 = 2
苦味	基本味道之一	0.03%咖啡因溶液 = 1

然后，对于感知到的风味特征强度采用以下标度进行评估（表7 – 10）。

表7 – 10　　　　　　　　　　风味特征强度的标度评估

评估	说明	评估	说明
0	无表现	2	中等
)(	阈值或刚好能感觉到	3	强烈
1	轻微		

值得注意的是，实际实施中的评价结构并不是对各个评价员的评价进行平均，而是通过评价小组成员和评价小组领导之间对于产品讨论后，重新评价获得的。火鸡肉馅饼的风味剖析结果如表7 – 11 所示。

表7 – 11　　　　　　　　　　火鸡肉馅饼的风味剖析结果

风味	强度	风味	强度
蛋白质	2 –	金属（感觉）	1
肉类	1	苦味	)(
血清	1	余味	2 –
金属（气味）	1 –	火鸡味	)(+
肉汤味	1 –	家禽味	)(+
器官部位肉味	1 –		

注：特性特征的评估采用4点标度：)(= 阈值，1 = 轻微，2 = 中等，3 = 强烈；+ 表示高于，– 表示低于。

[例2] 根据国家标准《感官分析方法 风味剖面检验》（GB/T 12313—1990）规定了一套描述和评估食品风味的方法，下例是调味番茄酱风味特性结果表（表7－12）及剖面结果图（图7－1）。

表7－12 调味番茄酱风味特性特征结果表

检验日期							年	月	日
特性特征感觉顺序	番茄	肉桂	丁香	甜度	胡椒	余味	滞留度	综合印象	
强度（数字评估）	4	1	3	2	1	无	相当长	2	

以绘制蛛网图为例，在进行结果处理的时候，根据所评价的感官品质值先得到一组同点相交的直线，每一条从原点出发的射线就代表一个评价指标，距离原点越近，表示该品质的强度越低。将评价小组对各品质分析后得到的各品质的强度在蛛网图上相应的品质线上用点进行标记，然后连接各点就得到了图7－1（4）所示的一个样品的品质图。

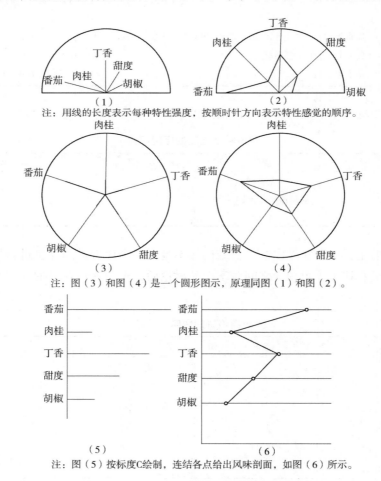

图7－1 调味番茄酱风味剖面图

采用这种蛛网图，可以对样品的单个品质及整体感官进行比较，若要得到优质样品，则可以通过比较两图形差异的大小来判断哪一个样品与它更接近，或可由此判断要改进的品质究竟是哪几项。

［例3］某些产品的感官性质的强度会随着时间而发生变化，因此，对于这些产品来说，感官性质的时间强度曲线更能说明问题，如口香糖咀嚼过程中质地的变化，可利用计算机辅助系统，来分析食品感官特性强度随时间的变化情况（图7－2）。

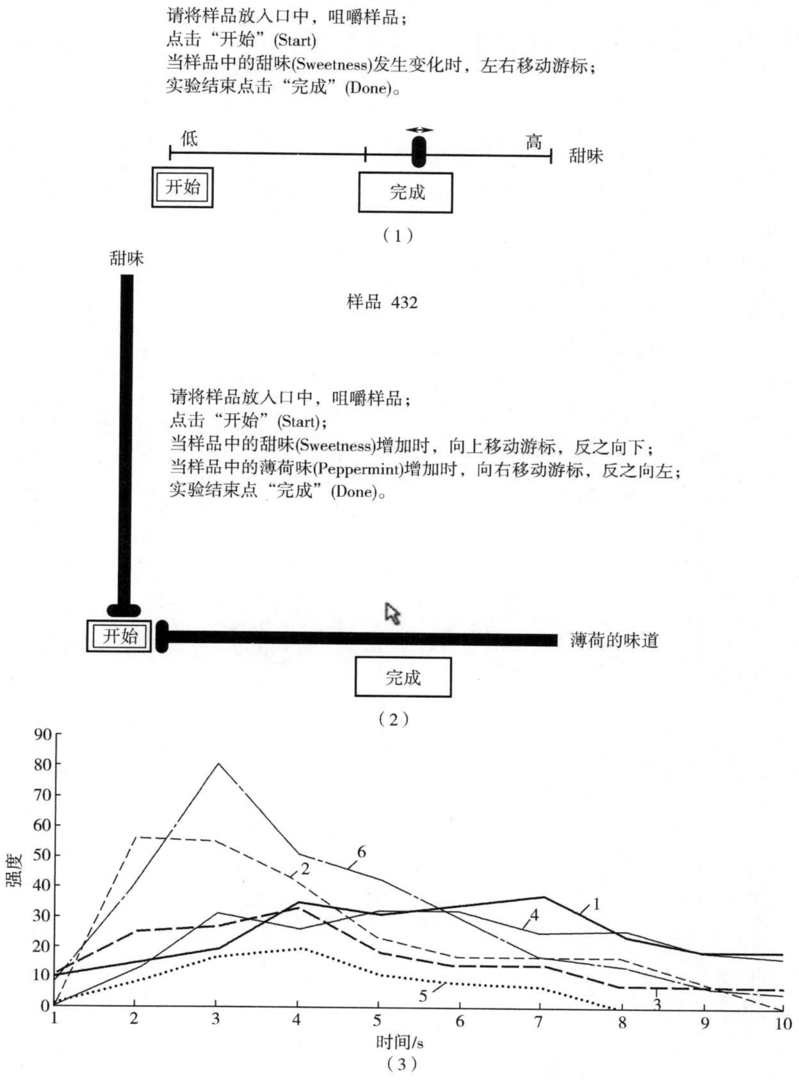

请将样品放入口中，咀嚼样品；
点击“开始”(Start)
当样品中的甜味(Sweetness)发生变化时，左右移动游标；
实验结束点击“完成”(Done)。
低
高
甜味
开始
完成
（1）
甜味
样品 432
请将样品放入口中，咀嚼样品；
点击“开始”(Start)；
当样品中的甜味(Sweetness)增加时，向上移动游标，反之向下；
当样品中的薄荷味(Peppermint)增加时，向右移动游标，反之向左；
实验结束点“完成”(Done)。
开始
薄荷的味道
完成
（2）
强度
时间/s
（3）

图7－2　利用计算机辅助系统测定食品感官特性强度随时间变化

（1）利用计算机辅助系统操作的甜味“时间－强度”测定

（2）利用计算机辅助系统操作的甜味—薄荷味“时间－强度”测定

（3）某口香糖中薄荷味的“时间－强度”测定结果（曲线1～6代表不同评价员）

🔍 思考题

1. 简单描述法的含义是什么，有什么优缺点？

2. 在感官分析实践中如何形成产品的描述性术语，检验和确定这些产品术语的方法有哪些？请举例说明。

3. 风味描述法和质地描述法有何异同？

4. 什么是定量描述试验法，一致方法和独立方法有何区别？

5. 参加描述性试验的评价员应具备哪些能力？

6. 定量描述的方法有哪些？请举例并说明其特点。

第八章 食品感官评价的应用

食品感官评价技术是现代食品工业中不可缺少的重要支撑技术。通过人的感觉器官对产品感知后进行评价，大大提高了工作效率，并解决了一般理化分析所不能解决的复杂的生理感受问题。与其他许多应用技术一样，食品感官分析或感官评价也在应用中不断发展和完善。食品感官评价技术已成为许多食品公司实现消费者问卷（顾客心理研究）、产品质量管理、新产品开发、市场调查等许多方面的重要手段。

第一节 消费者感官评价

食品作为快速消费品的一种，要在激烈的市场竞争中脱颖，一个重要的策略就是利用消费者感官检验，洞察该类产品的特性，用于确定公司产品优于竞争者产品的因素或是研发方向。对于一个新产品的推出，公司一般需要进行一系列的广告宣传和推销活动，但是在人们对这些新奇促销内容的兴趣消失后，在此后的很长一段时间里，他们感知产品质量的体验或评价就非常重要了，这种对产品实际特性的感知，决定了消费者是否能够再次购买该产品。

消费者购买行为由多种因素共同决定，表现为在同类商品中的选择倾向。在首次购买时，会考虑质量、价格、品牌、口味特征等。食品方面，消费者主要考虑卫生、营养、含量；价格则关注单位购买价格、质量价格比。现在食品市场逐步在产品标识上表现产品的口味特征，这一点也同样需要借助于消费者的感官体验。对于食品生产厂家，消费者行为中的二次购买被赋予更多的关注，在质量、价格与同类产品无显著差别的情况下，口味特征表现更重要。这就体现出食品感官评价工作的重要性，必须能反映消费者的感受。

前面章节讲述的食品感官评价原理与技术都是基于试验室控制条件下进行的，与消费者消费产品的条件并不完全一致，因此，有必要对消费者领域进行研究。这里主要探讨针对消费者采用的食品感官评价方法，这种评价往往需要隐去产品特定的商标，即盲标。

消费者感官评价的首要目的是评价一个产品的可接受性，或者说是评价它优于其他产品的特性。一般来说，消费者感官评价常常被用于以下情况。

（1）一种新产品进入市场前，预测新产品为消费者接受的程度。

（2）对原有产品进行技术革新后，调查消费者对产品改变的感知和认可度，产品的改变包括对加工工艺的改变，对食品原料成分的添加或替代，包装的更新等。

（3）当需要从同性质的多份研发产品中选择出最具竞争力的产品时，可以从消费者的角度分析各产品的特性，确定选择目标。

（4）有目的地进行监督，了解消费者对产品的评价。

在进行消费者感官评价前，应进行消费者的筛选，合理地选择参加评价的消费者人群对象（消费者模型）对评价结果有重要的影响。

一、消费者筛选问卷

感官专业人员应向目标对象咨询调查，以便选择出有资格的参与者。在消费者感官评价的市场研究中，进行实际产品评价的人一般应是那些对该产品概念表示有兴趣或反应积极的人。参与者首先应该是这类产品当然的食用者或者购买者，其次，应较经常地食用或购买该类产品，淘汰那些很少食用或购买该类产品的对象，另外，如果不是有规律的使用者，也没有资格预测产品的可接受性，因为他们不是目标消费者。消费者筛选问卷一般会询问产品的使用频率，如对食用猪肉脯的消费者筛选问卷（表8-1）。

表8-1 消费者筛选问卷

检验代码_____
筛选问卷
公司（代理）_____ 日期_____
地点_____
您好，我是__公司（代理）__的__（您的名字）__。我们在这里做关于猪肉脯的调查，能占用您一分钟的时间，问你几个问题吗？
可以——　　　　　继续问题1
不行——　　　　　结束
没有回答——　　　结束
问题1. 您吃过猪肉脯吗？
吃过——　　　　　继续问题2
很少吃——　　　　继续问题2
记不清是否吃过——　结束
从没吃过——　　　结束
问题2. 您多久吃一次猪肉脯？
每周一次或更多_____作为较高频率使用者，具有参加资格。
低于每周一次但至少每月一次_____作为较高频率使用者，具有参加资格。
低于每月一次或根本不吃_____，结束，并表示感谢。

二、消费者"模型"

消费者"模型"就存在多种类型，不同类型的消费者"模型"具有不同的特点。一般消费者评价有四种类型：雇佣消费者模型、当地固定的消费者评价小组模型、集中场所评价模型和家庭使用评价模型。在特定情况下，对这些评价模型的选择，一方面要考虑时间、资金、安全等因素之间的协调，另一方面要考虑怎样才能得到最有效的信息。

（1）雇佣消费者评价模型　由一些受雇者，一般是当地的居民组成的"消费者"群以及公司或研究所内部的"消费者"群。这是最快、较昂贵也最安全的评价方法。但是，在公司中或研究的试验室中利用被雇佣者进行感官评价时，随着这些被雇佣者对产品的接触次数越来越多，产品对于评价员不是盲标，而是熟悉的，对所评价的产品可能有其他潜在的偏爱信息或潜意识。在进行两种品牌产品的偏爱评价时，较容易对承担该消费者评价工作的公司的品牌产品产生偏爱。同时技术人员观察产品可能与消费者有很大的差别，他们完全着重于产品特性的不同。

（2）当地固定的消费者评价小组模型　即当地的消费者评价小组的"消费者"群，这也是一种比较快捷的评价方法。由此带来的问题是不能确认群体是否最大程度地代表了广大的消费者，即样品缺乏代表性，给评价带来可能做出错误判断的风险。要考虑使用代表性的样品群众与目标市场相关。

（3）集中场所评价模型　包括从属于学校或俱乐部的团体，或就近的其他组织。例如，夏季野餐或户外烧烤的食品指标检验可以在野营地、公园中或附近进行。面向孩子的产品可以带到学校去。这些评价小组可以在集中场所进行评价，以节省人力和时间。这种"消费者"模型同样存在着一些不利条件。首先，样品不一定代表在地理界限之外的群体的意见，如当地的消费者无法代表外地的消费者意见。第二，参与者可能互相之间有所了解，并且大家都在一个规律的基础上互相交谈，因此，不能保证这些意见都具有独立性，即使对产品进行任意编码，不能完全解决问题。第三，如果参与者会发现是谁在进行这项评价，对相关公司产品的评价可能会有所偏爱。

（4）家庭使用评价模型　一般来说，对产品一段时间的日常食用，消费者才能做出客观正确的评价，最现实的情况就是消费者把产品带回家，在正常情况下合适场合中使用。实际上人的快感反应是很直接的，人们一般会迅速地评价食品的风味、外观和质地等具体情况，而把这些产品带回家日常食用，将给予消费者评价产品的充裕时间和机会，得出更真实的评价结果，可能会得出与第一次食用不同的更丰富的评价。如有些产品很好，包装设计并不吸引人，但其质量好，与它们的包装设计十分不相称，而家庭使用检验可以很好地检查这一点。

消费者经过一段时间对所买产品的食用后，可以评价该产品在各种场合下的表现情况，然后形成一个总体意见。同时，当家庭其他成员同样每天使用所购买的产品时，他们的意见也可以进入产品的评价中。

但家庭使用评价需要花费大量的时间和资金，特别是如果雇佣外单位或其他公司做消费者评价工作，花费更高。但是，雇佣外单位或其他公司这种做法，在提供数据的有效性方面是有利的，因为这种方法可以隐藏参与产品的品牌，可达到盲标的目的。

三、面试的形式

面试的形式主要有两种，每种方法都各有利弊。

（1）消费者个人独自回答问卷　消费者个人独自回答问卷费用低，但无助于探明消费者的全面真实的意见，容易出现回答混乱或错误，不适于那些需要解释的复杂问题，甚至不能保证消费者浏览回答了全部问卷，也不能保证消费者按问题的顺序逐个回答。因此，该方法问卷的完成率都是比较差的。

（2）亲自面试（面试者与消费者个人面对面形式）或通过电话进行面试　对于不识字的回答者，如小朋友，电话或亲自面试是唯一有效的方法。亲自面试，也就是与消费者面对面地进行交谈，该方法最具灵活性，因为面试者与问卷都清楚地存在着，所以包括标度变化在内的问卷可以很复杂。面试者可以把问卷读给回答者听，也可以采用视觉教具来举例说明标度和标度选择。这个方法费用会较高但效果明显。电话面试是一个合理的折中方法，但是复杂的多项问题一定要简短、直接。回答者也可能会迫切地结束通话，对回答的问题可能只给出较短的答案。电话进行面试持续的时间一般短于面对面亲自面试的时间，有时候会出现回答者过早就终止问题的情况。

四、设计问卷

问卷具体的形式和性质主要依赖于评价的目标、资金、时间以及其他资源的限制情况等。设计问卷时，要首先列出流程图，包括主题、消费者模型，按顺序详细列出主要的问题。让顾客和其他人了解面试的总体计划，有助于顾客和其他人在实际感官评价前，全面了解采用的评价手段和问题。

一般，应按照以下的流程询问问题：

（1）筛选回答问卷的合适的消费者。

（2）消费者对产品的总体接受性。

（3）对产品喜欢或不喜欢的理由。

（4）一些特殊性质的问题。

（5）询问产品的可接受性（满意度）或偏爱。

（6）敏感问题。可接受性的最初与最终评价经常是高度相关的。但是，如果改变了问题的形式，就有可能出现一些冲突情况。例如，当单独品尝时，一个被判断为"太甜"的产品在偏爱检验中，实际上会受到比甜度合适的产品更多的偏爱。问卷中不同的主题可能会产生不同的观点。

构建问题并设立问卷时，有几条主要法则，如：

（1）问卷简洁不过长（一般不超过 15~20min 的问题量），语言简单。

（2）内容详细而明确，避免含糊。

（3）不引导答卷者。

（4）有必要经过预检验。

这些简单的法则可以在调查中避免一般性的错误，也有助于确定问卷所设立的问题能反映真实想要说明的意图。一般来说，问卷设立者应采用预检手段，也就是设计问卷后做预检验，观察一般人群对这些问题的理解，这样可以检查出人们是否知道你所要表达的问题内容，有无被误解或不完善的提问。参与预检验的人员可以是小范围的一些专业感官人员或消费者。预检验减少了正式开始问卷检验时出现的失误情况，举例如下（表8-2）。

表8-2　　　　　　　　　　　　　　　　一些问题的举例

您多喜欢这个产品？
注：我喜欢它，不是一个平衡问题，应为更中性化态度的"您的总体意见是什么？"
我国会禁止出口醉蟹产品吗？
注："禁止"是一个很情绪化的词，会引导答卷者。
您一个月食用多少斤大米？
注：不要问记忆中不能随口说出来的事情。
鲜鱼和冷冻鱼，哪一个食用起来更加经济、方便？
注：经济、方便？含糊的问题。
您最后一次食用樱桃的时间？
注：往往记不清楚。
您觉得哪一个产品的起酥性更强？
注："起酥性"是什么，太专业化用词。

设计问卷的基本规律是从一般到特殊，也就是说，进行消费者感官评价时，首先应询问消费者关于产品的总体意见，然后才有针对性地进行产品各项特性的调查。举例猪肉脯的消费者调查问卷（表8-3）。

表8-3　　　　　　　　　　　　　　　　猪肉脯品尝后问卷

日期＿＿＿＿＿＿＿＿＿＿	（1~2）
地点＿＿＿＿＿＿＿＿＿＿	（3~4）
性别＿＿＿＿＿＿＿＿＿＿	（5）
年龄＿＿＿＿＿＿＿＿＿＿	（6）
问题1. 您品尝产品容器中的数字是多少？（画圈）	
257　　　　　　　　　　632	（7~8）
问题2. 全面考虑后，您感觉哪一个对产品的论述更好？（对回答者手持标度卡片）	
极端喜欢　　　　　　　　9	（9）
非常喜欢　　　　　　　　8	
中等喜欢　　　　　　　　7	
有点喜欢　　　　　　　　6	
既没有喜欢也没有不喜欢　5	
有点不喜欢　　　　　　　4	
中等不喜欢　　　　　　　3	
非常不喜欢　　　　　　　2	
极端不喜欢　　　　　　　1	

续表

如果回答是 5 以上，就到问题 3，再到问题 5。如果回答是 4 以下，就到问题 4，再到问题 5。

问题 3. 告诉我您为什么喜欢这个产品？

_____ (10 ~ 11)
_____ (12 ~ 13)

探查并表示：还有其他方面的内容吗？

_____ (14 ~ 15)
_____ (16 ~ 17)

问题 4. 告诉我您为什么不喜欢这个产品？

_____ (18 ~ 19)
_____ (20 ~ 21)

探查并表示：还有其他方面的内容？

_____ (22 ~ 23)
_____ (24 ~ 25)

接下来的问题必须要根据产品的特性来进行。

指定一个数表明您对产品的印象：

问题 5. 产品有多硬或软？

　　　　　1　　2　　3　　4　　5　　6　　7　　8　　9　　　　　　　　　(26)
　　　　　|　　　　　　　　　　|　　　　　　　　　　|
　　　　非常软　　　　　　正好　　　　　　非常硬

问题 6. 产品含油吗？

　　　　　1　　2　　3　　4　　5　　6　　7　　8　　9　　　　　　　　　(27)
　　　　　|　　　　　　　　　　|　　　　　　　　　　|
　　　根本不含油　　　　　正好　　　　　　非常油

问题 7. 产品有多湿？

　　　　　1　　2　　3　　4　　5　　6　　7　　8　　9　　　　　　　　　(28)
　　　　　|　　　　　　　　　　|　　　　　　　　　　|
　　　　非常湿　　　　　　正好　　　　　　非常干

问题 8. 产品色泽怎样？

　　　　　1　　2　　3　　4　　5　　6　　7　　8　　9　　　　　　　　　(29)
　　　　　|　　　　　　　　　　|　　　　　　　　　　|
　　　　淡红　　　　　　　正好　　　　　　非常红

问题 9. 产品的咸度如何？

　　　　　1　　2　　3　　4　　5　　6　　7　　8　　9　　　　　　　　　(30)
　　　　　|　　　　　　　　　　|　　　　　　　　　　|
　　　　不够咸　　　　　　正好　　　　　　太咸

问题 10. 产品的甜度如何？

　　　　　1　　2　　3　　4　　5　　6　　7　　8　　9　　　　　　　　　(31)
　　　　　|　　　　　　　　　　|　　　　　　　　　　|
　　　　不够甜　　　　　　正好　　　　　　太甜

续表

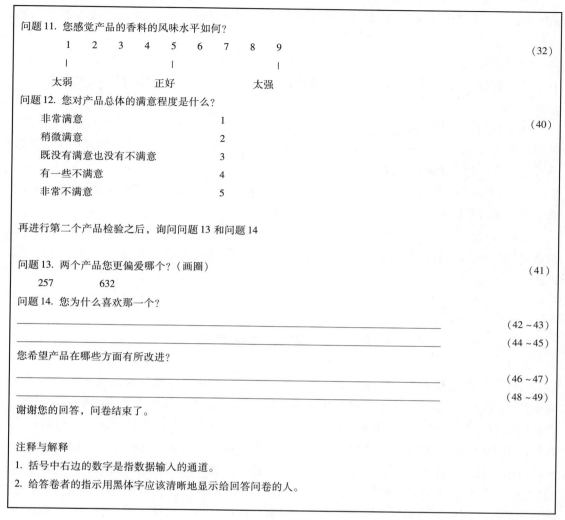

问题11. 您感觉产品的香料的风味水平如何？

| 1 | 2 | 3 | 4 | 5 | 6 | 7 | 8 | 9 | (32) |

太弱　　　　　　正好　　　　　太强

问题12. 您对产品总体的满意程度是什么？

非常满意	1	(40)
稍微满意	2	
既没有满意也没有不满意	3	
有一些不满意	4	
非常不满意	5	

再进行第二个产品检验之后，询问问题13和问题14

问题13. 两个产品您更偏爱哪个？（画圈）　　　　　　　　　　(41)
　　257　　　　　632

问题14. 您为什么喜欢那一个？

_____ (42~43)
_____ (44~45)

您希望产品在哪些方面有所改进？

_____ (46~47)
_____ (48~49)

谢谢您的回答，问卷结束了。

注释与解释
1. 括号中右边的数字是指数据输入的通道。
2. 给答卷者的指示用黑体字应该清晰地显示给回答问卷的人。

五、问卷调查技巧

感官专业人员准备问卷调查，也就是面试消费者，需要保持一些准则。在面试中，面试者的仪表、提问方式等会与回答者相互影响，我们应要求促进良好的交流，以便正确得到他们的意见。

以科学的方法进行问卷调查，是感官评价专业人员与消费者良好互动的保证，以获得消费者对产品的真实评价意见。作为一个专业人员，在调查现场应注意以下几点。

（1）穿着合理，主动介绍自己。与答卷者建立友好的关系，有益于他们主动提供更多的想法；人与人距离的适当缩短，可能会得到更加理想的面试结果。

（2）注意面谈询问以及填写问卷的时间不宜过长，应尽量在开始前告知答卷所需的确切时间；对面试需要的时间保持敏感性，尽量不要花费比预期更多的时间。

（3）注意个人语言，规避不规范不合适用语。如在面谈时，不应随意交谈与问卷不相关的内容，包括夸奖或安慰答卷者，这无助于友好关系的建立，反而会干扰答卷者回答问题。

（4）不要成为答案的"奴隶"，在答卷者回答问题偏离主题时，应即时纠正。

（5）答卷者可能不了解某些标度的含意，适当给以合适的比喻来提供理解的便利是必要的。

（6）有时结果数据可能会有很大变异，可能是由于可选择的回答没有做特别的限制引起的，面试结束时，应该给答题者机会去表达遗漏的想法。可以用这样的问题引起，"您还有其他方面想告诉我的事情吗？"

（7）面试是一个社会性的角色互换。面试者永远不要用高人一等的口气对回答者说话，或让她或他感觉是个下属，这一点非常重要。

感官评价专业人员应该通过反复的积极实践，掌握面谈技巧，真正获得答卷者的合作和真诚的反应，并通过积极的口头感激使答卷者觉得他们的意见很重要并对产品产生兴趣。

第二节　产品质量管理

产品质量是消费者关心的最重要的特征之一。生产厂商也已充分认识到保证产品质量对于商业获利的重要性。如果能建立质量与商标的关系，就能激起人们再次购买的欲望。产品质量的一个普通定义是"适合于使用"，这个定义指，在消费者对产品前后进行使用或产品对于参照的标准产品比较时，产品的感官和表现试验结果应保持可靠性和一致性。

食品质量感官评价就是凭借人体自身的感觉器官，具体地讲就是凭借眼、耳、鼻、口（包括唇和舌头）和手，对食品的质量状况作出的客观评价。也就是通过用眼睛看、鼻子嗅、耳朵听、用口品尝和用手触摸等方式，对食品的色、香、味和外观形态进行综合性的鉴别和评价。

食品质量的优劣最直接地表现在它的感官性状上，通过感官指标来鉴别食品的优劣和真伪，不仅简便易行，而且灵敏度高，直观而实用。与使用各种理化、微生物的仪器进行分析相比，有很多优点，因而它也是食品的生产、销售、管理人员所必须掌握的一门技能。广大消费者从维护自身权益角度讲，掌握这种方法也是十分必要的。应用感官手段来鉴别食品的质量有着非常重要的意义。

食品质量感官评价能否真实、准确地反映客观事物的本质，除了与人体感觉器官的健全程度和灵敏程度有关外，还与人们对客观事物的认识能力有直接的关系。只有当人体的感觉器官正常、人们又熟悉有关食品质量的基本常识时，才能比较准确地鉴别出食品质量的优劣。因此，通晓各类食品质量感官评价方法，为人们在日常生活中选购食品或食品原料、依法保护自己的正常权益不受侵犯提供了必要的客观依据。

感官评价不仅能直接发现食品感官性状在宏观上出现的异常现象，而且当食品感官性状发生微观变化时也能很敏锐地察觉到。例如，食品中混有杂质、异物、发生霉变、沉淀等不良变化时，人们能够直观地将其鉴别出来并作出相应的决策和处理，而不需要再进行其他的检验分析。尤其重要的是，当食品的感官性状只发生微小变化，甚至这种变化轻微到有些仪器都难以准确发现时，通过人的感觉器官，如嗅觉等都能给予应有的鉴别。可见，食品的感官质量评价有着理化和微生物检验方法所不能替代的优越性。在食品的质量标准和卫生标准中，第一项内容一般都是感官指标，通过这些指标不仅能够直接对食品的感官性状做出判断，而且还能够据此提出必要的理化和微生物检验项目，以便进一步证实感官评价的准确性。

一、质量控制与感官评价

一旦结合感官评价与质量控制（QC）工作以提高生产水平，在感官评价项目中就会出现新的问题，有以下特点。

1. 根据食品生产实际环境和需求安排感官评价

在生产过程中，进行感官评价的生产环境会有许多变化，需要一个灵活而全面的系统，用于原料检验，包括成品、包装材料和货架寿命检验的系统。如在线感官质量检验很可能需要在很短时间内完成，并且因时间原因不可能有很多的评价人员，只能用少量的质量评价指标来评价。有时由于资源的限制，很可能无法进行一个详细的描述评论和统计分析。

2. 以感官评价方法进行产品质量控制

以感官评价方法进行产品质量控制，需要提出"标准品"概念，通俗来说就是评价产品是否符合"标准品"的要求，这与普通的食品感官评价不同。感官质量控制系统运行的基本要求是在产品感官基础上对标准或忍受限度的定义，这需要校准工作，对标准产品和忍受限度进行鉴定可能会花费很高的费用，特别是要制定消费者曾经定义过可接受的质量限度，这种花费就更大。为一个标准质量的产品制订参考标准时，也可能会遇到困难，因为食品货架寿命可能很短，一些产品仅因时间的延长，其品质就会发生变化。同时，评价小组或消费者定义的"标准品"会发生季节性的偏差和变化，使得"标准品"不再"标准"，这就使得备选标准产品的感官特性难以确定。

3. 进行感官质量控制项目时需要结合仪器分析

需要说明的是，一些分析仪器，如有关分析化学或流变学分析的仪器，确实起到了鉴定感官评价质量良好性、产品理化等质量特性标准化等重要作用，但同时应了解某些感官性质与仪器分析结果之间不是线性相关的。

二、感官质量控制方法

1. 规格内外法

这是一种简单的质量控制方法，把正常/常规的生产产品与正常生产/常规之外的产品区别开来。该方法是在现场与大量劣质产品进行简单比较的方法，评价小组成员经过训练后，能够识别定义为"规格之外"的产品性质，以及被认为是"规格之内"的产品性质。举例说明，在没有标准和对照的前提下，评价小组需要评估大量的生产样品（20～40个），该评价小组主要来自管理队伍的公司职员（4～5人），他们对每一个产品都要进行讨论，以决定它是在规格之"内"还是之"外"。使用这种规格内外法，没有产品评估的标准，也没有对评价人员进行训练或产品定向。这种方法依赖每个评价员个人的经验以及对生产熟悉程度作为评价结果，或以小组中最高等级人员的意见为基础做出决定。

　　规格内外法的主要优点在于简单性，特别适用于简单产品或有一些变化特性的情况。缺点就是标准设置问题，所以在确定产品"规格之外"还是"规格之内"时会缺乏方向性。

2. 根据标准评估产品差别度

　　该方法是根据标准或对照的产品情况，进而评估整体产品的差别度。根据一个被维持的恒定的优质标准（样），能够很好地评估整体产品的差别度。这种方法也很适合于分析产品变化。评估所使用的简单标度，如下所示：

□　　□　　□　　□　　□　　□　　□　　□　　□　　□　　□

与标准完全不同　　　　　　　　　　　　　　　　　　　　　　　与标准完全一样

　　对于这个标度可以存在其他变化，只为达到快速分析的目的。

　　对于该方法，评价小组成员需要受到良好的训练，要求在评价产品时，同小组成员获得一致意见。这种方法的主要缺点是：如果人们只使用单一标度进行评估，不提供任何有关为什么产生差别的判定信息，评价小组成员很难认清是由于产品的哪些不同性质产生的总体差别。

3. 质量评估法

　　该方法需要评价小组成员进行更复杂的判断，比如哪些特性关系到产品的品质，具体判断产品的质量是如何的，有哪些差别性。通常的做法是给食品一个质量分数。质量评估的一般特性如下：标度直接代表了人们对质量的评估，优于简单的感官差别，同时它还能使用像"劣质还是优秀"这样的词语。除了产品整体的质量之外，人们还能够对产品的某些特殊性质进行评估，例如，产品的质地、风味、外观等。在诸如葡萄酒的评估方案中，评价人员会把个人的评价分数相加，从而得出某种产品的一个总分。但是，人们很容易滥用质量得分方法，有时，有少量未受过良好训练的评估者会根据他们自己个人的标准，对许多产品进行评估，并在多数人意见（讨论）的基础上，做出某种判定。

　　使用质量评估系统评价，要求受过训练的评价人员或专家有三个主要能力。第一，专家评估一定要保持心理标准，即对理想的产品有恒定的标准。第二，评估者应要学习产品发生缺点的原因，如劣质原料成分、粗劣的加工处理或生产问题、微生物问题、不恰当的储存方法等。最后，评估者需要评估产品每个缺点对产品质量影响的严重程度，以及它们是如何降低产品整体质量的，这种推论应建立在理论知识的基础上。

　　这种方法明显节约时间和费用，当然，也有缺点和不足。如评价人员需要通过学习，熟悉产品出现的各项缺点，明确它们对产品质量的影响，并将此影响结合到质量得分中去，这可能需要一段长时间的训练过程。另外，评价人员会存在将个人喜好慢慢融入评价意见的这种倾向，这会使评分标准漂移。该方法对于质量指标只产生一个总体分数，没有更多的信息可以帮助人们确定这个食品质量问题是如何产生的。这些质量指标一般也使用专业技术词语，如收敛感、木质性等，这种词语对于非技术性的管理者来说可能不易理解。最后，由于该方法所需要的评价员应具备较丰富的专业培训经验，不易获得，因此，对于一个评价小组只有少量成员的情况而言，由于人数太少，无法将他们评价的这些数据应用于统计的差别检验中，因此只能作为一种定性的方法。

4. 描述分析法

该方法是由受过训练的评价小组成员提供个人的感官性质的强度评估，是单一属性的可感知强度，而不是质量上或整体上的差别。人们如果进行单一感官属性的强度评估，需要一个分析的思维框架，并要把注意力集中于单一感官属性上。这与上述质量评估方法或产品整体的评价不同。质量评估方法或产品整体的评价仅需要把全部感官经验都结合到一个整体分数中去。

描述性分析方法适合于食品研究开发，人们对产品进行比较时，为了完整地说明感官性质，经常需要利用技术对所有的感官特性一一进行评估。如果仅从质量控制的目的出发，仅需要选择一些重要的感官属性对其加以描述分析，这样可以节约人力和资金。

描述分析方法如同其他技术中一样，它的评价标准需要进行校准。可以经由消费者评价和（或）专业评价小组进行先期的描述性分析，并逐步建立完善的描述分析方法的详细说明。描述分析方法详细说明由产品的各项重要感官特性组成，其感官强度用不同分数组成。表8-4举例说明了一项关于马铃薯片的描述性评价及其感官说明情况。这个马铃薯片的样品在可接受的色度平均规格的限度以下，并且有非常重的纸板味，这是脂肪发生氧化的特征。

表 8-4　　　　　　　利用描述性的详细说明进行马铃薯片样品的评价

外观	小组分数	可接受范围	风味	小组分数	可接受范围	质地	小组分数	可接受范围
色泽强度	4.7	3.5~6.0	纸板味	5.0	3.0~5.0	硬度	7.5	6.0~9.5
平均色泽	4.8	6.0~12.0	着色过度	0.0	0.0~1.0	脆性	13.1	10.0~15.0
平均大小	4.1	4.0~8.5	咸味浓	12.3	8.0~12.5	稠密度	7.4	7.4~10.0

评价小组成员应接受广泛训练才能进行描述性分析。一般来说应做好以下几点。

（1）应该向评价小组成员展示参考标准，让他们明确关键单一感官属性的意义。如使用蔗糖溶液，通过要求评价员的品尝，明确告诉他们这就是"甜"。

（2）一定要向评价员展示强度标准，以便于他们可以把定量的评估固定在强度标度的基础上。如使用一定浓度的"甜"（1%蔗糖溶液），并告知评价员该甜度就是"5分"，使用另一浓度的"甜"（0.5%蔗糖溶液），并告知评价员该甜度就是"1分"，同时要求他们记忆。

（3）将进一步要求评价员利用多项感官特性的食品，评价出其单项感官特性的分值，如在咸、甜混合液中，评价甜度的分值。注意：在混有咸味的溶液中，甜味可能会显得更甜。

该方法属于较难操作的一种方法。这种方法建立在强度标度良好的基础上，因此，评价小组成员进行训练时，就显得要比其他技术的训练更为辛苦，而且在评价中找出样品的每一个感官性质的强度范围，组织者（评价小组的领导者）建立一定的训练制度很难，样品的准备过程可能需要花费技术人员大量时间，资金要求高，实现起来也比较慢。评价小组需要人员数较多，这样才能实现数据处理和统计分析的要求，得出评价结论。如果产品出现训练感官属性以外的其他属性的变化，恐怕评价员很难自主感知该特性和强度。

该方法最适合于成品的质量评价，评价小组有充裕的时间进行评价。而对于正在进行的生产线上的产品来说，特别是当生产连续进行时，则难以安排这样的描述性评价。

该方法的主要优点：

（1）有详细的特定感官属性描述分析，而这种详细而定量的性质说明有助于建立与其他测定值（如仪器分析）的相关性。

（2）评价员采用这种分析框架模式，使他们能够肯定地根据特定感官属性给出他们评判的分数，不会像要给出产品整体评价那样使人犹豫不决。

（3）因对单一的特殊的属性进行了评估，所以很容易推断出产品的缺陷在哪里以及如何改善产品，这些要优于一个总体分数的产品整体评价方法。

三、感官质量控制的管理

感官评价部门在感官项目建立的早期应考虑感官质量控制项目的费用和实践内容，还必须经过详细的研究与讨论，得出统一的结论。在初始阶段把所有的研究内容分解成子项目中，有助于完整、详细的完成感官质量控制。

1. 设定标准（承受限度）

管理部门可以自己进行评价并设置标准（限度），这个操作非常迅速而简单，但管理因而需要承受设置标准合理性、准确性等的风险。管理者与消费者的需求未必一致，对已经校准的"标准"，管理者可能不会随消费者的要求改进。利用专业评价小组或消费者评价小组校准设置"标准"，把产品提供给评价小组评价是最安全、但同时也是最慢、最贵的方法。在利用专业评价小组进行"标准"制定时，要求他们的判断结果与消费者意见相一致，否则应通过培训和校准来调整其个人经验。

2. 费用相关因素

感官质量控制项目的内容相当复杂，不熟悉感官评价的生产行政部门很容易低估感官评价的复杂性、技术人员进行设置需要的时间、小组启动和小组辩论筛选的费用，以及忽视对技术人员和小组领导人的培训工作。感官质量控制需要一定费用，一般其评价小组均为雇佣者。为节约成本算，评价时间需仔细安排，使评价尽量紧凑进行。如果是利用公司内部人员进行感官评价，则主要是利用工作时间之外的个人时间。管理部门应了解进行感官评价的所有时间，包括评价员走到评价室需要花费的时间，行政部门应考虑员工薪水以及其他的经济成本问题。

3. 取样问题

质量控制工作的目的是避免不良批次产品流入市场，应合理管理，避免不完全或过度评价检验。质量控制应会根据产品的一些情况，比如在每个批次、新料投产等可能会出现产品质量偏差的产品中，分别取样测定，但要避免过度采样或过度评价。过多的评价样品或过繁琐而不必要的评价指标，只会无谓增加评价小组的负担。

4. 评价小组的培养管理

感官评价员应受过良好训练，才参与质量控制评价小组的工作，保证检验的高敏感度。对评价小组的培养管理包括对小组成员的评价和再训练，参考标准的校正和更换，调节评价员由于精力不集中而造成标准下降等情况，以及确保评价结果不发生偏差等内容。评价小组应合理地补充人员、进行筛选以及训练。

独立的质量管理结构有益于感官质量控制，该质量控制部门应是一相对独立的部门，这样可以使他们免受其他方面压力，又能真正控制不良产品的出现。

质量管理有很严谨的要求和规章制度，一般应该由在感官方法方面有着很强技术背景的感官评价领导者来制定和执行这些任务，如数据处理、报告的格式、历史的档案以及评价小组的监控等。

四、感官质量控制的控制

良好的感官质量控制评价对于正确、合理、高效的监控食品质量是非常重要的，需要注意以下几点。

（1）感官评价部门在建立感官质量控制检验时，应该对样品进行盲标，并按照随机顺序提供给评价小组。如果把一线生产工人也编入评价小组成员中，他们可能从实际加工过程中，已经知道了被评估产品的一些性质。这就需要技术人员对他们一定要进行盲标，并可以把隐含的标准样暗插入到检验的样品中。

（2）不要让可以接触原始样品的人，同时进行编码和评价样品的工作。

（3）样品准备人员应对产品的温度、体积和有关产品准备的其他细节，做标准化控制，并设定和控制的品尝方法。

（4）所有的品尝用容器应该是没有气味的，不会对评价产品造成迷惑。

（5）应有专门的感官评价场所，可以是临时的，也可以是专门建设专用的，不能在分析仪器试验室的试验桌上或在生产的地板上进行评价。

（6）评价员应该品尝生产中有代表性的产品（如产品既不应是最后的批次，也不是其他生产不规范情况下的产品）。

（7）评价员应该举行筛选、培训、考核等，并用合适的激励方式鼓励评价小组成员参与工作。不要在一天里给他们加上过重的负担，或者要求他们检验太多的样品。有条件的话，可以按照一定时间间隔，进行评价小组的轮转，可以保持他们正常的评价动机，减轻其厌倦感。

（8）评价员应该处于良好的身体状态下，如没有像伤风或过敏等疾病。他们不应该受到来自评价工作以外的其他问题的精神困扰，他们应该处于放松状态下，并能够对即将到来的任务集中精力。

（9）应训练评价员识别产品的品质、定量评分标准等，锻炼他们的独立评估的能力。评估结束以后，组织者可以向评价员提供标准答案，并讨论或反馈的意见，以利于增进每个评价员的评价水平。

（10）如果评价小组成员由一些生产工人组成，他们对产品及其生产过程一般充满绝对信任，这就会产生一个特殊的缺点——这样的评价小组成员可能不会指出问题，从而无法反应出产品的质量问题。面对这种问题，在评价的产品中，可以加入盲标"规格之外"的样品，或利用已知有缺陷的产品"进行尝试"检验等方式。如果出现这些缺陷样品通过评价，则可提醒评价员改正这种对质量过度肯定的态度。

（11）为了获得具有统计学意义的评价数据，必须有规模较大的评价小组（10个或更多个评价员），如果是规模非常小的评价小组，数据只能作定性处理，但如果出现一致的认为质量低的评分时，生产者应给予足够的重视，是否产品质量出现了问题。

（12）当评价结果，在同一评价小组内存在很强烈的争论或者评价小组的各成员的评价结果有特别大差异时，有可能要进行重新品尝，以保证结果的可靠性。

五、感官质量评估

感官质量评估实践准则包括以下几点内容。

（1）建立最优质量（优质标准）的目标以及可接受和不可接受产品范围的标准。

（2）如果可能，要利用消费检验来校准这些标准。可选择的方法是：有经验的个人可能会设置一些标准，但是这些标准应该由消费者的意见（产品的使用者）来检查。

（3）一定要对评估者进行训练，如让他们熟悉标准以及可接受变化的限制。

（4）不可接受的产品标准应该包括可能发生在原料、过程或包装中的所有缺陷和偏差。

（5）如果标准能有利地代表这些问题的话，应该训练评估者如何获得缺陷样品的判定信息。可能要使用针对强度或清单的标度。

（6）总是应该从至少几个辩论小组中收集数据。在理想情况下，要收集有统计意义的数据（每个样品10个或更多个观察结果）。

（7）检验的程序应该遵循优良感官实践的准则：隐性检验、合适的环境、检验控制、任意的顺序等。

（8）每个检验中标准的盲标引入应该用于评估者准确性的检查。对于参考目的来说，包括一个（隐性）优质标准是很重要的。

（9）隐性重复可能可以检验评估者的可靠性。

（10）有必要建立小组评论的协议。如果发生不可接受的变化或争议时，要保证评价人员可以进行再训练。

第三节　新产品开发

新产品的开发包括若干阶段，对这些阶段进行确切划分是很难的，它与环境条件、个人习惯及产品特性等都有密切关系。但总体来说，一个新产品从设想构思到商品化生产，基本上要经过如下阶段：设想、研制、评价、消费者抽样检查、货架寿命研究、包装、生产、试销、商品化。当然，这些阶段并非一定按顺序进行，也并非必须各阶段全部进行。实际工作中应根据具体情况灵活运用，可以调整前后进行的顺序，也可以将几个阶段结合进行，甚至可以省略其中部分阶段。但无论如何，目的只有一个，那就是开发出适合于消费者、企业和社会的新产品。

1. 设想

设想构思阶段是新产品开发的第一阶段，它可以包括企业内部的管理人员、技术人员或普通工人的"突发奇想"的想象，以及竭尽全力的猜想，也可以包括特殊客户的要求和一般消费者的建议及市场动向调查等。为了确保设想的合理性，需要动员各方面的力量，从技术、费用和市场角度，经过若干月甚至若干年的可行性评估后才能做出最后决定。

2. 研制和评价阶段

现代新食品的开发不仅要求味美、色适、口感好、货架期长，同时还要求营养性和生理调节性，因此这是一个极其重要的阶段。同时，在研制开发过程中，食品质量的变化必须由感官评价来进行，只有不断地发现问题，才能不断改正，以研制出适宜的食品。因此，新食品的研制必须要与感官评价同时进行，以确定开发中的产品在不同阶段的可接受性。

新食品开发过程中，通常需要两个评价小组，一个是经过若干训练或有经验的评价小组，对各个开发阶段的产品进行评价（差异识别或描述分析）。另一个评价小组由小部分消费者组成，以帮助开发出受消费者欢迎的产品。

3. 消费者抽样调查阶段

消费者抽样调查阶段即新产品的市场调查。首先送一些样品给一些有代表性的家庭，并告知他们调查人员过几天再来询问他们对新产品的看法。几天后，调查人员登门拜访收到样品的家庭并进行询问，以获得关于这种新产品的信息，了解他们对该产品的想法、是否愿意购买、价格估计、经常消费的几率。一旦发现该产品不太受欢迎，那么继续开发下去将会犯错误，通过抽样调查往往会得到改进产品的建议，这些建议将增加产品在市场上成功的希望。

4. 货架寿命和包装阶段

食品必须具备一定的货架寿命才能成为商品。食品的货架寿命除与本身加工质量有关外，还与包装有着不可分割的关系。包装除了具有吸引性和方便性外，还具有保护食品、维持原味、抗撕裂等作用。

5. 生产阶段和试销阶段

在产品开发工作进行到一定程度后，就应建立一条生产线了。如果新产品已进入销售试验，那么等到试销成功再安排规模化生产并不是明智之举。许多企业往往在小规模的中试期间就生产销售试验产品。

试销是大型企业为了进入全国市场之前，避免产品不受欢迎，销售不利遭到失败而设计的。大多数中小型企业的产品在当地销售，一般并不进行试销。试销方法也可与感官评价方法关联，同时进行产品满意度等评价。

6. 商品化阶段

商品化是决定一种新产品成功失败的最后一举。新产品进入什么市场、怎样进入市场有着深奥的学问。这涉及很多市场营销方面的策略，其中广告就是重要的手段之一。

第四节　市场调查

市场调查的目的主要有两方面的内容：一是了解市场走向，预测产品形式，即市场动向调查；二是了解试销产品的影响和消费者意见，即市场接受程度调查。两者都是以消费者为对象，所不同的是前者多是对流行于市场的产品而进行的，后者多是对企业所研制的新产品开发而进行的。

1. 感官评价与市场调查

感官评价是市场调查中的组成部分，并且感官评价的许多方法和技巧也被大量运用于市场调查中。但是，市场调查不仅是了解消费者是否喜欢某种产品（即食品感官评价的偏爱/嗜好试验），更重要的是了解其喜欢的原因或不喜欢的理由，从而为开发新产品或改进产品质量提供依据。

2. 市场调查的对象和场所

市场调查的对象应该包括所有消费者。但是，每次市场调查都应根据产品的特点，选择特定的人群作为调查对象，如老年食品应以老年人为主；大众性食品应选低等、中等和高等收入家庭成员各1/3组成。营销系统人员的意见也应起很重要的作用。市场调查的人数每次不应少于400人，最好在1500~3000人，人员的选定以随机抽样方式为基本，也可采用整群抽样法和分等按比例抽样法。否则有可能影响调查结果的可信度。

市场调查的场所通常是在调查对象的家中，或人群集中且休闲的地点进行，复杂的环境条件，如机场、公交车站、医院等，会对调查过程和结果有不良影响。

3. 市场调查的方法

市场调查一般是通过调查人员与调查对象面谈来进行的。首先由组织者统一制作答题纸，把要调查的内容写在答题纸上。调查员登门调查时，可以将答题纸交于调查对象并要求他们根据调查要求直接填写意见或看法；也可以由调查人员根据要求与调查对象进行面对面的问答或自由问答，并将答案记录在答题纸上。调查方法常常采用顺序试验、成对比较试验等方法，并将结果进行相应的统计分析，从而得出可信的结论。

🔍 思考题

1. 消费者感官评价的应用范围有哪些？

2. 为什么要进行消费者筛选？

3. 设计消费者感官评价问卷的法则有哪些？

4. 进行问卷调查时注意点有哪些？

5. 感官评价方法应用于食品质量控制，有什么特点？

6. 感官质量控制管理有哪四种基本方法，是怎样设定产品的评价标准的？

7. 在食品新产品开发过程中，在哪些环节需要应用到感官评价方法？

8. 为什么说感官评价是市场调查的组成部分？

第九章　各类食品的感官评价

在日常生活中，应用感官检验手段来评价食品及食品原料的质量优劣是简单易行的有效方法。而且，有些食品在轻微变质时，精密仪器有时难以检出，但通过人体的感觉器官却可以敏感地将其判断出来，因此，食品感官评价在某种程度上具有极高的敏感度。而且，不像理化分析及微生物检测那样需要相应的药品、工具和仪器，是其他方法所无法替代的。本章将对常见的主要食品及食品原料的感官评价方法进行举例说明。

第一节　葡萄酒的感官评价

酒类品质的优劣与其组成成分有关，这些组成是由食物原料本身的天然成分以及发酵过程中生成的物质构成的。因此，酒中含有丰富的糖类、盐类、酸、酚类、丹宁等物质，还有丰富的挥发性物质，如醇类、挥发性酸、醛等，各种成分形成了它们独有的风味，混合在一起又形成了一种新的加合风味。一般来说，酒的独特风味由二部分产生：一是刺激味蕾的滋味，二是刺激嗅觉的香气。这种滋味和香气二者的协调平衡，给人以愉悦的整体感受。

一、葡萄酒的分类

葡萄酒是以鲜葡萄或葡萄汁为原料，经全部或部分发酵酿制而成的，酒精度不低于7.0%的酒精饮品。葡萄酒的成分相当复杂，它是经自然发酵酿造出来的果酒，其中葡萄果汁为主体，其他重要的成分有酒酸、矿物质和单宁酸等。虽然这些物质所占的比例不高，却是酒质优劣的决定性因素。质优味美的红酒，是因为它们能呈现一种组织结构的平衡，使人在味觉上有无穷的享受。

葡萄酒的种类繁多，可以按照葡萄的栽培方法、产地、葡萄酒生产工艺、颜色、含糖多少、是否含 CO_2 等分类，国外一般采用产地、原料、年份（包括葡萄采摘年份、酒出品年份）来分类和命名。

1. 按酒的颜色深浅分类

（1）白葡萄酒　用白葡萄或皮红肉白的葡萄分离发酵制成。酒的颜色微黄带绿，近似无色或浅黄、禾秆黄、金黄。凡是深黄、土黄、棕黄或褐黄等色，均不符合白葡萄酒的色泽要求。

（2）红葡萄酒　采用皮红肉白或皮肉皆红的葡萄经葡萄皮和汁混合发酵而成。酒色呈自然深宝石红、宝石红、紫红或石榴红。凡是黄褐、棕褐或土褐颜色，均不符合红葡萄酒的色泽要求。

（3）桃红葡萄酒　用带色的红葡萄带皮发酵或分离发酵制成。酒色为淡红、桃红、橘红或玫瑰色。凡是色泽过深或过浅均不符合桃红葡萄酒的要求。这一类葡萄酒在风味上具有新鲜感和明显的果香，含单宁不宜太高。玫瑰香葡萄、黑比诺、佳利酿、法国蓝等品种都适合酿制桃红葡萄酒。

2. 按含糖量多少分类

（1）干葡萄酒　含糖量低于 4 g/L，品尝不出甜味，具有洁净、幽雅、香气和谐的果香和酒香。

（2）半干葡萄酒　含糖量在 4~12 g/L，微具甜感，酒的口味洁净、幽雅、味觉圆润，具有和谐怡悦的果香和酒香。

（3）半甜葡萄酒　含糖量在 12~50 g/L，具有甘甜、爽顺、舒愉的果香和酒香。

（4）甜葡萄酒　含糖量大于 50 g/L，具有甘甜、醇厚、舒适、爽顺的口味，具有和谐的果香和酒香。

3. 按含不含二氧化碳分类

（1）静酒不含有自身发酵或人工添加 CO_2 的葡萄酒称为静酒，即静态葡萄酒。

（2）起泡酒和汽酒含有一定量 CO_2 气体的葡萄酒，又分为两类。

① 起泡酒：所含 CO_2 是用葡萄酒加糖再发酵产生的。在法国香槟地区生产的起泡酒叫香槟酒，在世界上享有盛名。其他地区生产的同类型产品按国际惯例不得叫香槟酒，一般叫起泡酒。

② 汽酒：用人工的方法将 CO_2 添加到葡萄酒中叫汽酒，因 CO_2 作用使酒更具有清新、愉快、爽怡的味感。

4. 其他分类

（1）根据《国际葡萄酿酒法规》对葡萄酒含糖量分类做出的规定。

VDM – Vino De Mesa——分级制度中最低的一级，常由不同产区的葡萄混合酿制而成。

VC – Vino Comarcal——可标示葡萄产区，但对酿造无限制。

VDLT – Vino De La Tierra——约等同于法国的 Vin De Pays，规定不多，产区范围大而笼统，为第三级。

DO – Deromination De Origin——和法国 AOC 管制系统相当，管制比较严格。

DOC – Denomination De Origin Califaada——最高等级，更严格的规定产区和葡萄酿制过程。

（2）法国葡萄酒分为普通日用餐酒（Vins de Table）、乡村酒或地区餐酒（Vins de Pays）、优良品质餐酒（Vins Delimités de Qualité Supérieure，VDQS）、原产地法定区域管制餐酒（Appellation d'origine Contr & ocirc，AOC；ée）。

（3）美国葡萄酒分为附属类、专属品牌酒（Proprietary Wine）、葡萄品名餐酒（Varietal Wine）。

（4）勃艮第酒分级为以下四级。

区域酒——只标示产区如 Bourgogne。

村庄级酒——在酒标上会标示村庄名，如 Chablis Macon Village、Chambolle – Musigny。

一级酒——酒标上会标示村庄及葡萄园名或者 ler Gru、Premier Cru。

特级酒——此类酒不会标示村庄名字，有时也没标示 Grand Cru，通常只会标示葡萄园的名字，如：Montrachet、Musigny、La Tache。

二、葡萄酒感官评价要点

1. 葡萄酒的品尝温度

不当的温度会对品酒产生不良影响。温度升高时酒精会散发出来，但酒香反而会减弱。通常建议在如下温度时品尝葡萄酒。

橡木桶中陈酿的红葡萄酒：16～18℃时饮用；

非橡木桶中陈酿的红葡萄酒：15～17℃时饮用；

白葡萄酒及桃红葡萄酒：10～12℃时饮用；

甜白葡萄酒：8～10℃时饮用。

同时还应考虑室温。例如，饮用温度为11℃的葡萄酒在炎热的气候下似乎太凉。在这种情况下，最好在13或14℃时饮用。一般来说，葡萄酒在饮用前应存放在阴凉的环境中（比室温低2℃）。

2. 品尝技巧

品尝时，倒酒量应为普通透明葡萄酒杯的1/3，大约70mL，以便观察酒色，摇动酒杯可使杯壁上充满葡萄酒香气。注意，每个样品的倒酒量要相同，避免由于酒量不同而引起的香气、颜色的差异。

对于酿造时间较长，有沉淀物的葡萄酒，则应先将酒与沉淀物分离后，在倒入杯中品尝。具体方法有：将酒瓶倾斜放置一段时间，使沉淀沉入瓶底，缓慢将酒倒入盛酒容器中，避免倒酒时摇晃，不要将瓶底沉淀倒出；也可以用葡萄酒专用过滤网过滤沉淀。

评酒需要一系列动作来完成。一般来说，有"看、摇、闻、吸、尝"等动作，每个评价员有个人习惯，完成这一系列动作的方式可以不同。如，对于吸气，有人伴随脸颊、舌头的运动来吸气，以搅动口腔里的红酒，也可以不搅动吸气。

（1）评价葡萄酒色泽　握着葡萄酒杯脚，在光线充足（自然光）的情况下将酒杯倾斜45℃横置在白纸上观察。在比较几种葡萄酒的色泽时，酒杯应一致，杯中的酒量应相同。

（2）闻香　一般分为三次闻香，第一次先闻静止状态的酒，然后旋转晃动杯子，促使酒与空气（尤其是空气中的氧气）接触，以便酒的香气释放出来，再将鼻子靠近酒杯，再吸气，闻一闻酒香，与第一次闻的感觉做比较。第一次主要是闻葡萄酒里面最容易散发出来的香气，这些酒香比较直接和清淡，第二次闻香主要是闻葡萄酒里面各种各样的香气，这些香气比较丰富、浓烈和复杂。闻香时，可以探鼻入杯中，短促地轻闻几下。第三次闻香需要较剧烈地摇动酒杯，加强葡萄酒中使人不愉快的气味，如乙酸乙酯、霉味、硫化氢等的释放，因此第三次闻香主要用于检验香气中的缺陷。

（3）品酒　可以在口中含适量酒，让酒在口中打转，或用舌头上下、前后、左右快速搅动，让整个口腔上颚、下颚充分与酒液接触，去感觉酒的酸、甜、苦涩、浓淡、厚薄、均衡协调与否，然后才吞下体会余韵回味；或头往下倾一些，嘴张开成小"O"状，此时口中的酒好像要流出来，然后用嘴吸气，像是要把酒吸回去一样，让酒香扩散到整个口腔中，然后将酒缓缓咽下或吐出，这时，口中通常会留下一股余香，好的葡萄酒余味可以持续 15 ~ 20 秒。

三、葡萄酒评价目的

根据评价目的不同，可以将葡萄酒评价分为以下几类。

（1）分级评价　这种评价的目的是排定同一类型的葡萄酒名次。一般的评优都是采用这种方法。葡萄酒评分系统繁多，常用的有帕克评分系统，帕克评分系统以 50 分为起评分，剩下的 50 分由 4 个部分组成，分别为：

颜色和外观（Color and Appearance）占 5 分；

香气（Aroma and Bouquet）占 15 分；

风味和收结（Flavor and Finish）占 20 分；

总体素质及潜力（Overall Quality Level Potential）占 10 分。

于是最终根据分数，可以将葡萄酒列为 6 个档次：

96 ~ 100 分：顶级佳酿（Extraordinary）

90 ~ 95 分：优秀（Outstanding）

80 ~ 89 分：优良（Above Average）

70 ~ 79 分：普通（Average）

60 ~ 69 分：次品（Below Average）

50 ~ 59 分：劣品（Unacceptable）

（2）质量评估　该评价为了确定葡萄酒是否达到已定的感官质量标准，从而排除那些不符合标准的产品。欧盟和国际葡萄与葡萄酒组织（OIV）成员国的各类规定产地区域（AOC）葡萄酒的感官评价，就是采用这种方法。

（3）市场/消费者调查　葡萄酒生产厂家为了确定各地消费者的口味，或为了了解消费者对葡萄酒的偏爱情况而组织的感官评价。

（4）描述分析　该方法通过描述分析方法，对葡萄酒的感官特性进行全面评价，从而反映出葡萄酒的原料、生产条件、工艺等优缺点，为研究提供全面的基础资料。

四、葡萄酒感官评价实践

葡萄酒的评分是由评价人员用主观的角度来评断一支酒，并对其各项品质打分的感官评价方式。因此评分者是否为具有专业评价能力的专家非常重要；而各的评分标准也未尽相同。葡萄酒风味复杂多变，其描述用词也很丰富，葡萄酒感官评价常用术语及含义，见附录六。

以葡萄酒分级的评分方法为例，要求评价员一个一个地品尝样品，给每个样品以适当的分数。在以评价小组的方式进行评价时，取每个评价员给出的分数的平均值。评分的办法有很多，如：① 按酒的不同特性独自评分，然后将分数相加，计算总分；② 用一些代表基本特点的词评价，然后打分，也就是按特性计分；③ 按对酒的总体印象打总分；④ 扣分法。分别举例如下：

1. 用分数相加法来表示评价结果

（1）200 分制

颜色	10	醇厚	10	细腻	20
透明度	10	柔顺	20	香味留长	10
香味	40	主体结构	30	和谐	50

这种记分方法，对于特别不同类型的酒有时给出的分数很相近，它的基础是虚假的，因为一个酒的质量并不是它的颜色、气味、味道的性质简单地各自相加而组合成的，比如一个含有过量固定酸的不能喝的酒，很可能是透明的，甚至是很香的。针对这种情况，按特性记分比以上计算总分更有代表性。

（2）60 分制

外观 10 分	系数为 1	颜色 1～5 分	透明度 1～5 分
气味 10 分	系数为 2	芳香 1～5 分	持续时间 1～5 分
味道 10 分	系数为 3	主体结构 1～4 分	柔顺 1～3 分	口香 1～3 分

2. 用数字对葡萄酒的各项特性打分，分值表示品尝印象

（1）颜色，酒香，平衡，爽利，柔细——对这五个性质打分，最佳品质给 10 分。

（2）主体结构，典型性，酸性，扎口，回味长短（放香）——对这五个性质打分，最佳值是 5 和 6 分，5 以下有不足，6 以上是过分。

比如一个新的好的红葡萄酒，各项特性得分为：

颜色	酒香	平衡	爽利	柔细	主体结构	典型性	酸性	扎口	回味长短
6	7	7	7	8	6	7	5	6	4

3. 按对酒的总体印象打总分

如，约定 19 和 20 相应于完美；16，17，18 表示高质量；13，14，15 表明这些酒是好的，但有轻微的缺陷；10，11，12 是普通的酒；7，8，9 说明这些产品在平均水平以下；4，5，6 是不好的酒；1，2，3 是不能喝的酒。

评价时，一般把可消费的酒分为四类。

第一类："饮料酒"，是日常消费的酒，即大路货，不被品评，不褒不贬。

第二类："伪好酒"，一般是复制品，高于规定标准，这种酒有时给人以错觉，一般地有虚假技术，需进一步做化学检查。

第三类：好酒，纯净可口，清爽愉快，一般酒龄不长，有水果香味和花香味。

第四类：高级酒，是一种艺术创作，主香丰富，丰满复杂，典型性强，令人难以描述。

4. 扣分法

评价员只要在记分表上划"√"即可，分数由秘书处计算。例如静止葡萄酒评分表见表9-1。以葡萄酒的描述分析方法为例，样品可以按照表9-2评价。

表 9-1　　　　　　　　　　　　　　静止葡萄酒评分表

项目 扣分	优秀 0	很好 1	好 2	不及格 4	淘汰 ∞	所乘系数	结果
外观特征						×1	
香气　浓郁度						×1	
质量						×2	
口感　浓郁度						×2	
质量						×3	
协调性						×3	

表 9-2　　　　　　　　　　　　　葡萄酒评酒记录表（9点标度）

评价员姓名		样品编号	地点	时间
外观	透明度	□ □ □ □ □ □ □ □ 清澈　　　　　　　　　　　　晦暗		
	亮度	□ □ □ □ □ □ □ 淡薄　　　　　　　　　　　　深邃		
	颜色	□ □ □ □ □ □ □ 紫色　　　　宝石红　　　　茶色		
香气	浓郁度	□ □ □ □ □ □ □ 清淡　　　适中　　　显著		
果香特性	果味	□ □ □ □ □ □ □ □ 清淡　　　　适中　　　　显著		
	花香	□ □ □ □ □ □ □ □ 清淡　　　　适中　　　　显著		
	植物香	□ □ □ □ □ □ □ □ 清淡　　　　适中　　　　显著		
	香料香	□ □ □ □ □ □ □ □ 清淡　　　　适中　　　　显著		

续表

评价员姓名		样品编号				地点			时间
口感 甜度	☐ 干	☐	☐	☐	☐ 适中	☐	☐	☐	☐ 甜
酸度	☐ 低	☐	☐	☐	☐ 适中	☐	☐	☐	☐ 高
单宁	☐ 弱	☐	☐	☐	☐ 适中	☐	☐	☐	☐ 强
酒体	☐ 薄身	☐	☐	☐	☐ 适中	☐	☐	☐	☐ 厚身
酒在口中的余香的持久度	☐ 短	☐	☐	☐	☐ 适中	☐	☐	☐	☐ 强
总体评价	☐ 差	☐	☐	☐	☐ 可以接受	☐	☐	☐	☐ 好

五、葡萄酒评酒师

葡萄酒评酒师（Judge，意思为审判员、鉴定人），是指通过感觉器官对葡萄酒的品质进行检验的专业人员。由于葡萄品种、葡萄产地、生产工艺、储存方式和年限的不同，生产出来的葡萄酒的品质和风格也千差万别。评酒师根据酒的外观（包括色泽、澄清度）、香气和滋味，以及该类型葡萄酒应有的风格（典型性）来评价葡萄酒的品质。在我国现行的葡萄酒国家标准中，将葡萄酒的感官质量分为优级品、优良品、合格品、不合格品和劣质品五个级别。

1. 具备的能力

评酒师必须具有灵敏的味觉和嗅觉，这既要靠良好的天赋，也要靠刻苦的训练和培养。对一个人味觉和嗅觉的灵敏程度的考察，一般用"阈值"来进行衡量。阈值的具体概念就是对某种物质做出准确判断的最低浓度。

学习评价理论和评价技巧有助于开发自身的潜力和提高评酒水平，并不一定只有从事与葡萄酒有关行业的人才有可能成为评酒师。

了解葡萄酒，掌握丰富的葡萄酒的知识可以帮助自己提升评酒水平和欣赏品位。葡萄酒的品质和风格受许多因素的影响，因此了解葡萄品种、生产工艺、酿酒设备、储存方式和时间以及地域、气候、土壤对葡萄酒的影响等方面的相关知识至关重要。由于葡萄酒属于"洋酒"，优秀的评酒师除了对国内的主要葡萄酒品种和葡萄酒产区有所了解外，应对以法国、意大利为代表的有悠久葡萄酒生产历史的"老世界"葡萄酒和以美国、澳大利亚、智利为代表的"新世界"葡萄酒有比较全面的了解。如法国波尔多的红葡萄酒、勃艮第的白葡萄酒、德国莱茵雷司令葡萄酒、加拿大的冰酒等都代表着一类葡萄酒的典型风格。在掌握相应理论知识的基础上，尽可能多地对各种葡萄酒进行品评训练，只有经过刻苦的训练和长期实践经验的积累，才能尽快地提高自己葡萄酒品评的能力。

评酒师应注重对自己感觉器官的爱护和保养，在平时生活中尽量不吃辛辣、刺激性大和口味过重的食品，保持口腔和鼻腔的清洁，注意个人卫生。身患疾病、经常感冒和有不良嗜好的人是不适合从事感官评价工作。

2. 评酒师考核

对评酒师的考核通常包括两部分，除了要考核其对葡萄酒知识和评价理论的掌握，即理论考试（分数约占20%），更重要的是考核其评价葡萄酒的能力。能力考核是对评酒员综合素质的考查，包括葡萄品种、葡萄酒缺陷的辨认、葡萄酒中主要成分（如酒精度、糖分、酸度）高低顺序的排序、葡萄酒品质好坏的辨别、对不同葡萄酒风格的描述等。这既考核品酒员的敏感和专业品酒能力，也考核他们的心理素质和表达能力，未经过长时间专业培训的人是很难完成的。

考核味觉灵敏度，最基本的是考核对酸、甜、咸、苦这四种基本味觉的感知。国家标准规定，该项考核使用的物质分别是柠檬酸、蔗糖、氯化钠和咖啡因。对嗅觉的考核比味觉的考核要复杂和困难得多，先天的因素对感官的灵敏程度起着关键的作用，评酒大师一般都具有很强的味觉和灵敏的嗅觉。考核葡萄酒评价员，常常是选用对葡萄酒品质影响较大的挥发性成分，包括各种醇、醛、酸、酯、萜烯类物质，常见的有几十种。

评酒师需要有一定的酒量但并不一定很大，关键是懂酒，有好的鉴赏力，一般来说一个合格的评酒师的成长需要4～5年，而要修炼成优秀的评酒师则需要更长的时间。

第二节　其他酒类的感官评价

一、黄酒感官评价

黄酒是我国特有的传统酿造酒，至今已有三千多年历史，因其酒液呈黄色而将其命名为黄酒。黄酒以糯米、大米或黍米为主要原料，经蒸煮、糖化、发酵、压榨而成。黄酒为低度（15%～18%）原汁酒，色泽金黄或褐红，含有糖、氨基酸、维生素及多种浸出物，营养价值高。成品黄酒用煎煮法灭菌后用陶坛盛装封口。酒液在陶坛中越陈越香，故又称为老酒。

黄酒品种繁多，制法和风味都各有特色，黄酒大致可分为：① 按原料和酒曲分：糯米黄酒、黍米黄酒、大米黄酒、红米黄酒；② 按含糖量方法分：干黄、半干黄、半甜黄、甜黄、浓甜黄。

不同黄酒的感官评价质量好坏，主要从色、香、味等几个方面加以评价。在品尝黄酒时，用嘴轻啜一口，然后搅动整个舌头，轻啜慢咽。

1. 色泽

黄酒应是晶莹透明的，有光泽感，无混浊或悬浮物，无沉淀物荡漾于其中，具有极富感染力的琥珀红色或淡黄色的液体。

2. 香气

黄酒以香味馥郁者为佳，即具有黄酒特有的脂香。黄酒的香气一般包括酒香、曲香、焦香等。

3. 滋味

黄酒应是醇厚而稍甜的，酒味柔和无刺激性，不得有辛辣酸涩等异味。黄酒的滋味一般包括酒精度、酸度、甜、鲜、苦、涩等。黄酒酒精含量一般为 14.5% ~ 20%。

4. 风味

黄酒的风味主要由特定的原料、工艺等决定，评价内容为酒体中各种组成成分是否协调，酒体是否优雅、是否具有黄酒的典型风味等。

二、啤酒感官评价

啤酒以大麦芽、酒花、水为主要原料，经酵母发酵作用酿制而成的饱含二氧化碳的低酒精度酒。

啤酒是人类最古老的酒精饮料，是水和茶之后世界上消耗量排名第三的饮料，啤酒大致有以下分类。① 按色泽分：淡色啤酒（淡黄色、金黄色、棕黄色）、浓色啤酒、黑啤；② 根据啤酒杀菌处理情况分：鲜啤酒、熟啤酒；③ 根据原麦汁浓度分：低、中、高浓度啤酒；④ 根据发酵性质分：顶部发酵啤酒、底部发酵啤酒。

啤酒的风味主要受原料、生产工艺、酵母、制作过程中的微生物管理等问题的影响。啤酒一般可以通过以下几个方面评价。

1. 色泽

啤酒可以分为淡色、浓色、黑色三种，优良的啤酒不管颜色深浅均应具有光泽，暗淡无光的不是好啤酒。

2. 透明度

啤酒应透明洁净，不应有任何浑浊或沉淀现象发生。

3. 泡沫

丰富的泡沫是啤酒良好品质的重要指标。

4. 风味

啤酒应具有明显的酒花香气和味苦的酒花苦味，入口稍苦而不长，酒体爽而不淡，柔和适口。

5. CO_2含量

啤酒中饱和而而充足的 CO_2，给人舒适的刺激感（刹口感）。

品尝啤酒时，一般评价温度为 10 ~ 13℃。在倒酒时，应倾斜、缓慢注入杯中，以防止过多的 CO_2 被释放，并在啤酒顶部形成大量泡沫，影响评价。在评价啤酒时，靠近杯口轻轻吸气，然后入口，注意有无生酒花味、老化味、铁腥味、酸味等异味。

三、白兰地、威士忌和伏特加酒（蒸馏酒）感官评价

白兰地（Brandy），它是以水果为原料，经发酵、蒸馏制成的酒。通常所称的白兰地专指以葡萄为原料，通过发酵再蒸馏制成的酒。而以其他水果为原料，通过同样的方法制成的酒，常在白兰地酒前面加上水果原料的名称以区别其种类。在《白兰地》（GB 11856—2008）中将白兰地分为四个等级，特级（X.O）、优级（V.S.O.P）、一级（V.O）和二级（三星和 V.S）。其中，X.O 酒龄为 20～50 年，V.S.O.P 最低酒龄为 6～20 年，V.O 最低酒龄为 3 年，二级最低酒龄为 2 年。

威士忌（Whisky、Whiskey）是一种以大麦、黑麦、燕麦、小麦、玉米等谷物为原料，经发酵、蒸馏后放入橡木桶中陈酿、勾兑而成的一种酒精饮料，属于蒸馏酒类。

伏特加（Vodka）是以多种谷物（马铃薯、玉米）为原料，用重复蒸馏、精炼过滤的方法，除去酒精中所含毒素和其他异物的一种纯净的高酒精浓度的饮料。

品评白兰地、威士忌、伏特加酒要求评价员感觉器官灵敏，经过专门训练与考核，符合感官分析要求，熟悉品评酒种的色、香、味及类型风格等特征，掌握有关品尝术语，通过口、眼、鼻等感觉器官，对白兰地、威士忌、伏特加酒产品的感官特性（色泽、香气、口味及风格）进行检查与分析评价。

将样品编号，置于水浴中调温至 20～25℃，将洗净、干燥的品尝杯编码，对号注入酒样约 45mL。一般可以通过以下几个方面评价。

1. 色泽

将酒样注入洁净、干燥的品尝杯中，置于明亮处，用肉眼观察是否有色，观察其色调及其深浅，有无光泽，透明度与澄清度，有无沉淀及悬浮物等。

2. 香气与口味

手握杯柱，慢慢将酒杯置于鼻孔下方，嗅闻其挥发香气，然后，缓缓摇动酒杯，嗅闻空气进入后的香气。加盖，用手握杯腹部 2min，摇动后，再嗅闻复气。根据上述操作，分析判断是原料香、陈酿香、橡木香或有其他异香，写出评语。喝入少量样品（约 2 mL）于口中，尽量均匀分布于味觉区，仔细品尝，有了明确印象后咽下，再体会口感后味，记录口感特征。

3. 风格

根据外观色泽、香气、口味的特点，综合分析，评定其类型风格及典型性的强弱程度，写出结论意见（或评分）。

第三节　畜禽肉的感官评价

对畜禽肉进行感官评价时，一般是按照如下顺序进行：首先是眼看其外观、色泽，特

别应注意肉的表面和切口处的颜色与光泽，有无色泽灰暗、是否存在淤血、水肿、囊肿和污染等情况。其次是嗅肉的气味，不仅要了解肉表面上的气味，还应感知其切开时和试煮后的气味，注意是否有腥臭味。最后用手指按压、触摸以感知其弹性和黏度，结合脂肪以及试煮后肉汤的情况，才能对肉进行综合性的感官评价。

一、鲜猪肉的感官评价实践

1. 外观

（1）新鲜猪肉　表面有一层微干或微湿的外膜，呈暗灰色，有光泽，切断面稍湿、不黏手，肉汁透明。

（2）次鲜猪肉　表面有一层风干或潮湿的外膜，呈暗灰色，无光泽，切断面的色泽比新鲜的肉暗，有黏性，肉汁混浊。

（3）变质猪肉　表面外膜极度干燥或黏手，呈灰色或淡绿色、发黏并有霉变现象，切断面也呈暗灰或淡绿色，很黏，肉汁严重浑浊。

2. 气味

（1）新鲜猪肉　具有鲜猪肉正常的气味。

（2）次鲜猪肉　在肉的表层能嗅到轻微的氨味、酸味或酸霉味，但在肉的深层却没有这些气味。

（3）变质猪肉　腐败变质的肉，不论在肉的表层还是深层均有腐臭气味。

3. 弹性

（1）新鲜猪肉　新鲜猪肉质地紧密却富有弹性，用手指按压凹陷后会立即复原。

（2）次鲜猪肉　肉质比新鲜肉柔软、弹性小，用指头按压凹陷后不能完全复原。

（3）变质猪肉　腐败变质肉由于自身被分解严重，组织失去原有的弹性而出现不同程度的腐烂，用指头按压后凹陷，不但不能复原，有时手指还可以把肉刺穿。

4. 脂肪

（1）新鲜猪肉　脂肪呈白色，具有光泽，有时呈肌肉红色，柔软而富于弹性。

（2）次鲜猪肉　脂肪呈灰色，无光泽，容易黏手，有时略带油脂酸败味和哈喇味。

（3）变质猪肉　脂肪表面污秽、有黏液，霉变呈淡绿色，脂肪组织很软，具有油脂酸败气味。

5. 肉汤

（1）新鲜猪肉　肉汤透明、芳香，汤表面聚集大量油滴，油脂的气味和滋味鲜美。

（2）次鲜猪肉　肉汤混浊，汤表面浮油滴较少，没有鲜香的滋味，常略有轻微的油脂酸败的气味及味道。

（3）变质猪肉　肉汤极混浊，汤内漂浮着有如絮状的烂肉片，汤表面几乎无油滴，具有浓厚的油脂酸败或显著的腐败臭味。

二、冻猪肉的感官评价实践

1. 色泽

（1）良质冻猪肉（解冻后）　肌肉色红、均匀，具有光泽，脂肪洁白，无霉点。

（2）次质冻猪肉（解冻后）　肌肉红色稍暗，缺乏光泽，脂肪微黄，可有少量霉点。

（3）变质冻猪肉（解冻后）　肌肉色泽暗红，无光泽，脂肪呈污黄或灰绿色，有霉斑或霉点。

2. 组织形态

（1）良质冻猪肉（解冻后）　肉质紧密，有坚实感。

（2）次质冻猪肉（解冻后）　肉质软化或松弛。

（3）变质冻猪肉（解冻后）　肉质松弛。

3. 黏度

（1）良质冻猪肉（解冻后）　外表及切面微湿润，不黏手。

（2）次质冻猪肉（解冻后）　外表湿润，微黏手，切面有渗出液，但不黏手。

（3）变质冻猪肉（解冻后）　外表湿润，黏手，切面有渗出液亦黏手。

4. 气味

（1）良质冻猪肉（解冻后）　无臭味，无异味。

（2）次质冻猪肉（解冻后）　稍有氨味或酸味。

（3）变质冻猪肉（解冻后）　具有严重的氨味、酸味或臭味。

第四节　乳和乳制品的感官评价

感官评价乳及乳制品，主要指的是眼观其色泽和组织状态、嗅其气味和尝其滋味，应做到三者并重，缺一不可。

对于乳而言，应注意其色泽是否正常、质地是否均匀细腻、滋味是否纯正以及乳香味如何。同时应留意杂质、沉淀、异味等情况，以便作出综合性的评价。

对于乳制品而言，除注意上述评价内容而外，有针对性地观察了解诸如酸乳有无乳清分离、乳粉有无结块、乳酪切面有无水珠和霉斑等情况，对于感官评价也有重要意义。必要时可以将乳制品冲调后进行感官评价。

一、鲜乳的感官评价实践

1. 色泽

（1）良质鲜乳　为乳白色或稍带微黄色。

（2）次质鲜乳　色泽较良质鲜乳为差，白色中稍带青色。

（3）劣质鲜乳　呈浅粉色或显著的黄绿色，或是色泽灰暗。

2. 组织形态

（1）良质鲜乳　呈均匀的流体，无沉淀、凝块和机械杂质，无黏稠和浓厚现象。

（2）次质鲜乳　呈均匀的流体，无凝块，但可见少量微小的颗粒，脂肪聚黏表层呈液化状态。

（3）劣质鲜乳　呈稠而不匀的溶液状，有乳凝结成的致密凝块或絮状物。

3. 气味

（1）良质鲜乳　具有乳特有的乳香味，无其他任何异味。

（2）次质鲜乳　乳中固有的香味稍谈或有异味。

（3）劣质鲜乳　有明显的异味，如酸臭味、牛粪味、金属味、鱼腥味、汽油味等。

4. 滋味

（1）良质鲜乳　具有鲜乳独具的纯香味，滋味可口而稍甜，无其他任何异常滋味。

（2）次质鲜乳　有微酸味（表明乳已开始酸败），或有其他轻微的异味。

（3）劣质鲜乳　有酸味、咸味、苦味等。

二、炼乳的感官评价实践

1. 色泽

（1）良质炼乳　呈均匀一致的乳白色或稍带微黄色，有光泽。

（2）次质炼乳　色泽有轻度变化，呈米色或淡肉桂色。

（3）劣质炼乳　色泽有明显变化，呈肉桂色或淡褐色。

2. 组织形态

（1）良质炼乳　组织细腻，质地均匀，黏度适中，无脂肪上浮，无乳糖沉淀，无杂质。

（2）次质炼乳　黏度过高，稍有一些脂肪上浮，有沙粒状沉淀物。

（3）劣质炼乳　凝结成软膏状，冲调后脂肪分离较明显，有结块和机械杂质。

3. 气味

（1）良质炼乳　具有明显的牛乳乳香味，无任何异味。

（2）次质炼乳　乳香味淡或稍有异味。

（3）劣质炼乳　有酸臭味及较浓重的其他异味。

4. 滋味

（1）良质炼乳　淡炼乳具有明显的牛乳滋味，甜炼乳具有纯正的甜味，均无任何异物。

（2）次质炼乳　滋味平淡或稍差，有轻度异味。

（3）劣质炼乳　有不纯正的滋味和较重的异味。

三、乳粉的感官评价实践

1. 色泽

（1）良质乳粉　色泽均匀一致，呈淡黄色，脱脂乳粉为白色，有光泽。

（2）次质乳粉　色泽呈浅白或灰暗，无光泽。

（3）劣质乳粉　色泽灰暗或呈褐色。

2. 组织形态

（1）良质乳粉　粉粒大小均匀，手感疏松，无结块，无杂质。

（2）次质乳粉　有松散的结块或少量硬颗粒、焦粉粒、小黑点等。

（3）劣质乳粉　有焦硬的、不易散开的结块，有肉眼可见的杂质或异物。

3. 气味

（1）良质乳粉　具有消毒牛乳纯正的乳香味，无其他异味。

（2）次质乳粉　乳香味平淡或有轻微异味。

（3）劣质乳粉　有陈腐味、发霉味、脂肪哈喇味等。

4. 滋味

（1）良质乳粉　有纯正的乳香滋味，加糖乳粉有适口的甜味，无任何其他异味。

（2）次质乳粉　滋味平淡或有轻度异味，加糖乳粉甜度过大。

（3）劣质乳粉　有苦涩或其他较重异味。

注：若经初步感官评价仍不能断定乳粉质量好坏时，可加水冲调，检查其冲调还原乳的质量。

四、酸牛乳的感官评价实践

1. 色泽

（1）良质酸牛乳　色泽均匀一致，呈乳白色或稍带微黄色。

（2）次质酸牛乳　色泽不匀，呈微黄色或浅灰色。

（3）劣质酸牛乳　色泽灰暗或出现其他异常颜色。

2. 组织形态

（1）良质酸牛乳　凝乳均匀细腻，无气泡，允许有少量黄色脂膜和少量乳清。

（2）次质酸牛乳　凝乳不均匀也不结实，有乳清析出。

（3）劣质酸牛乳　凝乳不良，有气泡，乳清析出严重或乳清分离。瓶口及酸乳表面均有霉斑。

3. 气味

（1）良质酸牛乳　有清香、纯正的酸乳味。

（2）次质酸牛乳　酸牛乳香气平淡或有轻微异味。

（3）劣质酸牛乳　有腐败味、霉变味、酒精发酵及其他不良气味。

4. 滋味

（1）良质酸牛乳　有纯正的酸牛乳味，酸甜适口。

（2）次质酸牛乳　酸味过度或有其他不良滋味。

（3）劣质酸牛乳　有苦味、涩味或其他不良滋味。

五、奶油的感官评价实践

1. 色泽

（1）良质奶油　呈均匀一致的淡黄色，有光泽。

（2）次质奶油　色泽较差且不均匀，呈白色或着色过度，无光泽。

（3）劣质奶油　色泽不匀，表面有霉斑，甚至深部发生霉变，外表面浸水。

2. 组织形态

（1）良质奶油　组织均匀紧密，稠度、弹性和延展性适宜，切面无水珠，边缘与中心部位均匀一致。

（2）次质奶油　组织状态不均匀，有少量乳隙，切面有水珠渗出，水珠呈白浊而略黏。有食盐结晶（加盐奶油）。

（3）劣质奶油　组织不均匀，黏软、发腻、黏刀或脆硬疏松且无延展性，切面有大水珠，呈白浊色，有较大的孔隙及风干现象。

3. 气味

（1）良质奶油　具有奶油固有的纯正香味，无其他异味。

（2）次质奶油　香气平淡、无味或微有异味。

（3）劣质奶油　有明显的异味，如鱼腥味、酸败味、霉变味、椰子味等。

4. 滋味

（1）良质奶油　具有奶油独具的纯正滋味，无任何其他异味；加盐奶油有咸味；酸奶油有纯正的乳酸味。

（2）次质奶油　奶油滋味不纯正或平淡，有轻微的异味。

（3）劣质奶油　有明显的不愉快味道，如苦味、肥皂味、金属味等。

5. 外包装

（1）良质奶油　包装完整、清洁、美观。

（2）次质奶油　外包装可见油斑污迹，内包装纸有油渗出。

（3）劣质奶油　不整齐、不完整或有破损现象。

第五节　鲜蛋的感官评价

鲜蛋的感官评价分为蛋壳评价和打开评价。蛋壳评价包括眼看、手摸、耳听、鼻嗅等方法，也可借助于灯光透视进行评价。打开评价是将鲜蛋打开，观察其内容物的颜色、稠度、性状、有无血液、胚胎是否发育，有无异味和臭味等。蛋制品的感官评价指标主要是色泽、外观形态、气味和滋味等。同时应注意杂质、异味、霉变、生虫和包装等情况，以及是否具有蛋品本身固有的气味或滋味。

一、蛋壳的感官评价实践

1. 眼看

即用眼睛观察蛋的外观形状、色泽、清洁程度等。

（1）良质鲜蛋　蛋壳清洁、完整、无光泽，壳上有一层白霜，色泽鲜明。

（2）一类次质鲜蛋　蛋壳有裂纹、格窝现象，蛋壳破损、蛋清外溢或壳外有轻度霉斑等。

（3）二类次质鲜蛋　蛋壳发暗，壳表破碎且破口较大，蛋清大部分流出。

（4）劣质鲜蛋　蛋壳表面的粉霜脱落，壳色油亮，呈乌灰色或暗黑色，有油样浸出，有较多或较大的霉斑。

2. 手摸

即用手摸索蛋的表面是否粗糙，掂量蛋的轻重，把蛋放在手掌心上翻转等。

（1）良质鲜蛋　蛋壳粗糙，重量适当。

（2）一类次质鲜蛋　蛋壳有裂纹、格窝或破损，手摸有光滑感。

（3）二类次质鲜蛋　蛋壳破碎、蛋白流出，手掂重量轻，蛋拿在手掌上翻转时总是一面向下（贴壳蛋）。

（4）劣质鲜蛋　手摸有光滑感，掂量时过轻或过重。

3. 耳听

就是把蛋拿在手上，轻轻抖动使蛋与蛋相互碰击，细听其声。或是手握蛋摇动，听其声音。

（1）良质鲜蛋　蛋与蛋相互碰击声音清脆，手握蛋摇动无声。

（2）次质鲜蛋　蛋与蛋碰击发出哑声（裂纹蛋），手摇动时内容物有流动感。

（3）劣质鲜蛋　蛋与蛋相互碰击发出嘎嘎声（孵化蛋）、空空声（水花蛋）。手握蛋摇动时内容物有晃荡声。

4. 鼻嗅

用嘴向蛋壳上轻轻哈一口热气，然后用鼻子嗅其气味。

（1）良质鲜蛋　有轻微的生石灰味。

（2）次质鲜蛋　有轻微的生石灰味或轻度霉味。

（3）劣质鲜蛋　有霉味、酸味、臭味等不良气体。

二、鲜蛋的灯光透视评价

灯光透视是指在暗室中用手握住蛋体紧贴在照蛋器的光线洞口上，前后上下左右来回轻轻转动，靠光线的帮助看蛋壳有无裂纹、气室大小、蛋黄移动的影子、内容物的澄明度、蛋内异物，以及蛋壳内表面的霉斑、胚的发育等情况。

在市场上无暗室和照蛋设备时，可用手电筒围上暗色纸筒（照蛋端直径稍小于蛋）进行评价。如有阳光也可以用纸筒对着阳光直接观察。

（1）良质鲜蛋　气室直径小于11mm，整个蛋呈微红色，蛋黄略见阴影或无阴影，且位于中央，不移动，蛋壳无裂纹。

（2）一类次质鲜蛋　蛋壳有裂纹，蛋黄部呈现鲜红色小血圈。

（3）二类次质鲜蛋　透视时可见蛋黄上呈现血环，环中及边缘呈现少许血丝，蛋黄透光度增强而蛋黄周围有阴影。气室大于11mm，蛋壳某一部位呈绿色或黑色，蛋黄部完整，散如云状，蛋壳膜内壁有霉点，蛋内有活动的阴影。

（4）劣质鲜蛋　透视时黄、白混杂不清，呈均匀灰黄色。蛋全部或大部不透光，呈灰黑色，蛋壳及内部均有黑色或粉红色斑点。蛋壳某一部分呈黑色且占蛋黄面积的二分之一以上，有圆形黑影（胚胎）。

三、鲜蛋打开评价

将鲜蛋打开，将其内容物置于玻璃平皿或瓷碟上，观察蛋黄与蛋清的颜色、稠度、性状，有无血液，胚胎是否发育，有无异味等。

1. 颜色

（1）良质鲜蛋　蛋黄、蛋清色泽分明，无异常颜色。

（2）一类次质鲜蛋　颜色正常，蛋黄有圆形或网状血红色；蛋清颜色发绿，其他部分正常。

（3）二类次质鲜蛋　蛋黄颜色变浅，色泽分布不均匀，有较大的环状或网状血红色，蛋壳内壁有黄中带黑的黏痕或霉点，蛋清与蛋黄混杂。

（4）劣质鲜蛋　蛋内液态流体呈灰黄色、灰绿色或暗黄色，内杂有黑色霉斑。

2. 组织性状

（1）良质鲜蛋　蛋黄呈圆形凸起而完整，并带有韧性。蛋清浓厚、稀稠分明，系带粗白而有韧性，并紧贴蛋黄的两端。

（2）一类次质鲜蛋　性状正常或蛋黄呈红色的小血圈或网状血丝。

（3）二类次质鲜蛋　蛋黄扩大、扁平，蛋黄膜增厚发白，蛋黄中呈现大血环，环中或周围可见少许血丝。蛋清变得稀薄，蛋壳内壁有蛋黄的黏连痕迹，蛋清与蛋黄相混杂（蛋无异味）。

（4）劣质鲜蛋：蛋清和蛋黄全部变得稀薄浑浊，蛋膜和蛋液中都有霉斑或蛋清呈胶冻样霉变，胚胎形成长大。

3. 气味

（1）良质鲜蛋　具有鲜蛋的正常气味，无异味。

（2）次质鲜蛋　具有鲜蛋的正常气味，无异味。

（3）劣质鲜蛋　有臭味、霉变味或其他不良气味。

第六节　水产品的感官评价

感官评价水产品及其制品的质量优劣时，主要是通过体表形态、鲜活程度、色泽、气味、肉质的弹性和洁净程度等感官指标来进行综合评价的。对于水产制品来讲，首先是观察其鲜活程度，是否具备一定的生命活力；其次是看外观形体的完整性，注意有无伤痕、鳞爪脱落、骨肉分离等现象；再次是观察其体表卫生洁净程度，即有无污秽物和杂质等。然后才是看其色泽，嗅其气味，有必要的话还要品尝其滋味。综上所述再进行感官评价。

对于水产制品，感官评价也主要是外观、色泽、气味和滋味几项内容。其中是否具有该类制品的特有的正常气味与风味，对于做出正确判断有着重要意义。

一、鲜鱼的感官评价实践

在进行鱼的感官评价时，先观察其眼睛和鳃，然后检查其全身和鳞片，并同时用一块洁净的吸水纸浸吸鳞片上的黏液来观察和嗅闻，评价黏液的质量。必要时用竹签刺入鱼肉中，拔出后立即嗅其气味，或者切割小块鱼肉，煮沸后测定鱼汤的气味与滋味。

1. 眼球

（1）新鲜鱼　眼球饱满突出，角膜透明清亮，有弹性。

（2）次鲜鱼　眼球不突出，眼角膜起皱，稍变混浊，有时眼内溢血发红。

（3）腐败鱼　眼球塌陷或干瘪，角膜皱缩或有破裂。

2. 鱼鳃

（1）新鲜鱼　鳃丝清晰呈鲜红色，黏液透明，具有海水鱼的咸腥味或淡水鱼的土腥味，无异臭味。

（2）次鲜鱼　鳃色变暗呈灰红或灰紫色，黏液轻度腥臭，气味不佳。

（3）腐败鱼　鳃呈褐色或灰白色，有污秽的黏液，带有不愉快的腐臭气味。

3. 体表

（1）新鲜鱼　有透明的黏液，鳞片有光泽且与鱼体贴附紧密、不易脱落（鲳、大黄鱼、小黄鱼除外）。

（2）次鲜鱼　黏液多不透明，鳞片光泽度差且较易脱落，黏液黏腻而混浊。

（3）腐败鱼　体表暗淡无光，表面附有污秽黏液，鳞片与鱼皮脱离殆尽，具有腐臭味。

4. 肌肉

（1）新鲜鱼　肌肉坚实有弹性，指压后凹陷立即消失，无异味，肌肉切面有光泽。

（2）次鲜鱼　肌肉稍呈松散，指压后凹陷消失得较慢，稍有腥臭味，肌肉切面有光泽。

（3）腐败鱼　肌肉松散，易与鱼骨分离，指压时形成的凹陷不能恢复或手指可将鱼肉穿破。

5. 腹部外观

（1）新鲜鱼　腹部正常、不膨胀，肛孔白色、凹陷。

（2）次鲜鱼　腹部膨胀不明显，肛门稍突出。

（3）腐败鱼　腹部膨胀、变软或破裂，表面发暗灰色或有淡绿色斑点，肛门突出或破裂。

二、冻鱼的感官评价实践

鲜鱼经 $-23\,℃$ 低温冻结后，鱼体发硬，其质量优劣不如鲜鱼那么容易评价。冻鱼的评价应注意以下几个方面。

1. 体表

质量好的冻鱼，色泽光亮与鲜鱼般的鲜艳，体表清洁，肛门紧缩。质量差的冻鱼，体表暗无光泽，肛门凸出。

2. 鱼眼

质量好的冻鱼，眼球饱满凸出，角膜透明，洁净无污物。质量差的冻鱼，眼球平坦或稍陷，角膜混浊发白。

3. 组织

质量好的冻鱼，体型完整无缺，用刀切开检查，肉质结实不离刺，脊骨处无红线，胆囊完整不破裂。质量差的冻鱼，体型不完整，用刀切开后，肉质松散，有离刺现象，胆囊破裂。

三、咸鱼的感官评价实践

1. 色泽鉴别

（1）良质咸鱼　色泽新鲜，具有光泽。

（2）次质咸鱼　色泽不鲜明或暗淡。

（3）劣质咸鱼　体表发黄或变红。

2. 体表鉴别

（1）良质咸鱼　体表完整，无破肚及骨肉分离现象，体形平展、无残鳞、无污物。

（2）次质咸鱼　鱼体基本完整，但可有少部分变成红色或轻度变质，有少量残鳞或污物。

（3）劣质咸鱼　体表不完整，骨肉分离，残鳞及污物较多，有霉变现象。

3. 肌肉鉴别

（1）良质咸鱼　肉质致密结实，有弹性。

（2）次质咸鱼　肉质稍软，弹性差。

（3）劣质咸鱼　肉质疏松易散。

4. 气味鉴别

（1）良质咸鱼　具有咸鱼所特有的风味，咸度适中。

（2）次质咸鱼　可有轻度腥臭味。

（3）劣质咸鱼　具有明显的腐败臭味。

第七节　果蔬的感官评价

果蔬的感官评价方法主要是目测、鼻嗅和口尝。

目测包括三方面的内容：一是看果品的成熟度和是否具有该品种应有的色泽及形态特征；二是看果型是否端正，个头大小是否基本一致；三是看果品表面是否清洁新鲜，有无病虫害和机械损伤等。

鼻嗅则是辨别果品是否带有本品种所特有的芳香味，有时候果品的变质可以通过其气味的不良改变直接评价出来，像坚果的哈喇味和西瓜的馊味等，都是很好的例证。

口尝不但能感知果品的滋味是否正常，还能感觉到果肉的质地是否良好，它也是很重要的一个感官指标。

干果品虽然较鲜果的含水量低或是经过了干制，但其感官评价的原则与指标都基本上和前述三项大同小异。

蔬菜有种植和野生两大类，其品种繁多而形态各异，难以确切地感官鉴别其质量。我国主要蔬菜种类有80多种，按照蔬菜食用部分的器官形态，可以将其分成根菜类、茎菜类、叶菜类、花菜类、果菜类和食用菌类六大类型。

从蔬菜色泽看，各种蔬菜都应具有本品种固有的颜色，大多数有发亮的光泽，以此显示蔬菜的成熟度及鲜嫩程度。除杂交品种外，别的品种都不能有其他因素造成的异常色泽及色泽改变。从蔬菜气味看，多数蔬菜具有清香、甘辛香、甜酸香等气味，可以凭嗅觉识别不同品种的质量，不允许有腐烂变质的亚硝酸盐味和其他异常气味。从蔬菜滋味看，因品种不同而各异，多数蔬菜滋味甘淡、甜酸、清爽鲜美，少数具有辛酸、苦涩等特殊风味以刺激食欲；如失去本品种原有的滋味即为异常，但改良品种应该除外，例如大蒜的新品种就没有"蒜臭"气味或该气味极淡。从蔬菜形态看，由于客观因素而造成的各种蔬菜的非正常、不新鲜状态，例如蔫萎、枯塌、损伤、病变、虫害侵蚀等引起的形态异常，并以此作为评价蔬菜品质优劣的依据之一。

一、苹果的感官评价实践

单从颜色和形状是不能评定苹果品质的。苹果的口感风味主要由其品种决定，以下是几类苹果，其评价标准如下所述。

1. 一类苹果

主要有红香蕉（又叫红元帅）、红金星、红冠、红星等。

（1）表面色泽　色泽均匀而鲜艳，表面洁净光亮，红者艳如珊瑚、玛瑙，青者黄里透出微红。

（2）气味与滋味　具有各自品种固有的清香味，肉质香甜鲜脆，味美可口。

（3）外观形态　个头以中上等大小且均匀一致为佳，无病虫害，无外伤。

2. 二类苹果

主要有青香蕉、黄元帅（又叫金帅）等。

（1）表面色泽　青香蕉的色泽是青色透出微黄，黄元帅色泽为金黄色。

（2）气味与滋味　青香蕉表现为清香鲜甜，滋味以清心解渴的舒适感为主。黄元帅气味醇香扑鼻，滋味酸甜适度，果肉细腻而多汁，香润可口，给人以新鲜开胃的感觉。

（3）外观形态　个头以中等大均匀一致为佳，无虫害，无外伤，无锈斑。

3. 三类苹果

主要有国光、红玉、翠玉、鸡冠、可口香、绿青大等。

（1）表面色泽　这类苹果色泽不一，但具有光泽、洁净。

（2）气味与滋味　具有本品种的香气，国光滋味酸甜稍淡，吃起来清脆；而红玉及鸡冠，颜色相似，苹果酸度较大。

（3）外观形态　个头以中上等大，均匀一致为佳，无虫害，无锈斑，无外伤。

4. 四类苹果

主要有倭锦、新英、秋花皮、秋金香等。

（1）表面色泽　这类苹果色泽鲜红，有光泽，洁净。

（2）气味与滋味　具有本品种的香气，但这类苹果纤维量高，质量较粗糙，甜度和酸度低，口味差。

（3）外观形态　一般果形较大。

二、黄瓜的感官评价实践

黄瓜食用部分是幼嫩的果实部分，其营养丰富，脆嫩多汁，一年四季都可以生产和供应，是瓜类和蔬菜类中重要的常见品种。

1. 良质黄瓜

鲜嫩带白霜，以顶花带刺为最佳；瓜体直，均匀整齐，无折断损伤；皮薄肉厚，清香爽脆，无苦味；无病虫害。

2. 次质黄瓜

瓜身弯曲而粗细不均匀，但无畸形瓜或是瓜身萎蔫不新鲜。

3. 劣质黄瓜

色泽为黄色或近于黄色；瓜呈畸形，有大肚、尖嘴、蜂腰等；有苦味或肉质发糠；瓜身上有病斑或烂点。

🔍 思考题

1. 评价葡萄酒时应该如何闻香，葡萄酒评价的目的有哪些，试举例说明。
2. 评价黄酒和啤酒时，应着重评价哪些感官指标？
3. 通过感官评价来检验鲜猪肉和冻猪肉时，方法上有何相同和不同之处？
4. 各种乳及乳制品的感官评价内容一般有哪些？
5. 为何需要对乳制品冲调后才进行感官评价？
6. 鲜蛋的感官评价方法有哪几种，各有何特点？
7. 通过感官评价来检验鲜鱼和冻鱼，方法上有什么异同？
8. 如何通过感官评价判定咸鱼的品质？
9. 果蔬的口感风味是否由果蔬的品种决定，果蔬感官评价指标有哪些？

第十章 食品感官的仪器测定

科学运用感官评价方法的同时，感官分析仪器的辅助检测，有利于保证和提高感官分析结果的可靠性、有效性，客观地评价食品的品质和食品固有的质量特性。感官分析仪器主要包括质构仪、电子鼻、电子舌等仪器，这些分析技术作为一种集电子、计算机、机械、材料、化工、模式识别等多学科交叉的新型智能感官分析系统，能够在食品工业、精细化工、医疗卫生、环境检测等多学科多领域进行应用、发展和推广，已成为一种普遍的智能感官分析思想方法与技术途径。

第一节 质 构 仪

食品质构是指用力学的、触觉的方法，还包括视觉的、听觉的方法感知食品的流变学特性的综合感觉。食品质构与食品食用时的口感质量、产品的加工过程、风味特性、颜色和外观、产品的稳定性等息息相关。如黏度过小的产品充填在面包夹层中很难沉积在面包的表面；一些亲水胶体、碳水化合物以及淀粉可通过与风味成分的结合而影响风味成分的释放；低脂产品需要构建合适的黏度来获得合理的口感，但如果产品过黏，则可能很难通过板式热交换器进行杀菌等。

人类在进食时，一般可以分成七阶段感官体验食品质构。第一阶段是表面质构，这包括食品到达嘴边的第一感觉和产品总的质构外观。接下来的两阶段是部分的压缩和第一口"咬"的动作，这是一个力学的过程，合在一起，可决定产品的弹性、硬度和内聚性。第四阶段是第一次咀嚼，揭示了样品的许多特性包括在口中的黏性和食品的密度。第五阶段是咀嚼过程，揭示了样品的水分吸附和食品的密度，在这一阶段，食品风味释放可以进行评估。当咀嚼继续直到吞咽时，产品的所有湿度和进食的愉悦程度变得非常重要。质构评估的第六个阶段是溶化率，即食品在口腔中的溶化程度。第七个阶段是回顾阶段，即在吞咽后，回顾产品在口中的感觉。

质构仪（物性仪）（Texture Analyzer）正是基于食品的流变科学，即材料的变形和流动特性的测量。这个仪器可以将人咀嚼食品的感觉用图形和具体的数据表示出来，依据食品物性学的基本原理，获得一系列样品的物性参数（或者叫质构参数）。质构仪作为一种物性分析仪器，主要是模拟口腔的运动，对样品进行压缩，变形，从而能分析出食品的质构，包括硬度、黏性、弹性、回复性、咀嚼性、脆性、黏聚性等指标，在食品学科的发展中发挥着重要的作用。

152

（1）食品质构的感官分析容易受到人为因素的影响，如个人喜好、个人生理状态、个人感官阈值等，结果具有主观性，这导致数据结果的真实性、重复性和稳定性大大受到影响。而质构仪不受人为因素的影响，具有客观性，大大提高了数据的真实性、可靠性和重复性。

（2）质构仪能够对食品的质构作出数据化的描述，对食品的质构特性进行量化，从而为揭示各种感官刺激的起因、研究探明食品对感官刺激的感知原理和途径提供了条件。

（3）通过质构仪研究食品原料配方对食品质构的影响，可以预测食品原料的加入或加入量将对食品的质构产生何种影响，对原料的加入和产品研发有很大帮助。

（4）通过质构仪研究食品加工工艺对食品质构的影响，可预言采用某种加工工艺对食品的质构产生何种影响，用于帮助调整食品生产工艺。

（5）通过质构仪来测定不同批次产品的质构，对食品生产原料和最终产品实施自动质量控制。

（6）通过质构仪来对市面上销售好的产品或者口碑比较好的产品进行质构分析，为我们研发新产品或者改进老产品提供数据支持和理论依据。

虽然质构仪不能完全模拟人的口腔运动，但是获得的质构参数或者指标能够很好地反映食品的口感或者质构。质构仪已广泛应用于肉制品、粮油食品、面食、谷物、糖果、果蔬、凝胶、果酱、宠物食品、化妆品、医疗、胶黏剂工业等的物性学中，可以检测食品的嫩度、硬度、脆性、黏性、弹性、咀嚼性、拉伸强度、抗压强度、穿透强度等物性指标。

一、质构仪工作原理

质构仪主要包括主机、专用软件及备用探头等组成部分，其主机由底座、测试臂支架及与之连接的测试臂组成，用以放置样品的操作台位于底座上方，安装于测试臂上的测试探头可以是不同的几何形状，以完成压缩、穿刺、切割、拉伸、弯曲等不同的测试操作，测试臂前的应力感应元能准确测量到探头的受力情况，探头移动运行过程由安装在底座内的一台精密电机所驱动，测试时探头的变速运动、循环次数与测定起始终止点均可根据软件指令精确设置，并借助于一块数据采集板连续存储探头作用于试样时所产生的应力，自动绘制作用力（应力）与探头移行时间或移行距离（形变）的关系曲线。

利用质构仪测定食品物性是一种客观的分析手段，可以辅助主观的感官评价技能，是保持食品品质一致性的关键。食品加工企业使用质构仪，能够获得快速、无人为误差、可再现的信息数据。通过质构仪测定的数据，可以与感官评价一起，为判明原料品质和配料/加工等可变因素对产品的影响提供依据，成本比较低廉。

二、质构仪探头

质构仪的许多测定功能，可通过转换各式探头来完成，一般包括柱形探头、球形探头、针形探头、锥形探头、凝胶探头以及切刀、拉伸、穿刺、挤压等特殊探头，同种探头还有一系列不同材质、大小的同型探头。

1. 柱型探头

广泛应用于粮油制品、烘烤食品、肉制品、乳制品、胶体等，进行穿刺（Penetration）、硬度（Hardness）、弹性（Springiness）、胶黏性（Stickiness）、回复性（Resilience）和 TPA（Texture Profile Analysis）等测试。

2. 球形探头

用于测试软固体如肉糜的强度（Firmness）、弹性，固体膨化食品如薯片的脆性（Fracture），水果、乳酪的表面硬度（Firmness）及胶黏性。

3. 针形探头

尖端针刺型探头，通过穿刺深入样品内部测试质地剖面。例如，测水果表皮硬度（Skin Strength）、屈服点（Yield Point）或穿透度（Penetration），从而判断水果的成熟度。

4. 锥形探头

用于质地软滑的流体、半流体，如果酱、冰淇淋、乳酪、黄油、肉糜等的稠度（Consistence）、硬度和延展性（Extension）等流变特性测试。

5. 凝胶探头

测试胶体的专用探头，根据 ISO/GMIA 国际标准方法，进行标准凝胶强度测试（Gelatine Testing，Bloom Test）。适合测试果冻的弹性、表面硬度和延展性。

以英国 TA – XTplus 质构仪为例，介绍几种常用的探头，如图 10 – 1 至图 10 – 8 所示。

（1） （2） （3） （4）

图 10 – 1 通用类系列探头

（1）柱型探头 该探头直径 2 ~ 100mm，可测量弹性、延展性、硬度、回复性、坚实度等数据。

（2）针型探头 该探头可用于样品的穿刺试验，包括水果等带硬皮的样品，可测量表皮强度、穿刺强度等数据。

（3）球形探头 该探头直径 6.25 ~ 25.4mm，可测马铃薯片或薯条的脆裂性，也可测水果、乳酪和包装材料的表面硬度。

（4）锥型探头 该探头包括 30°、40°、45°、60°四种角度，可测试黄油、人造黄油和其他黏延性食品，可用于样品的穿透性试验，可测量稠度等流变特性。

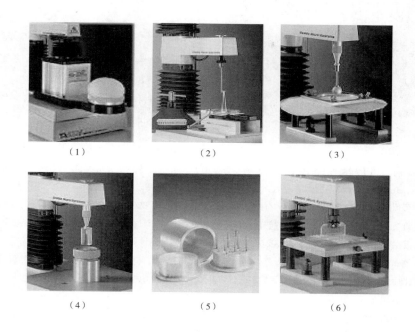

图 10 - 2　面粉专用探头

（1）膨胀系统　该系统的空气由精密电机控制的活塞提供，力由电子感应器感知，每秒可获得 500 个数据，可测试面团的韧力、延展性、破裂强度、降落数值等。

（2）拉伸探头　可在线检测，所需样品数量少，可测量面筋的拉伸强度和延展性、样品的均质化程度以及添加氧化剂、盐、乳化剂或酶等对面粉特性的影响。

（3）破裂测试探头　测试玉米饼和馅饼皮的延展性、弹性、强度等数据，以防止面皮在蒸煮时发生露馅或夹生现象。该探头也可对包装膜进行强度、回复弹性测试。

（4）黏着性探头　该探头可测试添加氧化剂、盐、乳化剂或酶等对面粉黏着性的影响，用于精确测量面团的黏着性。

（5）面团准备装置　试验台可测量面团的流变特性，它包括测试室、通孔活塞和平头活塞。试样放入测试室中，用通孔活塞的长钉把面团中随机分布的气泡驱除，再用平头活塞压制出光滑的表面，可用 6mm 的圆柱探头测试面团的稠度。

（6）轻型刀片　可测量面筋的切断强度，可测试添加氧化剂、盐、乳化剂或酶等对面筋强度的影响。

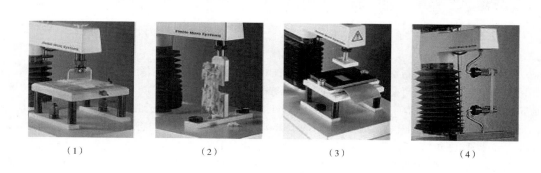

（5）　　　　　　　（6）　　　　　　　（7）　　　　　　　（8）

图 10-3　面制品专用探头

（1）轻型刀片　用于检测样品的韧性，如面条、方便面、保鲜湿面等。试验可测试不同的蒸煮时间面条品质的变化，如1min、3min、5min面条韧性的改变，从而了解品质的稳定程度以及适口程度。

（2）抗拉强度探头　测量PIZZA的拉伸强度和断裂强度从而推断PIZZA的韧性。

（3）坚实度、黏性测试探头　将数根煮熟的面条平放在测试台面上，上面再覆以固定板将面条由矩形窗口暴露出来。矩形压板在下压样品时测量面条的坚实度，回缩上升时可测量黏性。

（4）抗拉测试探头　该抗拉强度试验台，可测面条的断裂强度和拉伸弹性，面条两端嵌入上下两辊子的中缝并旋转2～3周以防面条滑动。辊子的设计确保了测试时样品不致裂开、剪断，并使拉断点只发生在中间的拉伸测试部分。

（5）面条弯曲试验台　由于硬质小麦的发芽损伤或不正确的烘干程序而导致面条产生了种种不良特性，该试验台可对未经熟加工的面条的折断压力及弯曲特性进行检测。其中折断压力可显示面条的质地损伤。

（6）压盘探头　可对面包、馒头、饼干等面食制品进行测量，可测量弹性、回复性、破裂强度、黏弹性、酥脆性等。

（7）多薄片试验台　试验台可对多个薄片样品（像法式油煎）进行穿透试验，最多可以测10个薄片，试验台保证每个薄片被2mm直径的探头穿透，探头顶部的快捷接头能使探头快速清洗和准确重复定位。所附塑胶盘用于将样品固定。

（8）韧性试验装置　用以测定面包或其他产品的韧性和坚实度，试验台包括两个安装在测试仪底座的活动倾角基盘，一个装有金属切丝的支撑框架。可对切丝穿过样品时的受力状况进行测试。

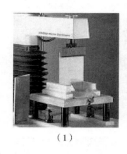   

（1）　　　　　　　（2）　　　　　　　（3）　　　　　　　（4）

图 10-4　肉制品专用探头

（1）刀具　应用领域包括香肠、面条、水果、蔬菜和其他需要剪切测试的产品。测量剪切强度、断裂强度等。

（2）检测钳口　该装置可进行模拟人的牙齿咬穿食物的测试。样品放在下钳口内，咀嚼动作由上钳口撕裂食物的下压动作实现。通过该试验可以测肉的韧性和嫩度，并可对生熟蔬菜的纤维度进行测试。

（3）工艺刀具　该装置提供了50mm宽标准可更换刀具，可以精确切割样品，由于锋利的刀，可以切非常硬、小的产品，甚至小于0.5mm厚。样品包括糖果、农业种子、坚果和许多工业产品。

（4）剪切刀具　透明前板可使刀口与样品接触位置更加精确。该附件用于对成批产品如谷物、糖渍泡菜、水果、蔬菜测试一个包括压力、剪切、挤出的混合作用。

| （1） | （2） | （3） | （4） |

图 10-5　乳酪专用探头

（1）奶油刀具　奶油刀具是一根直径 0.3mm 的金属线，用以切割 500g 的黄油。可测量块状黄油、人造黄油、乳酪的坚实度和延展性以及乳酪的稠度。

（2）冰淇淋勺　该装置通过勺子的刮挖动作测量冰激凌或类似可自我支撑的物块对此的阻力。测量稠度、强度等。

（3）锥型探头　30°、40°、45°、60°四种有机玻璃锥型探头角度，该锥型探头是倾角 30°的探头可测量块状黄油、人造黄油、乳酪的坚实度和延展性以及乳酪的稠度。

（4）柱型探头　可用于测试胶、果胶、酸乳、人造黄油，提供硬度、坚硬度和屈服点。穿刺试验可测压力和剪切力；也可对诸如黏弹性、韧度、延展性、滑顺感、回复性、可塑性、黏性进行测量、估评。

| （1） | （2） |

图 10-6　果蔬专用探头

（1）测试小室　包括一个正方形截面的试验盒，一个宽松活塞试验样品包括水果、蔬菜，对其进行挤压使之穿过固定在测试室底部的挤压板。可测蔬菜、水果挤压强度，从而判断出成熟度。

（2）针型探头　可用于样品的穿刺试验，包括水果等带硬皮的样品。可测量表皮强度、穿刺强度等数据。

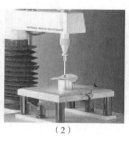

| （1） | （2） | （3） | （4） |

图 10-7　糖果、休闲食品专用探头

（1）糖果固定夹　固定夹由一个用弹簧螺栓固定着一层压盘的基盘组成。糖果由这两盘夹紧，压盘中孔暴露出测试点。用于测量糖果硬度、黏性。

（2）脆性断裂支撑台　该装置是利用球形探头的穿透测试对小食品及薯片的酥脆性进行测量。可测量脆性食品的酥脆性。

（3）三点弯曲试验　支撑长度可达 240mm。支架与压头上的辊子装置可使测试过程中的摩擦影响最小。可用于测试饼干、巧克力和包装的断裂强度以及香蕉等水果的新鲜度。

（4）批量豆粒试验　该装置由环绕锥体的 18 个锯齿状缺口组成，样品可自动滚入缺口进入测试位置。穿透试验可穿透整个豆粒，并对刺破强度和穿刺力进行测量，还可以用于测量其他豆类及糖果样品。

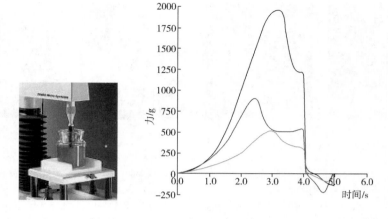

图 10 - 8　凝胶强度测试专用探头

凝胶强度测试：凝胶测试罐用于胶质试验，罐内部直径 59mm，容积为 155mL。
安装在承重平台的基座可确保容器罐快速便捷地固定在中心位置。

三、全质构分析

质构曲线解析法（Texture Profile Analysis，TPA）全称为全质构分析——模拟牙齿咀嚼两次的过程，也称为两次咀嚼测试（Two Bite Test）。1861 年，德国人设计出世界上第一台食品品质特性测定仪，用来测定胶状物的稳定程度。之后，Szczeniak 等于 1963 年确定了综合描述食品物性的"质构曲线解析法（TPA）"。从 TPA 质构曲线中，我们可以得到与人的感官评价相关的质构特性参数。TPA 质构测试通过模拟人体口腔咀嚼运动，对样品进行两次压缩，测试与微机连接，通过界面输出质地测试曲线，从中分析质构特性参数。

1. TPA 应用

TPA 测试的样品需具有一定的弹性。经过 TPA 测试，样品不会受到不可逆的损伤和破坏。进行一次全质构测试可以得出食品的脆度、硬度、弹性、黏性、咀嚼性、黏聚性、回复性等多个指标（表 10 - 1），应用广泛。

使用质构仪测试时，样品准备应以下注意事项。

（1）有些样品内部各部分的质构很均匀，而有一些样品不均匀，尽管应在没有偏差的情况下选择尽可能均一的样品，但是对很多样品来说与生俱来的内在变化问题依然存在，需要重复一定数量的试验。重复数量的多少取决于样品的差异程度，因此在物性测定的过程中为了提高可重复性，可对样品进行大量取样、取点，取其平均值，以减小标准误差。

（2）样品的形状和大小是得到可重复性结果的关键。样品具有很好的均一性，为保证每次样品处理方法的一致性，可减少因样本形状和大小等因素对结果的影响。

（3）样品在准备好之后要立刻进行测试，否则会因为失水等外界环境变动而影响试验的结果。

表 10 – 1　　　　　　　　　　　　　　　　全质构测试 TPA 参数

质构参数	脆性/g*	硬度/g	弹性	内聚性（黏聚性）	黏着性（黏）/g·s	回复性（恢复性）
感官定义	使固态食品破裂所需的力	使食品变形所需的力	食品受力发生形变，撤去外力后恢复原来状态的比率	食品内部的黏合力，即将食品内部拉合在一起的内聚力	食品表面和其他物质黏附时，剥离它们所需的力	食品在受到压缩、咀嚼后回弹的能力
感官描述	脆性	软、硬、坚硬	塑性、弹性	稀薄、黏厚	黏糊糊、发黏	恢复性
图谱表征	力/g 时间/s；若产生破裂现象，曲线第一个明显的峰值	力/g 时间/s；第一次挤压循环的最大力量峰值	力/g t_1 t_2 时间/s；第一次挤压结束后第二次挤压开始前样品恢复的高度或体积比率，t_2/t_1	力/g S_1 S_2 时间/s；第二次挤压循环的正峰面积同第一次挤压循环的正峰面积的比值，S_2/S_1	力/g S_3 时间/s；第一次挤压的负峰面积，是探头脱离样品表面所做的功，S_3	力/g S_4 S_5 时间/s；第一次压缩循环过程中返回样品所释放的弹性能与压缩时探头的耗能之比，S_5/S_4

注：*表示压缩过程中并不一定都产生破裂，在第一次压缩过程中若是产生破裂现象，曲线中出现一个明显的峰，此峰值就定义为脆性。在 TPA 质构图谱中的第一次压缩曲线中若是出现两个峰，则第一个峰定义为脆性，第二个峰定义为硬度；若是只有一个峰值，则定义为硬度，无脆性值。

2. TPA 测试的运动轨迹

TPA 测试时探头的运动轨迹：探头从起始位置开始，先以一速率压向测试样品，接触到样品的表面后再以测试速率对样品压缩一定的距离，而后返回到压缩的触发点，停留一段时间后继续向下压缩同样的距离，而后以测后速率返回到探头测前的位置。值得注意的是，样品要有弹性，TPA 测试的测前速度和测后速度应一致，探头的面积要大于样品的面积，样品下压的百分比在 20% ~90%。

3. 质构参数的定义及计算

样品外形尺寸、压缩探头、压缩程度、变形速率、压缩次数、两次压缩之间的停留间隔以及试验重复次数等，均将影响 TPA 测试的质构参数，所以，TPA 测试结果里必须注明测试条件。图 10 – 9 所示为典型 TPA 测试曲线，从最典型的全质构分析（TPA）曲线中可以获取所需的质构参数。

（1）硬度（Hardness）　最直接反应口感的一项指标，在质地剖面分析中，直接影响咀嚼性（Chewiness）、胶着性（Chewiness）及凝聚性（Cohesiveness）。在 TPA 图中，第一次下压区段内的最大力量值。

（2）脆度（Fracturability）　针对有酥脆外壳（外皮）的样品，多数样品都无法测得此参数。在 TPA 图中，即硬度之前出现的较小峰值。

（3）黏性（Adhesiveness）　样品经过加压变形之后，样品表面若有黏性，会产生负向的力量。在食品领域可以解释为黏牙性口感。在 TPA 图中，为第一个负峰的面积（A_3）或者最大值。

（4）弹性（Springiness）　食物在第一咬结束与第二口开始之间可以恢复的高度。在 TPA 图中为 T_2/T_1。

（5）咀嚼性（Chewiness）　咀嚼性被定义为胶着性×弹性。可以解释为咀嚼固体食物所需的能量。难以精确测量，因为咀嚼涉及压缩、剪切、穿刺、粉碎、撕裂、切割等，另外也与口腔状况有关（唾液分泌、体温）。这个参数主要用在固体、半固体的口感描述上。在 TPA 图中，胶着性×弹性 $= A_2/A_1 ×$ 硬度×弹性。

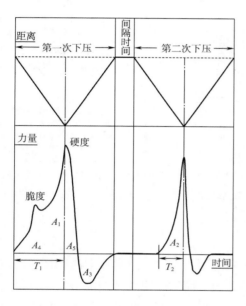

图 10 - 9　典型 TPA 测试曲线

（6）胶着性（Gumminess）　胶着性被定义为硬度×凝聚力。半固体食品的一个特点就是具有低硬度、高凝聚力。因此这项指标应该用于描述半固体食品的口感。在 TPA 图中，胶着性 $= A_2/A_1 ×$ 硬度。

（7）黏聚性（Cohesiveness）　凝聚力被定义为第一压缩与第二压缩正受力面积的比值。抗拉伸强度是凝聚力的一种体现，用于测试凝聚力较佳样品，显示探头也较容易保持干净。通常测试凝聚力相较脆性、咀嚼性和胶着性为较次要参数。在 TPA 图中，黏聚性 $= A_2/A_1$。

（8）回复性（Resilience）　韧性是一种测量样品恢复变形的指针，包括了速度和力量两方面。定义为第一下压时，形变目标之前的面积与形变目标之后的面积比值。在量测的时候需要注意样品的恢复状况，一般而言，会使用一个较慢的测试速度以保证样品有足够时间恢复。也能确保这个特性的测量准确性。在 TPA 图中，回复性 $= A_5/A_4$。

四、质构仪的应用

质构仪是食品行业中的常用方法，在乳制品厂、肉类加工厂、快餐工厂、面包房和许多企业的食品试验室中都有广泛使用。从保持谷类食物的松脆到改善黄油的可涂抹性，质构仪对确保产品的质量、开发新产品等都起到很重要的作用。质构仪提供的质构分析数据，可以为一些常见的加工问题提供有效的解决方案。

1. 产品质构参数测定

［例］番茄调味酱质构特性研究。

背景：作为一种复合调味料，番茄调味酱是以浓缩番茄酱为主要原料，添加或不添加食糖、食用盐、食醋或食用冰醋酸、香辛料以及食用增稠剂等辅料，经调配、杀菌和罐装而成。因富含可溶性糖、番茄红素和维生素 C 等多种营养成分，番茄调味酱深受消费者喜爱，且在我国的消费量呈逐年增加的趋势。番茄调味酱的色泽、滋味、质构等感官品质优劣，直接决定了消费者对产品的喜好程度。

应用：将番茄调味酱倒入样品杯中，填充大约75%，然后用直径35mm 锥形探头［图 10－1（4）］对样品进行挤压，测试条件设置可获得如下质构曲线（图10－10）。

测试模式：压缩

测试前速度：2mm/s

测试速度：1mm/s

测试后速度：10mm/s

触发力：5g

目标模式：距离30mm

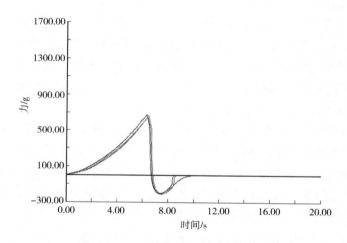

图10－10　番茄调味酱质构测试曲线

注：硬度：正峰的最大值定义为番茄调味酱的硬度；稠度：正峰的面积定义为番茄调味酱的稠度；黏聚性：最大的负峰力表明了番茄调味酱的黏聚性；黏性：负峰的面积定义为番茄调味酱的黏性。

2. 产品改进

［例1］某公司需要改进黄油产品，使之更容易涂抹。

（1）背景　脂肪和油料最关键的性能因素主要是匀质性、可塑性、稳固性和可涂抹性。黄油产品在加工过程中容易被"加工软化"而影响其涂抹性和稳固性。

（2）应用　可以利用质构仪对新工艺的产品进行涂抹性测试，通过测试数据分析这种新工艺是否达到了改良产品涂抹性的目的。可涂抹性与样品坚实度之间的关系是非常确密切的，但并不总是完全相关的。在这种情况下，试样被压入一个凹形的顶角为90°有机玻璃锥体容器中，除去内部的气囊，用刀刮出平滑的表面。一个与之精密匹配的凸锥体插入试样中，将黄油或人造黄油压向上方或外面（在45°），如图10－5（3）所示的锥形探头。试样流动的容易程度便是它可涂抹性的一项指标，这为新工艺是否改进了涂抹性提供了评估数据。

［例2］在一种薄脆饼干的配方中加入巧克力薄片并增加糖，要求该巧克力薄片薄脆

饼干和普通薄脆饼干一样有良好的脆性，没有因为配方的改变而产生不良的质构影响。

（1）背景　对消费者来说，薄脆饼干理想的质构是松脆的（但不难咬）和易碎的（但不接近碎裂）。对薄脆饼干进行的最常见的测试之一是"脆裂"测试，其目的是提供关于产品硬度的客观评估。

（2）应用　利用质构仪，将样品装在压力盒上。仪器控制探头下压，将支撑在下面两个支架上的样品折断，测定弯曲或折断产品所需要的力，如图 10－7（3）所示三点弯曲试验探头。当仪器探头下压时，首先出现的是样品出现弯曲时需要的力；当测试继续进行时，所给出的力会随着薄脆饼抵抗断裂而稳定地增大；然而，在接近某个力的时候，薄脆饼折断而这个力又迅速下降，因为探头不再遇到阻力。这也称为"三点弯折测试"。

［例3］研发高纤维的营养面包，要求添加高膳食纤维后，面包仍保持弹性。

（1）背景　消费市场要求我们在不影响食品质构吸引力的前提下，生产出更加健康的食品，即低脂肪或高纤维食品。焙烤行业可以在面包中加入附加纤维等功能性配料，如添加膳食纤维素，但是这样做有时会使面包变得太过坚硬，还会导致面包碎裂，无法引起人们的食欲。特别是消费者在选购面包时，注重的是面包的柔软度。消费者通常通过用手挤压面包以感觉面包的弹性，来检验面包的新鲜度。

（2）应用　利用质构仪测试器通过模拟消费者使用拇指与食指手动挤压面包的过程，对面包的柔软度进行科学测试。可通过探头在袋装或散装面包上测量出挤压面包时所需的力，以得出面包的弹性，如图 10－3（6）所示的压盘探头。结果显示，挤压力越小，则弹性值越高，表明面包越新鲜。加工营养型面包的厂商可通过采用这种测试方法评估出各自食品中的质构差异，以及找出由于添加营养配料所产生的问题，并进行必要调整，从而确保其食品在不降低新鲜度与质构吸引力的前提下，满足当今消费者对于保健面包的苛刻要求。

3. 成分测定

［例］质构仪不仅能够测定谷物制品的各项物性指标，反映工艺的影响、原材料的品质差异，还可以测定直链淀粉含量，建立一种简捷、准确并适合批量测试的分析方法，以检测谷物食品的品质。

（1）背景　淀粉有直链淀粉和支链淀粉两类。直链淀粉含几百个葡萄糖单元，支链淀粉含几千个葡萄糖单元。在天然淀粉中直链的占 20%～26%，它是可溶性的，其余的则为支链淀粉。利用质构仪测定直链淀粉含量具有如下优点。

① 目前，国内较常用的测定方法有碘亲和力测定法、碘显色光度法。这几种常用测定方法都是利用淀粉遇到碘试剂形成带颜色的络合物的特殊性质来进行测定的。但是，支链淀粉所产生的少量络合物也会在直链淀粉与碘试剂产生络合物的最大吸收波长处吸收少量的波长，因此需要进行空白试验校正。另外，此种方法不适合于测定不同品种间的大米淀粉样品。质构仪测定法所需的试剂较少，可省去国家标准法中配制试剂的繁琐步骤，从而保证了准确度和分析效率。直链淀粉的含量与质构仪测定的凝胶强度具有很强的线性关系。

② 质构仪对直链淀粉含量高的样品测定准确度更高。配制一份直链淀粉含量为 50% 的淀粉凝胶，用质构仪法测其直链淀粉含量，平行测定 6 次，所测平行样品 *RSD* 为 2.8%。

③ 质构仪法操作简单，经过脱脂脱蛋白处理后，只需糊化、陈化即可。方便简捷适合批量测定。

（2）应用

① 淀粉凝胶的制备：分别准确称取淀粉样品，放入直径为 4cm 的烧杯中，加入适量蒸馏水配成 10% 的淀粉乳浊液（共 40g），放入 95℃ 中水浴中加热并不断搅拌，等到淀粉液开始有黏度后，停止搅拌，并立即取出玻璃棒，保持液面平整。趁热将样品用塑料薄膜密封，再在 95℃ 水浴锅中保温 30min，取出放置冷却，再放置于 4℃ 冰箱 24h，形成稳定的淀粉凝胶。

② 淀粉凝胶强度的测定：将装有淀粉凝胶的烧杯放于凝胶强度探头（图 10 - 8）的正下方，进行挤压穿刺试验，以探头压缩样品到 4mm 的力作为凝胶强度值。测试条件如下所述。

测试模式：压缩

测试前速度：1.5mm/s

测试速度：1mm/s

测试后速度：1mm/s

触发力：5g

目标模式：距离 4mm

③ 凝胶淀粉的 TPA 测试：凝胶样品从烧杯中完整取出，切成底面积为直径 4cm、高度为 1.5cm 的圆柱形，保证表面均匀平滑。TPA 测试采用如图 10 - 1（1）柱形探头，可以测定样品的硬度、回复性、弹性、内聚性和咀嚼性等指标。测试条件设定：

测试模式：TPA 模式

测试前速度：1mm/s

测试速度：1mm/s

测试后速度：1mm/s

触发力：5g

两次下压间隔时间：5s

目标模式：比例 50%

第二节　电　子　舌

电子舌（Electronic Tongue，E - Tongue），也称智舌，又称味觉传感器或味觉指纹分析仪，是一种主要由交互敏感传感器阵列、信号采集电路、基于模式识别的数据处理方法组成的现代化定性、定量分析检测仪器。电子舌可以对酸、甜、苦、咸、鲜五种基本味进行检测，在各类食品中，如酒类、饮料、茶叶、水产品、畜产品、禽肉蛋制品、食用油、果蔬加工、乳品等，甚至制药、烟草、农残，病原微生物等，都可以进行快速检测。

电子舌是一种模拟人类味觉感受的机制，以传感器阵列检测样品的信息，结合模式识别以及专家数据库对被测样品整体品质进行分析检测的现代化仪器。电子舌检测获得的不是被测物质气味组分的定性或定量结果，而是物质中挥发性成分的整体信息，即气味的"指纹数据"。它显示了物质的气味特征，从而实现对物质气味的客观检测、鉴别和分析，非常适用于检测含有挥发性物质的气体、液体和固体样品。在酒类、饮料、茶叶、水产品、畜产品、禽蛋肉制品、蜂产品、食用油、粮食、果蔬及加工品、乳制品、调味品及发酵食品、各种汤料、香精香料、保健食品等食品的品质和质量控制方面，真假辨别，货架期和新鲜度评价，原产地保护，不同品牌、不同品种和不同加工方法样品的区分辨别，样品感官属性的定性和定量分析等方面被充分的应用。

一、电子舌工作原理

电子舌工作原理是使用类似于生物系统的材料作传感器的敏感膜，当类脂薄膜的一侧与味觉物质接触时，膜电势会发生变化，从而产生响应，检测出各类物质之间的相互关系。这种味觉传感器具有高灵敏性、可靠性、重复性，它可以对样品进行量化，同时可以对一些成分含量进行测量。

电子舌有快速、稳定、使用广泛等特点。一般来说，样品不需要任何前处理，1 ~ 3min 即可得到测试结果。有较高的灵敏度，信息量丰富，对于有腐蚀性的样品或油脂类样品，如白酒、食用油等，都可以直接进行检测。它主要由三个结构部分组成：①传感器阵列；②信号激发采集系统；③多元数理统计系统。电子舌系统及其模拟图如图 10 – 11 所示。传感器阵列相当于生物系统的舌头，信号激发采集系统、多元数理统计系统如同生物体的大脑运算方式。

电子舌系统不同于其他的物理化学检测系统，概括说来，电子舌系统的特点有以下四点。

（1）测试对象为溶液化样品，采集的信号为溶液特性的总体响应强度，而非某个特定组分浓度的响应信号。

（2）传感器阵列采集的原始信号，要通过数学方法处理，才能够区分不同被测对象的属性差异。

（3）它所描述的特征与生物系统的味觉不是同一概念。

（4）电子舌重点不是在于测出检测对象的化学组成、各个组分的浓度量以及检测限的高低，而是在于反映检测对象之间的整体特征差异性，并且能够进行辨识。

二、主成分分析

从传感器采集的数据一般采用多元数理统计方式进行分析识别，常使用的多元统计技术主要有主成分分析、判别分析、聚类分析和回归分析等。此外，还包括在模糊数学、神经网络等基础上开创的一些新方法，用于解决一些与感官评价相关的不确定、不精确及非线性等问题。其中，主成分分析能够用于多指标产品，可以按照事物的相似性区分产品，结果可用一维、二维或三维平面坐标图标示，特别直观。使用主成分分析法可以研究隐藏

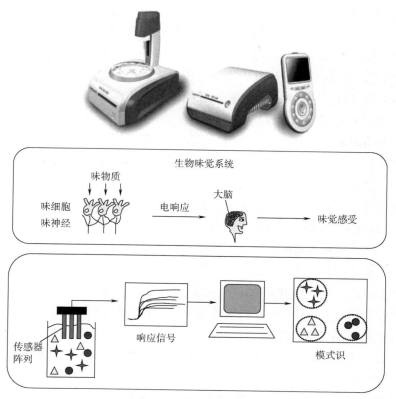

图 10 – 11　电子舌系统及其模拟图

在不同变量背后的关系，而且根据这些变量能够获得主成分的背景解释。

1. 主成分分析的基本原理

在统计学中，主成分分析（Principal Components Analysis，PCA）是一种简化数据集的技术。它是一个线性变换，这个变换可把数据变换到一个新的坐标系统中，使得任何数据投影的第一大方差在第一个坐标（称为第一主成分）上，第二大方差在第二个坐标（第二主成分）上，依次类推。通过正交变换将一组可能存在相关性的变量转换为一组线性不相关的变量，转换后的这组变量叫主成分。主成分分析经常用减少数据集的维数，同时保持数据集的对方差贡献最大的特征。这是通过保留低阶主成分，忽略高阶主成分做到的。这样低阶成分往往能够保留住数据的最重要方面。

主成分分析是考察多个变量间相关性的一种多元统计方法，研究如何通过少数几个主成分来揭示多个变量间的内部结构，即从原始变量中导出少数几个主成分，使它们尽可能多地保留原始变量的信息，且彼此间互不相关。通常数学上的处理就是将原来 P 个指标作线性组合，作为新的综合指标。经典的做法为用 F1（选取的第一个线性组合，即第一个综合指标）的方差来表达，即 Var（F1）越大，F1 包含的信息越多。因此在所有的线性组合中选取的 F1 应该是方差最大的，故称 F1 为第一主成分。如果第一主成分不足以代表原来 P 个指标的信息，再考虑选取 F2 即选第二个线性组合。为了有效地反映原来信息，

F1 已有的信息就不需要再出现在 F2 中了，用数学语言表达就是要求 Cov（F1，F2）＝0，则称 F2 为第二主成分，依此类推可以构造出第三、第四，……，第 P 个主成分。

目前有很多软件可以对数据进行主成分分析，如 SAS、SPSS 等经典统计学软件、R 语言、MATLAB 等数学分析软件。因此，完成主成分分析并不困难，重要的是需要正确理解主成分分析的结果并且了解它对数据挖掘以及模式识别的影响。

2. 主成分分析的应用

以不同品牌啤酒风味差异性评价为例，说明主成分分析法的应用。啤酒是含酒精的饮料酒，啤酒的风味是人们选择啤酒的主要影响因素，其风味物质主要为醛、醇及酯类等。为分析竞争啤酒受市场欢迎的原因，各啤酒企业可以对啤酒的风味成分进行分析。理论上讲，分析的成分越多，获得的信息量越大，但是，很难从总体上进行对比分析。这时，可以通过主成分分析法，提取主要的综合成分，然后在平面坐标系中画图进行比较。

图 10 - 12（1）所示为我国市场上主要啤酒的风味物质经主成分分析后的前两个主成分的平面坐标。经毛细管气相色谱仪测定的风味成分有乙醛、乙酸乙酯、异丁酯、乙酸异戊酯、异戊醇及己酸乙酯。这些数据通过主成分分析法后，提取前两个主成分，这两个主成分可以反映全部信息的 83.1 %，提取较为完全，这说明这两个主成分可替代原始的 6 个风味成分反映的样品信息。图 10 - 12（2）所示为前两个主成分的因子荷载图，从图中可以看到：主成分 1 主要由乙酸乙酯、乙酸异戊酯和己酸乙酯决定，这些酯含量高，主成分 1 就越大，即主成分 1 代表了啤酒的酯香度，酯香越浓，主成分 1 就越大；主成分 2 主要由乙醛、异丁醇和异戊醇决定，这些成分能够代表啤酒的"酒劲"大小，这些成分含量越高，主成分 2 就越大，即啤酒的酒味就越重。

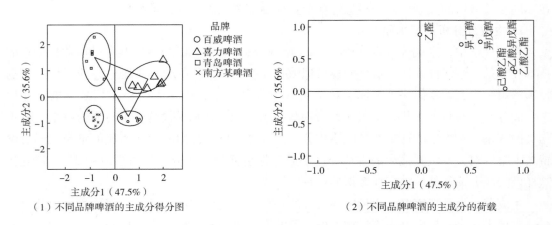

（1）不同品牌啤酒的主成分得分图　　　　（2）不同品牌啤酒的主成分的荷载

图 10 - 12　主成分分析法在不同品牌啤酒风味差异性评价中的应用

同时，感官评价员对几种啤酒评价结果表明：百威啤酒是酒味适中和酯香相对较浓的"浓香型"啤酒，喜力啤酒是酒味和酯香均较浓的"浓醇型"啤酒，青岛啤酒是酒味较重而酯香较弱的"醇型"啤酒，而某品牌的啤酒则是酒味和酯香均弱的"淡型"啤酒。

结合感官评价数据表明，主成分分析法运用在品牌啤酒风味差异性的分析中，能确定啤酒组成成分与风味的关系以及不同啤酒的风味差异性。

<h2 style="text-align:center">三、电子舌的应用</h2>

1. 基本味

电子舌可区分基本味，如酸、甜、咸、鲜等，如图 10 – 13 所示。另外，如果基本味的呈味物质不一样，电子舌也可以对某一味道的成分做出区分和鉴别。例如，对于甜味，不同的物质在人的味觉里所感觉到的都是甜味，较难辨认出是什么物质呈甜味，电子舌可以灵敏感受出不同的甜（图 10 – 14），甚至是各种甜味混合的味道。同样，电子舌也可以辨别除了甜味之外的酸、咸、苦等的不同呈味物质。

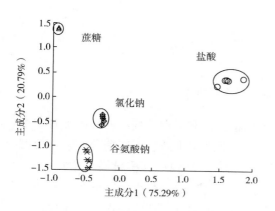

图 10 – 13　电子舌对基本味的区分

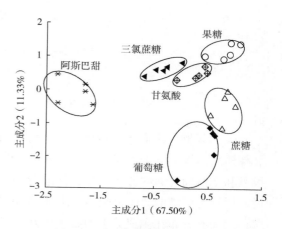

图 10 – 14　电子舌对甜味的区分

2. 物质浓度

电子舌可以区分味觉的物质浓度，不同的溶液浓度将通过传感器输出的电信号转换成味质或味刺激强度，两者关系符合 Weber – Fechner 定律，如图 10 – 15 所示。

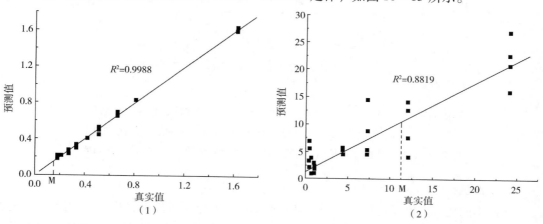

图 10 – 15　不同盐酸（1）、蔗糖（2）浓度与刺激强度的关系（定量分析）

注：M 点代表人的味觉阈值

3. 酒类

（1）啤酒　电子舌用于对啤酒的区分识别，得出不同品牌的啤酒分别聚类在 PCA 图中的不同区域，相互之间能够较好地区分，其中 C 和 D 两个样品比较接近，区分程度稍差（图 10-16），证明电子舌可用于不同品牌啤酒的区别和识别。电子舌可以用于在各种酒类品种的区分、质量控制以及真假辨识中。

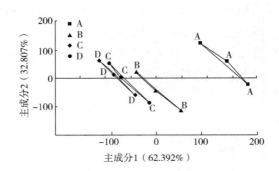

图 10-16　电子舌区分不同品牌的啤酒 PCA 图

（2）果酒　选取干红樱桃酒、干红葡萄酒、干白樱桃酒和干白葡萄酒四种酒类各 2 个品牌样品。根据电子舌在果酒口感分析上的应用，得出干红樱桃酒、干红葡萄酒、干白樱桃酒和干白葡萄酒的各 2 个品牌样品分别聚在一起，如 2 个品牌干红樱桃酒聚集在一起，说明同种类型酒的 2 个品牌样品风味差异不大。另外，葡萄酒及樱桃酒分布在不同的区域，葡萄酒分布在主成分 1 的右半部分，樱桃酒分布在左半部分，这说明电子舌可以用于识别不同果酒的口感（图 10-17）。

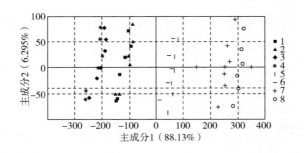

图 10-17　电子舌区分干红樱桃酒（二种品牌）、干红葡萄酒（二种品牌）、
干白樱桃酒（二种品牌）和干白葡萄酒（二种品牌）的 PCA 图
1、2 为干红樱桃酒，3、4 为干白樱桃酒，5、6 为干红葡萄酒，7、8 为干白葡萄酒

4. 水产品

（1）不同鱼种　电子舌用于不同品种鱼肉的检测，电子舌能够良好地呈现淡水鱼、海水鱼两类鱼品质的差异性。淡水鱼和海水鱼的主成分得分值的分布区域具有明显的分界，同时还能够反应不同淡水鱼或不同海水鱼之间的差异性（图 10-18）。

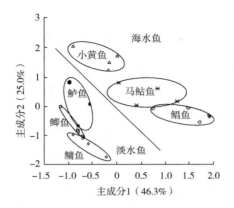

图 10-18　电子舌区分不同鱼类 PCA 图

（2）区分储藏时间　电子舌可以区分不同储藏时间的鲈鱼（图 10-19），成为评价鱼体的品质稳定性和货架期方面的得力助手。

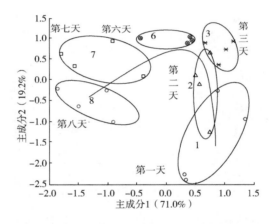

图 10-19　电子舌区分不同储藏时间的鲈鱼

5. 乳制品

（1）乳制品中抗生素检测　通过电子舌检测乳粉中抗生素残留，可将未添加抗生素的乳粉溶液和添加抗生素的乳粉溶液在主成分图上很好地区分开来。而且不同种类的抗生素之间，相互距离越远，差异性越大。新霉素与其他的抗生素之间差异最大，林可霉素和大观霉素差异较小，金霉素和大观霉素差异较大（图 10-20）。

（2）掺假检测　通过电子舌在掺假牛乳中的快速检测，可得出各种牛乳样品的各自分布区域。另外，纯牛乳和掺水牛乳、掺外来脂肪牛乳和掺糖牛乳分别靠得比较近，这说明它们之间的差异比较小。主成分分析结果表明电子舌可用于掺假牛乳的快速检测（图10-21）。

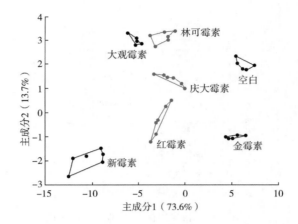

图 10 - 20　相同质量浓度（500 μg/L）的 6 种抗生素 - 乳粉溶液的主成分分析图

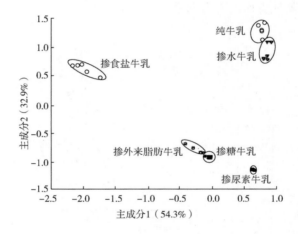

图 10 - 21　纯牛乳和 5 种不同形式的掺假牛乳的主成分分析图

6. 微生物的检测

电子舌可识别不同的致病弧菌以及微生物的生长情况，适合水产品微生物检测，如图 10 - 22 和图 10 - 23 所示。

7. 电子舌应用存在的问题

各种各样的电子舌，除在食品工业中应用外，还有许多潜在的应用领域，如环境检测、医疗卫生、药品工业、安全保障、公安与军事等。但电子舌也存在一些问题。

首先，传感器具有选择性和限制性，电子舌往往有一定的适应性，不可能适应所有检测对象，即没有通用的电子舌。所以应大力研发针对特定食品的专用电子舌，可提供感官检测的精度并提高电子舌的使用寿命。

其次，食品的种类很多，其芳香成分不一样，要求采用多种模式识别与比较系统，以提高检测精度。

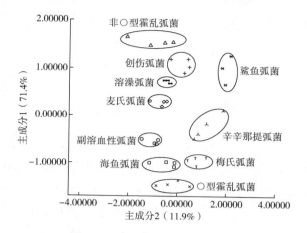

图 10-22　电子舌区分水产品上不同的致病弧菌

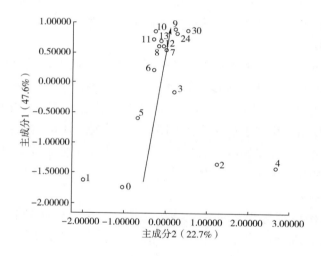

图 10-23　电子舌评价水产品上金黄色葡萄球菌的生长情况

注：图中数字表示金黄色葡萄球菌生长天数。

　　第三，检测环境的不同和在检测过程中温度、湿度等条件的变化，会使传感器响应特性有所不同。这就要求对电子舌的传感器周围温、湿度严格控制，或者在检测中至少允许进行温、湿度补偿，这在一定程度上增加了检测的繁琐性。

　　第四，在一些用途上，若要进行水果与蔬菜的野外检测，就应改进电子舌的结构设计，达到较好的便携性。研究开发便携式、掌上型的电子舌系统，实现快速方便的在线检测是电子舌研究的一个重要方向。

　　第五，对于一些固态食品，样品往往要经过预处理，如果蔬、肉品等，预处理过程中肯定会引入误差。因此对于不同的固态食品，应用电子舌进行检测分析应该有一套预处理标准。电子舌在液体检测方面有一定的优势，在固体食品味道检测方面还需进一步探索。

随着现代科学技术和理念的不断发展，电子舌技术作为一个新兴技术必将逐步走向实用。

第三节 电 子 鼻

电子鼻（Electronic Nose）也称智鼻，是一种 20 世纪 90 年代发展起来的新颖的分析、识别和检测复杂嗅味及大多数挥发性成分的仪器，是由一定选择性的电化学传感器阵列和适当的图像识别装置组成的仪器，能够识别单一的或复合的气味，还能够用于识别单一成分的气体/蒸汽或其他混合物。它与普通化学分析仪器，如色谱仪、光谱仪、毛细管电泳仪等不同，得到的不是被测样品中某种或某几种成分的定性与定量结果，而是得出样品中挥发成分的整体信息，也称"指纹"数据。这与人和动物的鼻子一样，"闻到"的是目标物的总体气息。电子鼻采取多传感器交互敏感的设计理念，使得分析检测对象表现出物质的综合本质属性，再结合对应的多元统计分析技术，从物质的特征图谱入手，实现了样品的在线、实时、快速检测。

电子鼻的检测对象主要是挥发性的风味物质。当一种或多种风味物质经过电子鼻时，该风味物质的"气味指纹"可以被传感器感知，并经过特殊的智能模式识别算法提取。利用不同风味物质的不同"气味指纹"信息，就可以来区分、辨识不同的气体样本。另外，某些特定的风味物质恰好可以表征样品在不同的原料产地、不同的收获时间、不同的加工条件、不同存放环境等多变量影响下的综合质量信息。电子鼻非常适用于检测含有挥发性物质的液体、固体样品。电子鼻技术是对电子舌技术的一种传承与创新，也是对整个智能感官技术的丰富与补充。

常见的电子鼻按原理分为金属氧化物传感器类、电化学传感器类、石英振荡天平QCM 类、表面声波 SAW 类、气相色谱类、质谱类、光谱类以及其他。

一、电子鼻工作原理

金属氧化物传感器电子鼻是利用多个具有不同性质的金属氧化物半导体传感器组合成传感器阵列，结合特定的智能自学习、自辨识模式识别算法构建的一类智能嗅觉仿生系统。它主要由三个结构部分组成：①传感器阵列；②气体进样及采样装置系统；③智能模式识别软件系统，如图 10 - 24 所示。

电子鼻识别气味的主要机理是在阵列中的每个传感器对被测气体都有不同的灵敏度，如一号气体可在某个传感器上产生高响应，而对其他传感器则是低响应，同样，二号气体产生高响应的传感器对一号气体则不敏感。归根结底，整个传感器阵列对不同气体的响应图案是不同的，正是这种区别才使系统能根据传感器的响应图案来识别气味。

常见的电子鼻类型主要有气相型、金属氧化物型、光传感型等。当前最流行的要数金属氧化物型，其主要应用在食品、烟草、发酵、香精香料生产、环境恶臭分析等领域。

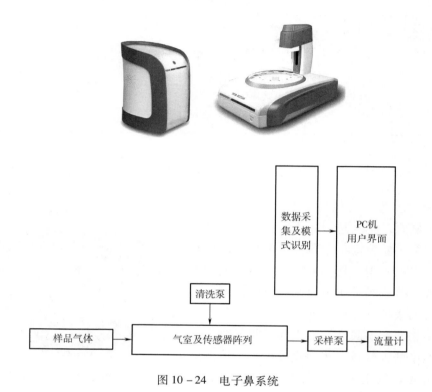

图 10 - 24　电子鼻系统

二、电子鼻传感器阵列

电子鼻设计思想源自于生物感受嗅觉的机制。电子鼻系统中的传感器阵列即相当于生物系统中的鼻子，可感受不同的风味物质，采集各种不同的信号信息输入电脑，电脑代替了生物系统中的大脑功能，通过软件进行分析处理，对不同的风味物质进行区分辨识，最后给出各个物质的感官信息。传感器阵列中每个独立的传感器仿佛鼻腔内的嗅觉细胞一样，具有交互敏感作用，即一个独立的传感器并非只感受一种风味物质，而是感受一类风味物质，并且在感受某类特定的风味物质的同时，还可感受另一部分其他性质的风味物质。

传统的气体传感器设计往往借助特异性传感器感受某种特定的物质，例如，乙醇传感器、二氧化碳传感器等，它们在某些特定的领域发挥了很好的应用效果。然而，当检测食品等复杂非均一的体系时，食品的风味成分物质互相交织、种类繁多，由单一传感器组成的系统往往无法反映被测样品整体特征信息。特别是无法反应多种风味物质的叠加信息量，这时就需要借助交互敏感多传感器阵列构建的检测系统，这样的系统被称为电子鼻系统。电子鼻气敏传感器阵列，如表 10 - 2 所示。

表 10 – 2 智鼻气敏传感器阵列列表

传感器	敏感成分	传感器	敏感成分
S1	酒精、芳香族化合物类	S5	碳氢化合物
S2	氮氧化合物类	S6	硫化物类
S3	氨类	S7	乙醇、甲醇类
S4	氢气	S8	烷烃

三、气体进样装置

气体进样装置主要包括微型真空泵、气室、流量计、电磁阀、节流阀、过滤器、空气净化装置等。真空泵主要负责将气体输送至装有传感器的气室中。电磁阀用于切换采样泵与清洗泵，防止气体倒灌。节流阀可用来控制气体的流量，流量计可直观的表征气流的速度。过滤器可防止气体中的尘埃物质影响真空泵的工作。空气净化装置可将环境中的大气进一步净化提纯，用于系统的清洗、标定、校正工作。电子鼻气室模拟图，如图 10 – 25 所示。

图 10 – 25 气室模拟图

四、电子鼻的应用

电子鼻是利用气体传感器阵列的响应图案来识别气味的电子系统，它可以在几小时、几天甚至数月的时间内连续地、实时地监测特定位置的气味状况。此外，电子鼻技术响应时间短、检测速度快，不像其他仪器，如气相色谱传感器、高效液相色谱传感器需要复杂的预处理过程。电子鼻测定评估范围广，它可以用来检测各种不同种类的食品，并且能避免人为误差，重复性好，还能检测一些人鼻不能检测的气体，如毒气或一些刺激性气体。它在许多领域尤其是食品行业发挥着越来越重要的作用。目前，在图形认知设备的帮助下，电子鼻的特异性被大大提高，传感器材料的发展也促进了其重复性的提高，并且随着生物芯片、生物技术的发展和集成化技术的提高及纳米材料的应用，电子鼻将会具有更广阔的应用前景。

1. 果蔬

成熟期番茄的电子鼻检测分析如图 10 – 26 所示。成熟番茄在储藏第 1 ~ 6 天中，图中分布的区域比较接近（其挥发物组成成分的改变不是很大）；在储藏第 7 ~ 11 天中，分布的区域也比较接近，且均位于分析图的上方（其挥发物组成成分也较接近）。储藏第 1 ~ 6 天、储藏第 7 ~ 11 天、储藏第 14 ~ 17 天可以较好地进行区分。这也符合番茄在采后的呼吸强度变化。成熟期的番茄在储藏第 1～6 天中，番茄果实的呼吸强度逐渐加强，但变化较小；在储藏第 7 天进入呼吸跃变，在储藏第 11 天达到呼吸高峰；在储藏第 14～17 天中，呼吸强度又逐步下降。

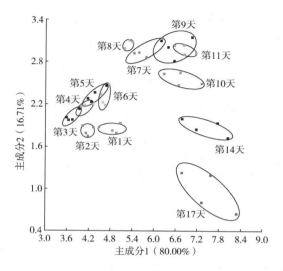

图 10 - 26　电子鼻检测分析成熟期番茄

2. 饮料

可乐饮料经电子鼻检测，在样品未经处理时，三类样品的数据点分布均比较离散，且各类样品相互重叠难以区分。样品经碳酸钠干燥处理后，三类样品的数据点分布比较集中，且相互分离，易于区分（图 10 - 27）。

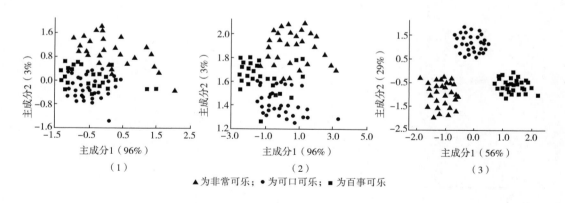

▲为非常可乐；●为可口可乐；■为百事可乐

图 10 - 27　三种可乐样品的 PCA 图

（1）未经任何预处理的样品　（2）经 EDU 处理的样品　（3）经碳酸钠粉末干燥的样品

3. 畜禽类

通过电子鼻检测鸡肉的新鲜度，电子鼻输出信号的特征值会随鸡肉样品保存温度的升高而增加，也会随保存时间的延长而增加。初步试验研究表明，在不同试验条件下，当鸡肉挥发性成分发生变化时，电子鼻可检测到这些变化（图 10 – 28）。

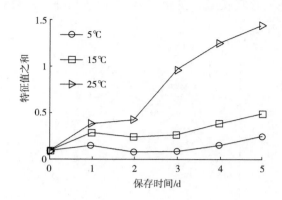

图 10 – 28　不同保存温度鸡肉样品电子鼻输出特征值之和与保存时间的关系

Q 思 考 题

1. 质构仪的工作原理是什么，质构仪可以应用于哪些食品加工领域？
2. 质构仪不同检测探头的适用范围不同，试举例。
3. 什么是全质构分析 TPA？试画出典型 TPA 测试曲线并说明如何获取其质构参数。
4. 电子舌的工作原理是什么？
5. 电子舌可以应用于哪些领域，有何优缺点？
6. 电子鼻的工作原理是什么，其传感器阵列起什么作用？

附　　录

附录一　　　　　　　　　　　　　　　　　　　χ^2分布表

n'	P												
	0.995	0.99	0.975	0.95	0.9	0.75	0.5	0.25	0.1	0.05	0.025	0.01	0.005
1	…	…	…	…	0.02	0.1	0.45	1.32	2.71	3.84	5.02	6.63	7.88
2	0.01	0.02	0.02	0.1	0.21	0.58	1.39	2.77	4.61	5.99	7.38	9.21	10.6
3	0.07	0.11	0.22	0.35	0.58	1.21	2.37	4.11	6.25	7.81	9.35	11.34	12.84
4	0.21	0.3	0.48	0.71	1.06	1.92	3.36	5.39	7.78	9.49	11.14	13.28	14.86
5	0.41	0.55	0.83	1.15	1.61	2.67	4.35	6.63	9.24	11.07	12.83	15.09	16.75
6	0.68	0.87	1.24	1.64	2.20	3.45	5.35	7.84	10.64	12.59	14.45	16.81	18.55
7	0.99	1.24	1.69	2.17	2.83	4.25	6.35	9.04	12.02	14.07	16.01	18.48	20.28
8	1.34	1.65	2.18	2.73	3.40	5.07	7.34	10.22	13.36	15.51	17.53	20.09	21.96
9	1.73	2.09	2.70	3.33	4.17	5.90	8.34	11.39	14.68	16.92	19.02	21.67	23.59
10	2.16	2.56	3.25	3.94	4.87	6.74	9.34	12.55	15.99	18.31	20.48	23.21	25.19
11	2.60	3.05	3.82	4.57	5.58	7.58	10.34	13.7	17.28	19.68	21.92	24.72	26.76
12	3.07	3.57	4.40	5.23	6.30	8.44	11.34	14.85	18.55	21.03	23.34	26.22	28.3
13	3.57	4.11	5.01	5.89	7.04	9.30	12.34	15.98	19.81	22.36	24.74	27.69	29.82
14	4.07	4.66	5.63	6.57	7.79	10.17	13.34	17.12	21.06	23.68	26.12	29.14	31.32
15	4.60	5.23	6.27	7.26	8.55	11.04	14.34	18.25	22.31	25.00	27.49	30.58	32.8
16	5.14	5.81	6.91	7.96	9.31	11.91	15.34	19.37	23.54	26.30	28.85	32	34.27
17	5.70	6.41	7.56	8.67	10.09	12.79	16.34	20.49	24.77	27.59	30.19	33.41	35.72
18	6.26	7.01	8.23	9.39	10.86	13.68	17.34	21.6	25.99	28.87	31.53	34.81	37.16
19	6.84	7.63	8.91	10.12	11.65	14.56	18.34	22.72	27.20	30.14	32.85	36.19	38.58
20	7.43	8.26	9.59	10.85	12.44	15.45	19.34	23.83	28.41	31.41	34.17	37.57	40
21	8.03	8.90	10.28	11.59	13.24	16.34	20.34	24.93	29.62	32.67	35.48	38.93	41.4
22	8.64	9.54	10.98	12.34	14.04	17.24	21.34	26.04	30.81	33.92	36.78	40.29	42.8
23	9.26	10.20	11.69	13.09	14.85	18.14	22.34	27.14	32.01	35.17	38.08	41.64	44.18
24	9.89	10.86	12.4	13.85	15.66	19.04	23.34	28.24	33.2	36.42	39.36	42.98	45.56
25	10.52	11.52	13.12	14.61	16.47	19.94	24.34	29.34	34.38	37.65	40.65	44.31	46.93
26	11.16	12.20	13.84	15.38	17.29	20.84	25.34	30.43	35.56	38.89	41.92	45.64	48.29
27	11.81	12.88	14.57	16.15	18.11	21.75	26.34	31.53	36.74	40.11	43.19	46.96	49.64
28	12.46	13.56	15.31	16.93	18.94	22.66	27.34	32.62	37.92	41.34	44.46	48.28	50.99
29	13.12	14.26	16.05	17.71	19.77	23.57	28.34	33.71	39.09	42.56	45.72	49.59	52.34
30	13.79	14.95	16.79	18.49	20.60	24.48	29.34	34.8	40.26	43.77	46.98	50.89	53.67
40	20.71	22.16	24.43	26.51	29.05	33.66	39.34	45.62	51.8	55.76	59.34	63.69	66.77
50	27.99	29.71	32.36	34.76	37.69	42.94	49.33	56.33	63.17	67.50	71.42	76.15	79.49
60	35.53	37.48	40.48	43.19	46.46	52.29	59.33	66.98	74.40	79.08	83.3	88.38	91.95
70	43.28	45.44	48.76	51.74	55.33	61.70	69.33	77.58	85.53	90.53	95.02	100.42	104.22
80	51.17	53.54	57.15	60.39	64.28	71.14	79.33	88.13	96.58	101.88	106.63	112.33	116.32
90	59.20	61.75	65.65	69.13	73.29	80.62	89.33	98.64	107.56	113.14	118.14	124.12	128.3
100	67.33	70.06	74.22	77.93	82.36	90.13	99.33	109.14	118.5	124.34	129.56	135.81	140.17

附录二

Kramer 检定表（顺位检验法检验表，α=5%）

评价员数(n)	样品数(m)													
	2	3	4	5	6	7	8	9	10	11	12	13	14	15
2	—	—	—	—	—	—	—	—	—	—	—	—	—	—
	—	—	—	3~9	3~11	3~13	4~14	4~16	4~18	5~19	5~21	5~23	5~25	6~26
3	—	—	—	4~14	4~17	4~20	4~23	5~25	5~28	5~31	5~34	5~37	5~40	6~42
	—	4~8	4~11	5~13	6~15	6~18	7~20	8~22	8~25	9~27	10~29	10~32	11~34	12~36
4	—	5~11	5~15	6~18	6~22	7~25	7~29	8~32	8~36	8~40	9~43	9~47	10~50	10~54
	—	5~11	6~14	7~17	8~20	9~23	10~26	11~29	13~31	14~34	15~37	16~40	17~43	18~46
5	—	6~14	7~18	8~22	9~26	9~31	10~35	11~39	12~43	12~48	13~52	14~56	14~61	15~65
	6~9	7~13	8~17	10~20	11~24	13~27	14~31	15~35	17~38	18~42	20~45	21~49	23~52	24~56
6	7~11	8~16	9~21	10~26	11~31	12~36	13~41	14~46	15~51	17~55	18~60	19~65	19~71	20~76
	7~11	9~15	11~19	12~24	14~28	16~32	18~36	20~40	21~45	23~49	25~53	27~57	29~61	31~65
7	8~13	10~18	11~24	12~30	14~35	15~41	17~46	18~52	19~58	21~63	22~69	23~75	25~80	26~86
	8~13	10~18	13~22	15~27	17~32	19~37	22~41	24~46	26~51	28~56	30~61	33~65	35~70	37~75
8	9~15	11~21	13~27	15~33	17~39	18~46	20~52	22~58	24~64	25~71	27~77	29~83	30~90	32~96
	10~14	12~20	15~25	17~31	20~36	23~41	25~47	28~52	31~57	33~63	36~68	39~73	41~79	44~84
9	11~16	13~23	15~30	17~37	19~44	22~50	24~57	26~64	28~71	30~78	32~85	34~92	36~99	38~106
	11~16	14~22	17~28	20~37	23~40	26~46	29~52	32~58	35~64	38~70	41~76	45~81	48~87	51~93
10	12~18	15~25	17~33	20~40	22~48	25~55	27~63	30~70	32~78	34~86	37~93	39~101	41~109	44~116
	12~18	16~24	19~31	23~37	26~44	30~50	33~57	37~63	40~70	44~76	47~83	51~89	54~96	57~103
11	13~20	16~28	19~36	22~44	25~52	28~60	31~68	34~76	36~85	39~93	42~101	45~109	47~118	50~126
	14~19	18~26	21~34	25~41	29~48	33~56	37~62	41~69	45~76	49~83	53~90	57~97	60~105	64~112
12	15~21	18~30	21~39	25~47	28~56	31~65	34~74	38~82	41~91	44~100	47~109	50~118	53~127	56~136
	15~21	19~29	24~36	28~44	32~52	37~59	41~67	45~75	50~82	54~90	58~98	63~105	67~113	71~121

n														
13	16~23	20~32	24~41	27~51	31~60	35~69	38~79	42~88	45~98	49~107	52~117	56~126	59~136	62~146
	17~22	21~31	26~39	30~47	35~56	40~64	45~72	50~80	54~89	59~97	64~105	69~113	74~121	78~130
14	17~25	22~34	26~44	30~54	34~64	38~74	42~84	46~94	50~104	54~114	57~125	61~135	65~145	69~155
	18~24	23~33	28~42	33~51	38~60	44~68	49~77	54~86	59~95	65~103	70~112	75~121	80~130	85~139
15	19~26	23~37	28~47	32~58	37~68	41~79	46~89	50~100	54~111	58~122	63~132	67~143	71~154	75~165
	19~26	25~35	30~45	36~54	42~63	47~73	53~82	59~91	64~101	70~110	75~120	81~129	87~138	92~148
16	20~28	25~39	30~50	35~61	40~72	45~83	49~95	54~106	59~119	63~129	68~140	73~151	77~163	82~174
	21~27	27~37	33~47	39~57	45~67	51~77	57~87	63~97	69~107	75~117	81~127	87~137	93~147	100~156
17	22~29	27~41	32~53	38~64	43~76	48~88	53~100	58~112	63~124	68~136	73~148	78~160	83~172	88~184
	22~29	28~40	35~50	41~61	48~71	54~82	61~92	67~103	74~113	81~123	87~134	94~144	100~155	107~165
18	23~31	29~43	34~56	40~68	46~80	51~93	57~105	62~118	68~130	73~143	79~155	84~168	90~180	95~193
	24~30	30~42	37~53	44~64	51~75	58~86	65~97	72~108	79~119	86~130	93~141	100~152	107~163	114~174
19	24~33	30~46	37~58	43~71	49~84	55~97	61~110	67~123	73~136	78~150	84~163	90~176	96~189	102~202
	25~32	32~44	39~56	47~67	54~79	62~90	69~102	76~114	84~125	91~137	99~148	106~160	114~171	121~183
20	26~34	32~48	39~61	45~75	52~88	58~102	65~115	71~129	76~143	83~157	90~170	96~184	102~198	108~212
	26~34	34~46	42~58	50~70	57~83	65~95	73~107	81~119	89~131	97~143	105~155	112~168	120~180	128~192
21	27~36	34~50	41~64	48~78	55~92	62~106	68~121	75~135	82~149	89~163	95~178	102~192	108~200	115~221
	28~35	36~48	44~61	52~74	61~86	69~99	77~112	86~124	94~137	102~150	110~163	119~175	127~188	135~201
22	28~36	36~52	43~67	51~81	58~96	65~110	72~126	80~140	87~155	94~170	101~185	108~200	115~215	122~230
	29~37	38~50	46~64	55~77	64~90	73~103	81~117	90~130	99~143	108~156	116~170	125~183	134~196	143~209
23	30~38	38~54	46~69	53~85	61~100	69~115	76~131	84~146	91~162	99~177	106~193	114~208	121~224	128~240
	31~41	40~52	49~66	58~80	67~94	76~108	85~122	95~135	104~149	113~163	122~177	131~191	141~204	150~218

续表

评价员数 (n)	样品数 (m)													
	2	3	4	5	6	7	8	9	10	11	12	13	14	15
24	31~41	40~56	48~72	56~88	64~104	72~120	80~136	88~152	96~168	104~184	112~200	120~216	127~233	135~249
	32~40	41~55	51~69	61~83	70~98	80~112	90~126	99~141	109~155	119~169	128~184	138~198	147~213	157~227
25	33~42	41~59	50~75	59~91	67~108	76~124	84~141	92~158	101~174	109~191	117~208	126~224	134~241	142~258
	33~42	43~57	53~72	63~87	73~102	84~116	94~131	104~146	114~161	124~176	134~191	144~206	154~221	164~236
26	33~42	43~61	52~78	61~95	70~112	79~129	88~146	97~163	106~180	114~198	123~215	132~232	140~250	149~267
	35~43	45~59	56~74	66~90	77~105	87~121	98~136	108~152	119~167	129~183	140~198	151~213	161~229	172~244
27	35~46	45~63	55~80	64~98	73~116	83~133	92~151	101~169	110~187	119~205	129~222	138~240	147~258	156~276
	36~45	47~61	58~77	69~93	80~109	91~125	102~141	113~157	124~173	135~189	146~205	157~221	168~237	179~253
28	37~47	47~56	57~83	67~101	76~120	86~138	96~156	106~174	115~193	125~211	134~230	144~248	153~267	162~286
	38~46	49~63	60~80	72~96	83~113	95~129	106~146	118~162	129~179	140~196	152~212	163~229	175~245	186~262
29	38~49	49~67	59~86	69~105	80~123	90~142	100~161	110~180	120~199	130~218	140~237	150~256	160~275	169~295
	39~48	51~65	63~82	74~100	86~117	98~134	110~151	122~168	134~185	146~202	158~219	170~236	182~253	194~270
30	40~50	51~69	61~89	72~108	83~127	93~147	104~166	114~186	125~205	135~225	145~245	156~264	166~284	176~304
	41~49	53~67	65~85	77~103	90~120	102~138	114~156	127~173	139~191	151~209	164~226	176~244	189~261	201~279
31	41~51	52~72	64~91	75~111	86~131	97~151	108~171	119~191	130~211	140~232	151~252	162~272	173~292	183~313
	42~51	55~69	67~88	80~106	93~124	106~142	119~160	131~179	144~197	157~215	170~233	183~251	196~269	208~288
32	42~54	54~74	66~94	77~115	89~135	100~156	112~176	123~197	134~218	146~238	157~259	168~280	179~301	190~322
	43~53	56~72	70~90	83~109	96~128	109~147	123~165	136~184	149~203	163~221	176~240	189~259	202~278	216~296
33	44~55	56~76	68~97	80~118	92~139	104~160	116~181	128~202	139~224	151~245	163~266	174~288	186~309	197~331
	45~54	58~74	72~93	86~112	99~132	113~151	127~176	141~189	154~209	168~226	182~247	196~266	209~286	223~305
34	45~57	58~78	70~100	83~121	95~143	108~164	120~186	132~208	144~230	156~252	168~274	180~296	192~318	204~340
	46~56	60~76	74~96	88~116	103~135	117~155	131~175	145~195	159~215	174~234	188~254	202~274	216~294	231~313
35	47~58	60~80	73~102	86~124	98~147	111~169	124~191	136~214	149~236	161~259	174~281	186~304	199~326	211~349
	48~57	62~78	77~98	91~119	106~139	121~159	135~180	150~200	165~220	179~241	194~261	209~281	223~302	238~322
36	48~60	62~82	75~105	88~128	102~150	115~173	128~196	141~219	154~242	167~265	180~288	193~311	205~335	318~358
	49~59	64~80	79~101	94~112	109~143	124~164	139~185	155~205	170~226	185~247	200~268	215~289	230~310	245~331

附录三

Kramer 检定表（顺位检验法检验表，$\alpha = 1\%$）

评价员数 (n)	样品数 (m)													
	2	3	4	5	6	7	8	9	10	11	12	13	14	15
2	—	—	—	—	—	—	—	—	3~19	3~21	3~23	3~26	3~27	3~29
3	—	—	—	—	—	—	—	—	4~29	4~32	4~35	4~38	4~41	4~44
3	—	—	—	4~14	4~17	4~20	5~22	5~25	5~27	6~30	6~33	7~35	7~38	7~41
4	—	—	—	5~19	5~23	5~27	6~30	6~34	6~38	6~42	7~45	7~49	7~53	7~57
4	—	—	5~15	6~18	6~22	7~25	8~28	8~32	9~35	10~38	10~42	11~45	12~48	13~51
5	—	—	6~19	7~23	7~28	8~32	8~37	9~41	9~46	10~50	10~55	11~59	11~64	12~68
5	—	6~14	7~18	8~22	9~26	10~30	11~34	12~38	13~42	14~46	15~50	16~54	17~58	18~62
6	—	7~17	8~22	9~27	9~33	10~38	11~43	12~48	13~53	13~59	14~64	15~69	16~74	16~80
6	—	8~16	9~21	10~26	12~30	13~35	14~40	16~44	17~49	18~54	20~58	21~63	22~68	24~72
7	8~13	8~20	10~25	11~31	12~37	13~43	14~49	15~55	16~61	17~67	18~73	19~79	20~85	21~91
7	8~15	9~19	11~24	12~30	14~35	16~40	18~45	19~51	21~56	23~61	26~66	26~72	28~77	30~82
8	9~15	10~22	11~29	13~35	14~42	16~48	17~55	19~61	20~68	21~75	23~81	24~86	25~95	27~101
8	9~15	11~21	13~27	15~33	17~39	19~45	21~51	23~57	25~63	28~68	30~74	32~80	34~86	36~92
9	10~17	12~24	13~32	15~39	17~46	19~53	21~60	22~68	24~75	26~82	27~90	29~97	31~104	32~112
9	10~17	12~24	15~30	17~37	20~43	22~50	25~56	27~63	30~69	32~76	35~82	37~89	40~95	42~102
10	11~19	13~27	15~35	18~42	20~50	22~58	24~66	26~74	28~82	30~90	32~98	34~106	36~114	38~122
10	11~19	14~26	17~33	20~40	23~47	25~55	28~62	31~69	34~76	37~83	40~90	44~97	46~104	49~111
11	12~21	15~29	17~38	20~46	22~55	25~63	27~72	30~80	32~89	34~98	37~106	39~115	41~124	44~132
11	13~20	16~28	19~36	22~44	25~52	29~59	32~67	36~75	39~82	42~90	45~98	48~106	52~113	55~121
12	14~22	17~31	19~41	22~50	25~59	28~68	31~77	33~87	36~96	39~106	42~114	44~124	47~133	50~142
12	14~22	18~30	21~39	25~47	28~56	32~64	36~72	39~81	43~89	47~97	50~106	54~114	58~122	46~130

续表

评价员数 (n)	样品数 (m)													
	2	3	4	5	6	7	8	9	10	11	12	13	14	15
13	15~24	18~34	21~44	25~53	28~63	31~73	34~83	37~93	40~103	43~113	46~123	50~132	53~142	56~152
	15~24	19~33	23~42	27~51	31~60	35~69	39~78	44~86	48~96	52~104	56~113	60~122	64~131	68~140
14	16~26	20~36	24~46	27~57	31~67	34~78	38~88	41~99	45~109	48~120	51~131	55~141	58~152	62~162
	17~25	21~35	25~45	30~54	34~64	39~73	43~83	48~92	52~103	57~111	61~121	66~130	70~140	75~149
15	18~27	22~38	26~50	30~60	34~71	37~83	41~94	45~105	49~116	53~127	56~139	60~150	64~161	68~172
	18~27	23~37	28~47	32~58	37~68	42~78	47~88	52~98	57~108	62~118	67~128	72~138	76~149	81~159
16	19~29	23~41	28~52	32~64	36~76	41~87	45~99	49~111	53~123	57~135	62~146	66~158	70~170	74~182
	19~29	25~39	30~50	35~61	40~72	46~82	51~93	56~104	61~115	67~125	72~136	77~147	83~157	88~168
17	20~31	25~43	30~55	35~67	39~80	44~92	49~104	53~117	58~129	62~142	67~154	71~167	76~179	80~192
	21~30	26~42	32~53	38~64	42~76	49~87	55~98	60~110	66~124	72~132	78~143	83~155	89~166	95~177
18	22~32	27~45	32~58	37~71	42~84	47~97	52~109	57~123	62~136	67~149	72~162	77~175	82~188	86~202
	22~32	28~44	34~56	40~68	46~80	52~92	59~103	65~115	71~127	77~139	83~151	89~163	95~175	102~186
19	23~34	29~47	34~61	40~74	45~88	50~102	56~115	61~129	67~142	72~156	77~170	82~184	86~197	93~211
	24~33	30~46	36~59	43~71	49~84	56~96	62~109	69~121	75~133	82~146	89~158	95~171	102~183	108~196
20	24~36	30~50	36~64	42~78	48~92	54~106	60~120	65~135	71~149	77~163	82~178	88~192	94~206	99~221
	24~36	30~50	38~62	45~75	52~88	59~101	66~114	73~127	80~140	87~153	94~166	101~179	108~192	115~203
21	25~35	32~48	38~64	45~81	51~96	57~111	63~126	69~141	75~156	82~170	88~185	94~200	100~215	106~230
	26~37	32~52	41~61	48~78	55~92	63~105	70~119	78~132	85~146	92~160	100~173	107~187	115~200	122~214
22	26~37	33~51	40~70	47~85	54~100	60~116	67~131	74~148	80~162	90~178	93~193	99~209	106~224	112~240
	27~39	34~54	43~67	51~81	58~96	66~110	74~124	82~138	90~152	98~166	106~180	113~195	121~209	129~223
23	28~41	36~56	43~72	50~88	57~104	64~120	71~136	78~152	85~168	91~185	98~201	105~217	112~233	119~249
	29~40	37~55	45~70	53~85	62~99	70~114	78~129	86~144	95~158	103~173	111~188	119~203	128~217	136~232

24	30~42	37~59	45~75	52~92	60~108	67~125	75~141	82~158	89~175	96~192	104~208	111~225	118~242	125~259
25	30~42	39~57	47~73	56~88	65~103	73~119	80~134	91~150	99~165	108~180	117~195	126~210	134~226	143~241
26	31~44	39~61	47~78	55~95	63~112	71~129	78~147	86~164	94~181	101~199	109~216	117~233	124~251	132~268
27	32~43	41~59	50~75	59~91	68~107	77~123	86~139	95~155	101~171	113~187	123~202	132~218	141~234	150~250
28	33~45	41~63	49~81	57~99	66~116	74~134	82~152	90~170	98~188	106~206	114~224	122~242	130~260	138~278
29	34~47	43~65	51~84	60~102	69~120	77~139	86~157	94~176	103~194	111~213	120~231	128~250	137~268	145~287
30	35~46	44~64	54~81	63~98	74~115	84~132	90~134	99~165	108~180	116~200	125~239	134~258	143~177	152~296
31	39~54	50~74	60~95	71~115	81~136	91~157	101~178	112~198	122~219	132~240	142~261	152~282	162~303	172~324
32	40~53	51~73	62~98	73~119	84~140	95~161	105~183	122~188	133~208	145~227	157~246	169~265	180~285	192~304
33	42~57	53~79	65~100	76~122	87~144	98~166	105~159	118~179	131~199	142~254	153~276	164~298	174~321	185~343
34	44~58	55~81	67~103	78~126	90~148	102~170	113~193	124~216	136~238	147~261	158~284	170~306	181~329	192~352
35	45~60	57~83	69~106	81~129	93~152	105~175	117~198	122~184	125~205	141~244	152~232	164~314	187~338	199~361
36	47~61	59~85	71~109	84~132	96~156	109~179	121~203	133~227	140~210	157~275	170~298	182~322	194~346	206~370

附录四 t 临界值表

df 自由度	双侧检验的显著性水平								
	0.5	0.2	0.1	0.05	0.02	0.01	0.005	0.002	0.001
	单侧检验的显著性水平								
	0.25	0.1	0.05	0.025	0.01	0.005	0.0025	0.001	0.0005
1	1	3.078	6.314	12.706	31.821	63.657	127.321	318.309	636.619
2	0.816	1.886	2.92	4.303	6.965	9.925	14.089	22.327	31.599
3	0.765	1.638	2.353	3.182	4.541	5.841	7.453	10.215	12.924
4	0.741	1.533	2.132	2.776	3.747	4.604	5.598	7.173	8.610
5	0.727	1.476	2.015	2.571	3.365	4.032	4.773	5.893	6.869
6	0.718	1.440	1.943	2.447	3.143	3.707	4.317	5.208	5.959
7	0.711	1.415	1.895	2.365	2.998	3.499	4.029	4.785	5.408
8	0.706	1.397	1.860	2.306	2.896	3.355	3.833	4.501	5.041
9	0.703	1.383	1.833	2.262	2.821	3.250	3.690	4.297	4.781
10	0.700	1.372	1.812	2.228	2.764	3.169	3.581	4.144	4.587
11	0.697	1.363	1.796	2.201	2.718	3.106	3.497	4.025	4.437
12	0.695	1.356	1.782	2.179	2.681	3.055	3.428	3.930	4.318
13	0.694	1.350	1.771	2.160	2.650	3.012	3.372	3.852	4.221
14	0.692	1.345	1.761	2.145	2.624	2.977	3.326	3.787	4.140
15	0.691	1.341	1.753	2.131	2.602	2.947	3.286	3.733	4.073
16	0.69	1.337	1.746	2.120	2.583	2.921	3.252	3.686	4.015
17	0.689	1.333	1.740	2.110	2.567	2.898	3.222	3.646	3.965
18	0.688	1.330	1.734	2.101	2.552	2.878	3.197	3.610	3.922
19	0.688	1.328	1.729	2.093	2.539	2.861	3.174	3.579	3.883
20	0.687	1.325	1.725	2.086	2.528	2.845	3.153	3.552	3.850
21	0.686	1.323	1.721	2.080	2.518	2.831	3.135	3.527	3.819
22	0.686	1.321	1.717	2.074	2.508	2.819	3.119	3.505	3.792
23	0.685	1.319	1.714	2.069	2.500	2.807	3.104	3.485	3.768
24	0.685	1.318	1.711	2.064	2.492	2.797	3.091	3.467	3.745
25	0.684	1.316	1.708	2.060	2.485	2.787	3.078	3.450	3.725
26	0.684	1.315	1.706	2.056	2.479	2.779	3.067	3.435	3.707
27	0.684	1.314	1.703	2.052	2.473	2.771	3.057	3.421	3.690
28	0.683	1.313	1.701	2.048	2.467	2.763	3.047	3.408	3.674
29	0.683	1.311	1.699	2.045	2.462	2.756	3.038	3.396	3.659
30	0.683	1.310	1.697	2.042	2.457	2.750	3.030	3.385	3.646

续表

df 自由度	双侧检验的显著性水平								
	0.5	0.2	0.1	0.05	0.02	0.01	0.005	0.002	0.001
	单侧检验的显著性水平								
	0.25	0.1	0.05	0.025	0.01	0.005	0.0025	0.001	0.0005
31	0.682	1.309	1.696	2.040	2.453	2.744	3.022	3.375	3.633
32	0.682	1.309	1.694	2.037	2.449	2.738	3.015	3.365	3.622
33	0.682	1.308	1.692	2.035	2.445	2.733	3.008	3.356	3.611
34	0.682	1.307	1.091	2.032	2.441	2.728	3.002	3.348	3.601
35	0.682	1.306	1.690	2.03	2.438	2.724	2.996	3.340	3.591
36	0.681	1.306	1.688	2.028	2.434	2.719	2.990	3.333	3.582
37	0.681	1.305	1.687	2.026	2.431	2.715	2.985	3.326	3.574
38	0.681	1.304	1.686	2.024	2.429	2.712	2.98	3.319	3.566
39	0.681	1.304	1.685	2.023	2.426	2.708	2.976	3.313	3.558
40	0.681	1.303	1.684	2.021	2.423	2.704	2.971	3.307	3.551
50	0.679	1.299	1.676	2.009	2.403	2.678	2.937	3.261	3.496
60	0.679	1.296	1.671	2.000	2.390	2.66	2.915	3.232	3.460
70	0.678	1.294	1.667	1.994	2.381	2.648	2.899	3.211	3.436
80	0.678	1.292	1.664	1.990	2.374	2.639	2.887	3.195	3.416
90	0.677	1.291	1.662	1.987	2.368	2.632	2.878	3.183	3.402
100	0.677	1.290	1.660	1.984	2.364	2.626	2.871	3.174	3.390
200	0.676	1.286	1.653	1.972	2.345	2.601	2.839	3.131	3.340
500	0.675	1.283	1.648	1.965	2.334	2.586	2.820	3.107	3.310
1000	0.675	1.282	1.646	1.962	2.330	2.581	2.813	3.098	3.300

附录五　　　　　　　　　　F 分布表

$$[P\ (F > F_\alpha)\ = \alpha]$$

α	分母自由度 f_2	分子自由度 f_1									
		1	2	3	4	5	6	8	12	24	∞
0.005	1	16211	20000	21615	22500	23056	23437	23925	24426	24940	25465
	2	198.5	199	199.2	199.2	199.3	199.3	199.4	199.4	199.5	199.5
	3	55.55	49.8	47.47	46.19	45.39	44.84	44.13	43.39	42.62	41.83
	4	31.33	26.28	24.26	23.15	22.46	21.97	21.35	20.7	20.03	19.32
	5	22.78	18.31	16.53	15.56	14.94	14.51	13.96	13.38	12.78	12.14
	6	18.63	14.45	12.92	12.03	11.46	11.07	10.57	10.03	9.47	8.88

续表

α	分母自由度 f_2	分子自由度 f_1									
		1	2	3	4	5	6	8	12	24	∞
	7	16.24	12.40	10.88	10.05	9.52	9.16	8.68	8.18	7.65	7.08
	8	14.69	11.04	9.60	8.81	8.30	7.95	7.50	7.01	6.50	5.95
	9	13.61	10.11	8.72	7.96	7.47	7.13	6.69	6.23	5.73	5.19
	10	12.83	9.43	8.08	7.34	6.87	6.54	6.12	5.66	5.17	4.64
	11	12.23	8.91	7.60	6.88	6.42	6.10	5.68	5.24	4.76	4.23
	12	11.75	8.51	7.23	6.52	6.07	5.76	5.35	4.91	4.43	3.90
	13	11.37	8.19	6.93	6.23	5.79	5.48	5.08	4.64	4.17	3.65
	14	11.06	7.92	6.68	6.00	5.56	5.26	4.86	4.43	3.96	3.44
	15	10.80	7.70	6.48	5.80	5.37	5.07	4.67	4.25	3.79	3.26
	16	10.58	7.51	6.30	5.64	5.21	4.91	4.52	4.10	3.64	3.11
	17	10.38	7.35	6.16	5.50	5.07	4.78	4.39	3.97	3.51	2.98
	18	10.22	7.21	6.03	5.37	4.96	4.66	4.28	3.86	3.40	2.87
	19	10.07	7.09	5.92	5.27	4.85	4.56	4.18	3.76	3.31	2.78
	20	9.94	6.99	5.82	5.17	4.76	4.47	4.09	3.68	3.22	2.69
	21	9.83	6.89	5.73	5.09	4.68	4.39	4.01	3.60	3.15	2.61
	22	9.73	6.81	5.65	5.02	4.61	4.32	3.94	3.54	3.08	2.55
	23	9.63	6.73	5.58	4.95	4.54	4.26	3.88	3.47	3.02	2.48
	24	9.55	6.66	5.52	4.89	4.49	4.20	3.83	3.42	2.97	2.43
	25	9.48	6.60	5.46	4.84	4.43	4.15	3.78	3.37	2.92	2.38
	26	9.41	6.54	5.41	4.79	4.38	4.10	3.73	3.33	2.87	2.33
	27	9.34	6.49	5.36	4.74	4.34	4.06	3.69	3.28	2.83	2.29
	28	9.28	6.44	5.32	4.70	4.30	4.02	3.65	3.25	2.79	2.25
	29	9.23	6.40	5.28	4.66	4.26	3.98	3.61	3.21	2.76	2.21
	30	9.18	6.35	5.24	4.62	4.23	3.95	3.58	3.18	2.73	2.18
	40	8.83	6.07	4.98	4.37	3.99	3.71	3.35	2.95	2.50	1.93
	60	8.49	5.79	4.73	4.14	3.76	3.49	3.13	2.74	2.29	1.69
	120	8.18	5.54	4.50	3.92	3.55	3.28	2.93	2.54	2.09	1.43
0.01	1	4052	4999	5403	5625	5764	5859	5981	6106	6234	6366
	2	98.49	99.01	99.17	99.25	99.3	99.33	99.36	99.42	99.46	99.5
	3	34.12	30.81	29.46	28.71	28.24	27.91	27.49	27.05	26.6	26.12
	4	21.20	18.00	16.69	15.98	15.52	15.21	14.8	14.37	13.93	13.46

续表

α	分母自由度 f_2	分子自由度 f_1									
		1	2	3	4	5	6	8	12	24	∞
	5	16.26	13.27	12.06	11.39	10.97	10.67	10.29	9.89	9.47	9.02
	6	13.74	10.92	9.78	9.15	8.75	8.47	8.10	7.72	7.31	6.88
	7	12.25	9.55	8.45	7.85	7.46	7.19	6.84	6.47	6.07	5.65
	8	11.26	8.65	7.59	7.01	6.63	6.37	6.03	5.67	5.28	4.86
	9	10.56	8.02	6.99	6.42	6.06	5.80	5.47	5.11	4.73	4.31
	10	10.04	7.56	6.55	5.99	5.64	5.39	5.06	4.71	4.33	3.91
	11	9.65	7.20	6.22	5.67	5.32	5.07	4.74	4.40	4.02	3.60
	12	9.33	6.93	5.95	5.41	5.06	4.82	4.50	4.16	3.78	3.36
	13	9.07	6.07	5.74	5.20	4.86	4.62	4.30	3.96	3.59	3.16
	14	8.86	6.51	5.56	5.03	4.69	4.46	4.14	3.80	3.43	3.00
	15	8.68	6.36	5.42	4.89	4.56	4.32	4.00	3.67	3.29	2.87
	16	8.53	6.23	5.29	4.77	4.44	4.20	3.89	3.55	3.18	2.75
	17	8.40	6.11	5.18	4.67	4.34	4.10	3.79	3.45	3.08	2.65
	18	8.28	6.01	5.09	4.58	4.25	4.01	3.71	3.37	3.00	2.57
	19	8.18	5.93	5.01	4.50	4.17	3.94	3.63	3.30	2.92	2.49
	20	8.10	5.85	4.94	4.43	4.10	3.87	3.56	3.23	2.86	2.42
	21	8.02	5.78	4.87	4.37	4.04	3.81	3.51	3.17	2.80	2.36
	22	7.94	5.72	4.82	4.31	3.99	3.76	3.45	3.12	2.75	2.31
	23	7.88	5.66	4.76	4.26	3.94	3.71	3.41	3.07	2.70	2.26
	24	7.82	5.61	4.72	4.22	3.90	3.67	3.36	3.03	2.66	2.21
	25	7.77	5.57	4.68	4.18	3.86	3.63	3.32	2.99	2.62	2.17
	26	7.72	5.53	4.64	4.14	3.82	3.59	3.29	2.96	2.58	2.13
	27	7.68	5.49	4.60	4.11	3.78	3.56	3.26	2.93	2.55	2.10
	28	7.64	5.45	4.57	4.07	3.75	3.53	3.23	2.90	2.52	2.06
	29	7.60	5.42	4.54	4.04	3.73	3.50	3.20	2.87	2.49	2.03
	30	7.56	5.39	4.51	4.02	3.70	3.47	3.17	2.84	2.47	2.01
	40	7.31	5.18	4.31	3.83	3.51	3.29	2.99	2.66	2.29	1.80
	60	7.08	4.98	4.13	3.65	3.34	3.12	2.82	2.50	2.12	1.60
	120	6.85	4.79	3.95	3.48	3.17	2.96	2.66	2.34	1.95	1.38
0.025	1	647.8	799.5	864.2	899.6	921.8	937.1	956.7	976.7	997.2	1018
	2	38.51	39.00	39.17	39.25	39.30	39.33	39.37	39.41	39.46	39.50

续表

α	分母自由度 f_2	分子自由度 f_1									
		1	2	3	4	5	6	8	12	24	∞
	3	17.44	16.04	15.44	15.1	14.88	14.73	14.54	14.34	14.12	13.90
	4	12.22	10.65	9.98	9.60	9.36	9.20	8.98	8.75	8.51	8.26
	5	10.01	8.43	7.76	7.39	7.15	6.98	6.76	6.52	6.28	6.02
	6	8.81	7.26	6.6	6.23	5.99	5.82	5.60	5.37	5.12	4.85
	7	8.07	6.54	5.89	5.52	5.29	5.12	4.90	4.67	4.42	4.14
	8	7.57	6.06	5.42	5.05	4.82	4.65	4.43	4.20	3.95	3.67
	9	7.21	5.71	5.08	4.72	4.48	4.32	4.10	3.87	3.61	3.33
	10	6.94	5.46	4.83	4.47	4.24	4.07	3.85	3.62	3.37	3.08
	11	6.72	5.26	4.63	4.28	4.04	3.88	3.66	3.43	3.17	2.88
	12	6.55	5.10	4.47	4.12	3.89	3.73	3.51	3.28	3.02	2.72
	13	6.41	4.97	4.35	4.00	3.77	3.60	3.39	3.15	2.89	2.60
	14	6.30	4.86	4.24	3.89	3.66	3.50	3.29	3.05	2.79	2.49
	15	6.20	4.77	4.15	3.80	3.58	3.41	3.20	2.96	2.70	2.40
	16	6.12	4.69	4.08	3.73	3.50	3.34	3.12	2.89	2.63	2.32
	17	6.04	4.62	4.01	3.66	3.44	3.28	3.06	2.82	2.56	2.25
	18	5.98	4.56	3.95	3.61	3.38	3.22	3.01	2.77	2.50	2.19
	19	5.92	4.51	3.90	3.56	3.33	3.17	2.96	2.72	2.45	2.13
	20	5.87	4.46	3.86	3.51	3.29	3.13	2.91	2.68	2.41	2.09
	21	5.83	4.42	3.82	3.48	3.25	3.09	2.87	2.64	2.37	2.04
	22	5.79	4.38	3.78	3.44	3.22	3.05	2.84	2.60	2.33	2.00
	23	5.75	4.35	3.75	3.41	3.18	3.02	2.81	2.57	2.30	1.97
	24	5.72	4.32	3.72	3.38	3.15	2.99	2.78	2.54	2.27	1.94
	25	5.69	4.29	3.69	3.35	3.13	2.97	2.75	2.51	2.24	1.91
	26	5.66	4.27	3.67	3.33	3.10	2.94	2.73	2.49	2.22	1.88
	27	5.63	4.24	3.65	3.31	3.08	2.92	2.71	2.47	2.19	1.85
	28	5.61	4.22	3.63	3.29	3.06	2.90	2.69	2.45	2.17	1.83
	29	5.59	4.20	3.61	3.27	3.04	2.88	2.67	2.43	2.15	1.81
	30	5.57	4.18	3.59	3.25	3.03	2.87	2.65	2.41	2.14	1.79
	40	5.42	4.05	3.46	3.13	2.90	2.74	2.53	2.29	2.01	1.64
	60	5.29	3.93	3.34	3.01	2.79	2.63	2.41	2.17	1.88	1.48
	120	5.15	3.80	3.23	2.89	2.67	2.52	2.30	2.05	1.76	1.31

续表

α	分母自由度 f_2	分子自由度 f_1									
		1	2	3	4	5	6	8	12	24	∞
0.05	1	161.4	199.5	215.7	224.6	230.2	234.0	238.9	243.9	249.0	254.3
	2	18.51	19.00	19.16	19.25	19.30	19.33	19.37	19.41	19.45	19.50
	3	10.13	9.55	9.28	9.12	9.01	8.94	8.84	8.74	8.64	8.53
	4	7.71	6.94	6.59	6.39	6.26	6.16	6.04	5.91	5.77	5.63
	5	6.61	5.79	5.41	5.19	5.05	4.95	4.82	4.68	4.53	4.36
	6	5.99	5.14	4.76	4.53	4.39	4.28	4.15	4.00	3.84	3.67
	7	5.59	4.74	4.35	4.12	3.97	3.87	3.73	3.57	3.41	3.23
	8	5.32	4.46	4.07	3.84	3.69	3.58	3.44	3.28	3.12	2.93
	9	5.12	4.26	3.86	3.63	3.48	3.37	3.23	3.07	2.90	2.71
	10	4.96	4.10	3.71	3.48	3.33	3.22	3.07	2.91	2.74	2.54
	11	4.84	3.98	3.59	3.36	3.20	3.09	2.95	2.79	2.61	2.40
	12	4.75	3.88	3.49	3.26	3.11	3.00	2.85	2.69	2.50	2.30
	13	4.67	3.80	3.41	3.18	3.02	2.92	2.77	2.60	2.42	2.21
	14	4.60	3.74	3.34	3.11	2.96	2.85	2.70	2.53	2.35	2.13
	15	4.54	3.68	3.29	3.06	2.90	2.79	2.64	2.48	2.29	2.07
	16	4.49	3.63	3.24	3.01	2.85	2.74	2.59	2.42	2.24	2.01
	17	4.45	3.59	3.20	2.96	2.81	2.70	2.55	2.38	2.19	1.96
	18	4.41	3.55	3.16	2.93	2.77	2.66	2.51	2.34	2.15	1.92
	19	4.38	3.52	3.13	2.90	2.74	2.63	2.48	2.31	2.11	1.88
	20	4.35	3.49	3.10	2.87	2.71	2.60	2.45	2.28	2.08	1.84
	21	4.32	3.47	3.07	2.84	2.68	2.57	2.42	2.25	2.05	1.81
	22	4.30	3.44	3.05	2.82	2.66	2.55	2.40	2.23	2.03	1.78
	23	4.28	3.42	3.03	2.8	2.64	2.53	2.38	2.20	2.00	1.76
	24	4.26	3.40	3.01	2.78	2.62	2.51	2.36	2.18	1.98	1.73
	25	4.24	3.38	2.99	2.76	2.60	2.49	2.34	2.16	1.96	1.71
	26	4.22	3.37	2.98	2.74	2.59	2.47	2.32	2.15	1.95	1.69
	27	4.21	3.35	2.96	2.73	2.57	2.46	2.30	2.13	1.93	1.67
	28	4.20	3.34	2.95	2.71	2.56	2.44	2.29	2.12	1.91	1.65
	29	4.18	3.33	2.93	2.70	2.54	2.43	2.28	2.10	1.90	1.64
	30	4.17	3.32	2.92	2.69	2.53	2.42	2.27	2.09	1.89	1.62
	40	4.08	3.23	2.84	2.61	2.45	2.34	2.18	2.00	1.79	1.51
	60	4.00	3.15	2.76	2.52	2.37	2.25	2.10	1.92	1.70	1.39
	120	3.92	3.07	2.68	2.45	2.29	2.17	2.02	1.83	1.61	1.25

续表

α	分母自由度f_2	分子自由度f_1									
		1	2	3	4	5	6	8	12	24	∞
0.10	1	39.86	49.50	53.59	55.83	57.24	58.20	59.44	60.71	62.00	63.33
	2	8.53	9.00	9.16	9.24	9.29	9.33	9.37	9.41	9.45	9.49
	3	5.54	5.46	5.36	5.32	5.31	5.28	5.25	5.22	5.18	5.13
	4	4.54	4.32	4.19	4.11	4.05	4.01	3.95	3.90	3.83	3.76
	5	4.06	3.78	3.62	3.52	3.45	3.40	3.34	3.27	3.19	3.10
	6	3.78	3.46	3.29	3.18	3.11	3.05	2.98	2.90	2.82	2.72
	7	3.59	3.26	3.07	2.96	2.88	2.83	2.75	2.67	2.58	2.47
	8	3.46	3.11	2.92	2.81	2.73	2.67	2.59	2.50	2.40	2.29
	9	3.36	3.01	2.81	2.69	2.61	2.55	2.47	2.38	2.28	2.16
	10	3.29	2.92	2.73	2.61	2.52	2.46	2.38	2.28	2.18	2.06
	11	3.23	2.86	2.66	2.54	2.45	2.39	2.30	2.21	2.10	1.97
	12	3.18	2.81	2.61	2.48	2.39	2.33	2.24	2.15	2.04	1.90
	13	3.14	2.76	2.56	2.43	2.35	2.28	2.20	2.10	1.98	1.85
	14	3.10	2.73	2.52	2.39	2.31	2.24	2.15	2.05	1.94	1.80
	15	3.07	2.70	2.49	2.36	2.27	2.21	2.12	2.02	1.90	1.76
	16	3.05	2.67	2.46	2.33	2.24	2.18	2.09	1.99	1.87	1.72
	17	3.03	2.64	2.44	2.31	2.22	2.15	2.06	1.96	1.84	1.69
	18	3.01	2.62	2.42	2.29	2.20	2.13	2.04	1.93	1.81	1.66
	19	2.99	2.61	2.40	2.27	2.18	2.11	2.02	1.91	1.79	1.63
	20	2.97	2.59	2.38	2.25	2.16	2.09	2.00	1.89	1.77	1.61
	21	2.96	2.57	2.36	2.23	2.14	2.08	1.98	1.87	1.75	1.59
	22	2.95	2.56	2.35	2.22	2.13	2.06	1.97	1.86	1.73	1.57
	23	2.94	2.55	2.34	2.21	2.11	2.05	1.95	1.84	1.72	1.55
	24	2.93	2.54	2.33	2.19	2.10	2.04	1.94	1.83	1.70	1.53
	25	2.92	2.53	2.32	2.18	2.09	2.02	1.93	1.82	1.69	1.52
	26	2.91	2.52	2.31	2.17	2.08	2.01	1.92	1.81	1.68	1.50
	27	2.90	2.51	2.30	2.17	2.07	2.00	1.91	1.80	1.67	1.49
	28	2.89	2.50	2.29	2.16	2.06	2.00	1.90	1.79	1.66	1.48
	29	2.89	2.50	2.28	2.15	2.06	1.99	1.89	1.78	1.65	1.47
	30	2.88	2.49	2.28	2.14	2.05	1.98	1.88	1.77	1.64	1.46
	40	2.84	2.44	2.23	2.09	2.00	1.93	1.83	1.71	1.57	1.38
	60	2.79	2.39	2.18	2.04	1.95	1.87	1.77	1.66	1.51	1.29
	120	2.75	2.35	2.13	1.99	1.90	1.82	1.72	1.60	1.45	1.19

附录六　　　　　　　　　斯图登斯化范围表

$[q\ (t,\ \varphi,\ 0.05),\ t=$比较物个数，$\varphi=$自由度$]$

φ	比较物个数 t											
	2	3	4	5	6	7	8	9	10	12	15	20
1	18.00	27.0	32.8	37.1	40.4	43.1	45.4	47.1	49.1	52.0	55.4	59.6
2	6.09	8.30	9.80	10.9	11.7	12.4	13.0	13.5	14.0	14.7	15.7	16.8
3	4.50	5.91	6.82	7.50	8.04	8.48	8.85	9.18	9.46	9.95	10.5	11.2
4	3.93	5.04	5.76	6.29	6.71	7.05	7.35	7.60	7.83	8.21	8.66	9.23
5	3.64	4.60	5.22	5.67	6.03	6.38	6.58	6.80	6.99	7.32	7.72	8.21
6	3.46	4.34	4.90	5.31	5.63	5.89	6.12	6.32	6.49	6.79	7.14	7.59
7	3.34	4.16	4.68	5.06	5.36	5.61	5.82	6.00	6.16	6.43	6.76	7.17
8	3.26	4.04	4.43	4.89	5.17	5.40	5.60	5.77	5.92	6.18	6.48	6.87
9	3.20	3.95	4.42	4.76	5.02	5.24	5.43	5.60	5.74	5.98	6.28	6.64
10	3.15	3.88	4.33	4.65	4.91	5.12	5.30	5.46	5.60	5.83	6.11	6.47
11	3.11	3.82	4.26	4.57	4.82	5.03	5.20	5.35	5.49	5.71	5.99	6.33
12	3.08	3.77	4.20	4.51	4.75	4.95	5.12	5.27	5.40	5.62	5.88	6.21
13	3.06	3.73	4.15	4.45	4.69	4.88	5.05	5.19	5.32	5.53	5.79	6.11
14	3.03	3.70	4.11	4.41	4.64	4.88	4.99	5.13	5.25	5.46	5.72	6.03
15	3.01	3.67	4.08	4.37	4.60	4.78	4.94	5.08	5.20	5.40	5.65	5.96
16	3.00	3.65	4.05	4.30	4.56	4.74	4.90	5.03	5.15	5.35	5.59	5.90
17	2.98	3.63	4.02	4.30	4.52	4.71	4.86	4.99	5.11	5.31	5.55	5.84
18	2.97	3.61	4.00	4.28	4.49	4.67	4.82	4.96	5.07	5.27	5.50	5.79
19	2.96	3.59	3.98	4.25	4.47	4.65	4.79	4.92	5.07	5.23	5.46	5.75
20	2.95	3.58	3.96	4.23	4.45	4.62	4.77	4.90	5.01	5.20	5.43	5.71
24	2.92	3.53	3.90	4.17	4.37	4.54	4.68	4.81	4.92	5.10	5.32	5.59
30	2.89	3.49	3.84	4.10	4.30	4.46	4.60	4.72	4.83	5.00	5.21	5.48
40	2.86	3.44	3.79	4.04	4.23	4.39	4.52	4.63	4.74	4.91	5.11	5.36
60	2.83	3.40	3.74	3.93	4.16	4.31	4.44	4.55	4.65	4.81	5.00	5.24
120	2.80	3.46	3.64	3.92	4.10	4.24	4.36	4.48	4.56	4.72	4.90	5.13
∞	2.77	3.31	3.63	3.88	4.03	4.17	4.29	4.39	4.47	4.62	4.80	5.01

附录七 葡萄酒感官评价常用术语

术语	意　义
醋酸的（Acetic）	表述不愉快酸味
酸的（Acids）	用于形容葡萄酒的总酸度过高，以至于尝起来具有辛辣或酸腐味，且在口腔中具有锋利的边角感。（注：所有酒中的基本成分。在葡萄和葡萄酒中能找到几种不同的酸。葡萄是少数含有酒石酸的水果的一种，酒石酸是酒中主要的酸性物质，同时也是酒的酸度的最重要来源；除醋酸外，还有少量的苹果酸，柠檬酸和乳酸）。
辛辣的（Acrimonious）	形容一个粗糙或苦的味道，又或者是由于过量的硫磺而产生的刺激性气味。
后味（Aftertaste）	咽下葡萄酒后在口腔里留下的感觉。悠长的后味是复杂、高质量葡萄酒的标志。也可使用"长度 length"。
陈年的（Age－Worthy）	形容少数具有充足风味，酸度、酒精和单宁的顶尖葡萄酒，可随着在瓶中的陈年时间而增加其复杂度。（注：大多数流行葡萄酒在上市后短期内就可以饮用，且随着年岁的增大而逐渐衰退）。
凌厉的（Aggressive）	通常指葡萄酒含有高的或过量酸度或单宁。年轻时凌厉的葡萄酒会随着陈酿而改良。
含酒精的（Alcoholic）	用于形容一款葡萄酒由于相对于其酒体和重量而言含有过多的酒精，而出现不平衡的状态。过量的酒精会使葡萄酒出现非典型性地沉重或热（辣）的感觉。这种性质在香味或回味中相当明显。
外观（Appearance）	指葡萄酒的澄清度，而非颜色。常用于描述葡萄酒的反射性质：闪耀、清晰，那些带有明显悬浮粒子的葡萄酒通常描述为阴暗、阴沉。
苹果味（Apple，Appley）	用来指白葡萄酒中含有的活泼的果酸。带腐败气味的苹果味用在红白葡萄酒中暗指氧化的意思。
香气（Aroma）	用来指葡萄酒的气味，尤其是指从葡萄和发酵中获得的气味。也可使用"Bouquet 芳香"。
芬芳的（Aromatic）	用来指酒中具有好的，使人愉悦的气味。同时也指具有特殊香味的葡萄种类（如麝香族葡萄品种）。
涩（味）的（Astringent）	用来表示一种尖锐苦涩之感的品尝术语。葡萄酒中出现涩味通常被认为是有缺点的，经过陈年之后葡萄酒的涩感会减弱。
简朴的（Austere）	通常指葡萄酒缺少丰富度和甜味。
笨拙的（Awkward）	形容葡萄酒的结构差，显得笨拙或不均衡。
后进的（Backward）	用于形容同类及相同年份的一类葡萄酒中发展较慢的年轻葡萄酒。
平衡/和谐的（Balance）	当一款葡萄酒的所有元素和谐共处且没有单一突出的元素就是平衡的。"硬"成分（酸度和单宁）平衡"软"成分（甜度，果味和酒精）。
水珠（Bead）	出现在香槟酒里面的微小气泡；小而持久的水珠是质量的象征。
啤酒味（Beery）	指葡萄酒中含有啤酒的麦芽味或有啤酒味，出现在葡萄酒中通常被认为是个缺点。
浆果，浆果味（Berry）	该术语有双重意思。一个单独的葡萄被葡萄种植者称为浆果。它同时又是描述在大多数葡萄酒里面发现的一系列水果滋味，包括草莓，木莓和蓝莓等。

续表

术语	意 义
宽厚的（Big）	用来形容一款具有丰厚果味和构造，且可能酒精含量高的葡萄酒。
尖刺感（Bite）	形容一种由酒酸或单宁引起的强烈的最初感觉，入口就能马上感受到。
苦的（Bitter）	舌头能够发现的四种基本味道之一。苦味过重是不正常的现象，但一般能被果味和甜度所平衡。
黑加仑味（Blackcurrant）	用于形容黑加仑子和叶子的刺激性味道，在赤霞珠和长相思葡萄酒中特别明显。
盲品（Blind Tasting）	一次无法辨别葡萄酒的品尝；通常酒瓶是被纸袋包好的。目的是为了减少品酒者对特定葡萄酒的预料，提供了一个对每款葡萄酒更为客观的分析。在单一盲品中，品尝者可能知道所品葡萄酒的品牌或类型，但却不知道顺序。在双重盲品中，品尝者对葡萄酒的信息一无所知。
生硬的（Blunt）	风味强烈且通常酒精明显，但却缺乏果香影响且在味觉上缺乏发展。
瓶伤（Bottle Sickness）	葡萄酒出现的暂时性状况如无生气或果味混乱。通常在装瓶后或者经旅行震荡（特别是脆弱的葡萄酒）后会马上出现。同时也叫做"瓶中休克"。让其静置几天后就会恢复。
强壮的（Brawny）	用于形容葡萄酒坚硬、强烈、单宁明显，且具有生的、木头风味。与优雅相对。
明亮的、欢快的（Bright）	用于形容新鲜、成熟、有风味、活泼的年轻葡萄酒所带有的鲜明集中的滋味。
闪亮的（Brilliant）	描述葡萄酒尤其是白葡萄酒中没有任何肉眼可见的悬浮物质，表面闪闪发亮的澄清特征。
陈香、酒香（Bouquet）	用来指随着葡萄酒的陈酿而发展出来的香味。
成褐色的（Browning）	形容一款葡萄酒的颜色，并且是一款酒成熟且可能是衰退的迹象。在年轻的红（或白）葡萄酒中这是一个不好的迹象，但在较老的葡萄酒中则显得不是那么重要。20～30年的葡萄酒可能会出现褐色色调但却仍然可以享受。
燃烧味（Burnt）	形容葡萄酒具有过度的烟熏，烤面包或者是烧焦的尖锐味道。同时也用于形容过熟的葡萄。
黄油般的（Buttery）	指黄油的香浓口感或气味，常出现在白葡萄酒中。这种味道通常暗示了这款酒曾经进行过苹果乳酸发酵。
橡木桶味（Casky taste）	当葡萄酒在新橡木桶或保存不好的橡木桶中存放时，由容器木料中溶解出的物质赋予葡萄酒的味道。
雪松味，雪松似的（Cedary）	用来指雪松木的香料味道，尤其出现在赤霞珠葡萄酒中。
耐嚼的（Chewy）	形容丰富、沉重、单宁明显的浓郁型葡萄酒。
雪茄盒味（Cigar Box）	对雪松味的另一种表达。
澄清度（Clarity）	指在葡萄酒里出现的悬浮粒子物质，澄清度用在形容葡萄酒的反射性质方面：闪耀、清晰、阴暗或模糊。显著的模糊状态可能意味着葡萄酒变坏了，而闪耀、清晰或阴暗的葡萄酒通常都是健康的。

续表

术语	意　　义
干净的（Clean）	口感新鲜且没有任何不好的味道。不一定意味着优质。
巧克力味（Chocolate，Chocolatey）	用来指一种丰富的、温暖的像巧克力一样的香味和味道，尤其用于红葡萄酒中。
封闭的（Closed）	形容葡萄酒浓郁且有个性，但香气或滋味却还没开放出来。
朦胧（Cloudiness）	看起来不够透明。对于带沉淀物的老龄葡萄酒而言无伤大雅，但是对于年轻葡萄酒而言则可能是蛋白质不稳定，酵母坏死或者瓶中再次发酵的警告信号。
阴沉（Cloudy）	看起来显著缺乏澄清度。对于带沉淀物的老龄葡萄酒而言无伤大雅，但在年轻的葡萄酒当中阴暗朦胧可能是一个警告信息。
粗糙的（Coarse）	通常指葡萄酒的质地，特别是指过多的单宁或橡木所产生的质感。同时也用于形容气泡酒所产生的粗糙的气泡。
复杂度（Complexity）	所有佳酿以及许多十分好的葡萄酒里面的一个因素；结合丰富度、深度、风味强度、集中、均衡、和谐且精细。
煮熟的（Cooked）	形容一种呆滞，受热的风味，常与葡萄酒在运输或存储过程受热过度相关联。
带木塞味的（Corked）	受污染的木塞所引起的葡萄酒中的不愉快感。酒中的软木塞味虽难以描述但很容易被辨别出来：带有木材、霉朽和陈腐的味道，且口感粗涩。
清脆的（Crisp）	用于描述葡萄酒具有着活跃的、提神的酸度。
滗析、醒酒（Decanting）	一个把葡萄酒从已经形成的沉淀物中分离出来的过程。这对陈年砵酒或较老的红葡萄酒尤为重要（通常都形成了沉淀物）。虽然通风是附带着滗析过程而产生的，但葡萄酒通过在酒杯中旋转能最有效地通风（可以呼吸）。
深厚的（Deep）	用来指葡萄酒有着强烈的颜色（或风味）。
浓厚的（Dense）	形容一款酒在嗅觉和味觉上具有浓郁的果香（芳香）味。这是好的年轻葡萄酒的标志。
深度（Depth）	形容葡萄酒中风味的复杂度和浓郁度，如一款具有出色或非比寻常深度的葡萄酒。与"浅薄"相对。
已发展的（Developed）	指一款葡萄酒有着陈年的特性且成熟。
肮脏的（Dirty）	指有着不愉快的味道，通常是由硫化氢所致。
脱节的（Disjointed）	形容葡萄酒的成分结合不紧密，和谐或平衡。成分可能会适时消失，在品尝的时候，一款脱节的葡萄酒可能首先展现出大量的果味，接着是一股尖锐的酸度且收尾时带到一定量的单宁。
干的（Dry）	用来指酒中没有明显的甜味。很多葡萄酒含有少量残余糖分，但尝起来仍然是干的。
过干（Drying Out）	葡萄酒失去果味（或者甜酒失去甜味），以致酸、酒精或单宁在味觉上过于突出。处于这一阶段的葡萄酒将无法得到改善。
暗淡的，沉滞的（Dull）	葡萄酒中含有明显的胶状薄雾，但不存在肉眼可见的悬浮物质。
晦哑的（Dumb）	形容年轻葡萄酒处于滋味或芳香还没发展出来的阶段。与"封闭的"同义。

续表

术语	意 义
早收的（Early Harvest）	指一款由早收的葡萄所酿成的葡萄酒，在酒精含量或甜度方面通常会比一般的葡萄酒低。
土味的（Earthy）	形容葡萄酒带有土壤或泥土的芳香和滋味。量少的时候能够增加葡萄酒的复杂性且是正面特征，但随着强度的增加则会变成负面的。
优雅（Elegant）	用于形容葡萄酒的优雅，均衡且美好。
空的（Empty）	近似于"空虚的"，缺乏（全无）风味或能够吸引人的东西。
酯（Esters）	形成芳香和滋味的芳香化学成分；出现在食物和葡萄酒里面。
乙酸乙酯（Ethyl Acetate）	一种美好的酸味，经常伴随着醋酸一起出现。或多或少地存在于所有葡萄酒中，适量就会产生正面效应。但是当它过强，闻起来像指甲油味时则是一个缺点。
萃取（Extract）	葡萄酒里面浓缩果味的丰富度和深度。通常是一个好的性质，然而高萃取的葡萄酒同时也会显得单宁过强。
衰退（Fading）	形容葡萄酒正在失去颜色，果味或风味，通常是老化所产生结果。
肥厚（Fat）	醇厚的，高酒精低酸度的葡萄酒在口中产生一种"肥厚"的口感。连同浓厚、成熟、丰富的风味在一起可以是正面的；但同时也可意味着葡萄酒的结构令人产生怀疑。
阴柔的（Feminine）	形容葡萄酒具有更女性化的性质：柔滑、圆润、温和、精细、优雅且微妙。同时参考"阳刚的"。
地块混酿（Field Blend）	形容葡萄酒产自一个种植了几个补充葡萄品种的葡萄园，这些葡萄被一起采收且一起混酿。
细腻的（Fine）	用于描述具有高品质的葡萄酒。
收尾（Finish）	判断葡萄酒质量的关键就是看收尾，同时也叫回味——测量品尝葡萄酒过后其味道或风味在口中逗留的时间。好酒会有一个丰富、持久、复杂的收尾。
坚定的（Firm）	用来指葡萄酒具有肯定的属性，如果味、单宁和酸度。
松弛的（Flabby）	柔软、无力，在口感上缺乏酸度。
无力的（Flat）	酸度低，紧跟在"松弛"后面。同时也指气泡酒失去了气泡。
风味（Flavor）	喝入口中的葡萄酒的印象。包括从味觉器官以及嗅觉所获得的感觉。
肉感的（Fleshy）	用于形容一款具有柔软平滑的质地，单宁含量很低的葡萄酒。
花香的［Floral（Flowery）]	带有花的香味特征。通常与白葡萄酒联系在一起。
加强的，加烈的（Fortified）	指通过加入白兰地或酒精令到葡萄酒的酒精含量增加。砵酒和雪利酒就是两个例子。
芬芳的（Fragrant）	用于描述香气显著宜人的葡萄酒。
清新的（Fresh）	用来指令人愉快的年轻和充满活力的特征，经常与相当高的酸度和完全没有氧化联合在一起。

续表

术语	意　义
果香（Fruity）	用来描述用成熟葡萄酿造的葡萄酒中的迷人风味，可能有多种多样的果味，包括柑橘类水果、红浆果以及黑浆果，还有核果类。
丰满的（Full）	用来描述葡萄酒在口中产生的一种肯定的、令人满足的感觉，可能会结合成熟和高酒精含量。
醇厚的、浓郁的（Full-Bodied）	一款在口中充满重量和分量的萃取丰富的葡萄酒。
甘油，丙三醇（Glycerin）	在发酵期间产生的，甘油是构成葡萄酒的酒体元素之一。
优美的（Graceful）	形容一款葡萄酒以精细微妙的方式给人以和谐愉快的感觉。
葡萄的，葡萄似的（Grapey）	指葡萄酒带有可令人联想到新鲜葡萄和葡萄果汁的气味或风味。
草味的（Grassy）	指葡萄酒有着刚剪过的草味。用来形容一款新鲜年轻的白葡萄酒时有表示赞赏的意味。
青涩的（Green）	指缺乏成熟度，尤其指红酒。不是赞美的说法。
紧致（Grip）	通常来自于单宁的一种受欢迎的质地，这一质地有助于说明葡萄酒种类如嘉本纳 Cabernet 和砵酒 Port。
硬、不协调的（Hard）	指葡萄酒有着粗糙的单宁或凌厉的酸度。
协调的（Harmonious）	均衡度良好，没有突出或缺少的成分。
粗糙的（Harsh）	用于形容涩味葡萄酒的单宁或高酒精含量高。
朦胧的（Hazy）	于形容葡萄酒中具有少量可见物质。如果未经澄清或过滤则酒质还是良好的。
猛烈的（Heady）	用于形容葡萄酒的酒精含量高。
亲切的（Hearty）	用于形容在酒精度高的红酒里面发现的丰满、温暖的感觉，有时是粗朴的性质。
草本植物的（Herbaceous）	用来表示绿色植物的气味或者味道。
空洞的，中虚的（Hollow）	用来指葡萄酒缺乏深度，尤其在中段味觉。
水平品尝（Horizontal Tasting）	对来自单一年份的葡萄酒的评价；来自不同地区的生产品种或来自众多地区的相同葡萄品种，其品质会体现在葡萄酒中，按评价排列。
热（辣）的（Hot）	酒精度高，不协调的葡萄酒在收尾时产生的燃烧般的"热度"就叫热（辣）。出现在具有砵酒风格的葡萄酒当中属于正常。
硫化氢（味）（Hydrogen sulphide）	臭鸡蛋味。通常在发酵的过程产生，但应在装瓶前予以处理。有时也会在瓶中形成（这样的葡萄酒被认为是还原的或肮脏的）。
强度（Intensity）	强度与外观和香味相关联。当用于评价外观时，强度用于形容颜色的浓度。葡萄酒颜色越浓缩和不透明，强度就越高。常用于形容颜色强度的词有苍白，中度或黑暗。当用于评价香气和滋味的时，特征越显著或明显，葡萄酒就越强烈。

续表

术语	意　　义
乳酸（Lactic Acid）	在苹果乳酸发酵中产生的一种圆滑（不尖锐）的酸。这种酸也存在于牛乳中。
羊毛脂味（Lanolin）	用于描述湿羊毛气味或味道。尤其与赛美容葡萄联系在一起。
叶子般的（Leafy）	形容轻微的草本植物的性质令人想起叶子。可以是正面的也可以是负面的，取决于它是增加了还是降低了葡萄酒的风味。
贫乏的（Lean）	用于形容葡萄酒被酿成一种简朴的风格。当用作一个批评术语时，指葡萄酒缺乏果味。
皮革（味）（Leathery）	俱乐部椅子的旧皮革味，通常与较老的红葡萄酒联系在一起。
挂杯、酒腿、酒泪（Legs）	用来描述葡萄酒在酒杯内经过旋转后流淌下来的样子。"好"的或者持久的挂杯预示高黏度，有时也与高酒精度相联系。
长度、持久性（Length）	用来指吞下葡萄酒后回味的持续时间。好的长度是高质量葡萄酒的一种标志。
轻盈的（Light）	用于指葡萄酒的颜色淡或者缺少酒体或口感。
清澈的、澄清的（Limpid）	用于描述没有悬浮物质的葡萄酒。
逗留（Lingering）	用于形容风味以及葡萄酒在品尝后其滋味的持久性。当回味在口腔中保持了好几秒，即被称作逗留。
活泼的（Lively）	形容葡萄酒新鲜且具有果味，明亮且活泼。
长的、持久的（Long）	用来指葡萄酒有持久稳固的回味。也可参考长度（Length）。
甘美/味美的（Luscious/Lush）	形容柔软，黏稠，丰满圆润的葡萄酒；与丰富的红葡萄酒比起来更常用于甜白葡萄酒。
过熟的（Maderized）	用于指示葡萄酒变得过于成熟、被氧化和有煮熟味。
苹果酸（Malic Acid）	在葡萄以及青苹果里面发现的一种尖锐，辛辣的酸。较不成熟的葡萄或生长在气候较冷的地方的葡萄会有高含量的苹果酸；所酿成的葡萄酒通常含有令人想起青苹果的芳香和滋味。在苹果乳酸发酵期间会转化为更圆滑的乳酸。
阳刚的（Masculine）	形容葡萄酒具有更阳刚的性质：坚定、强劲有力。同时也参考"阴柔的"。
成熟的（Mature）	指葡萄酒经过充分的陈酿而达到最佳的饮用状态。
肉（味）的（Meaty）	容红葡萄酒展现出大量的浓郁度以及一个耐嚼的性质。甚至还会有煮熟的肉味。
圆熟（Mellow）	优质葡萄酒经多年陈酿而获得的平顺品质。常伴随着萃取物丰富和高甘油含量而存在。
新月（Meniscus）	葡萄酒和酒杯接触边缘所形成的淡薄的边。
硫醇（Mercaptans）	老硫磺所散发出来的令人不舒服的，如橡胶般的气味，主要出现在非常老的白葡萄酒里面。
有助陈年（Meritage）	加州葡萄酒商为其波尔多风格的红混酿葡萄酒和白混酿葡萄酒创造的术语。被认可用于该术语的经典波尔多品种：红葡萄品种，它们分别是赤霞珠、梅乐、品丽珠、比特福多和玛碧；白葡萄品种，长相思和赛美容。
金属味（Metallic flavor）	当一些葡萄酒被金属严重污染时所带有的令人不快的风味。

续表

术语	意　义
霉味（Mouldy taste）	由于葡萄发霉或储存在发霉的酒桶中而使葡萄酒带上的不良风味。
鼠臭（Mousiness）	令人联想起老鼠味的恶劣气味，是由细菌侵袭葡萄所产生的。
慕丝（Mousse）	法语用于形容在起泡酒表面形成的泡沫顶部。
口感（Mouthfeel）	形容葡萄酒在口中形成的感觉。大多数与质地相关；如柔滑、圆滑、柔软和粗糙。口感受到葡萄酒成分的影响，如酸度可能会产生尖锐的感觉，酒精可能会产生热辣的感觉，单宁可能会产生粗糙的感觉以及糖可能会产生浓稠或反胃的感觉。
黑暗的（Murky）	比深色更浓；缺乏亮度，混浊且有时显得有点如沼泽般松软。主要是出现在红葡萄酒中的缺点。
麝香味的（Musky）	用来指花香、香水味，麝香族葡萄典型的葡萄香味。
新产的（酒）（Nouveau）	在发酵后装瓶并尽快销售的清淡型的果味红葡萄酒，意味着必须尽快饮用。大多应用于 Beaujolais 宝祖丽新酒。
坚果般的（Nutty）	用于形容氧化了的葡萄酒。通常是一个缺点，但当它接近橡木风味时则是好的。
橡木味（Oaky）	指出现在气味和味觉上的橡木风味，通常为新锯的木材或者香草的味道。完美结合的橡木味可能很难被察觉，只增加酒的复杂感又不完全主导了酒的风味。而过多的橡木味被许多葡萄酒爱好者认为是个缺点。
微甜的（Off - Dry）	形容一款几乎觉察不到糖分的有点甜的葡萄酒；通常含有 0.6% ~ 1.4% 的残余糖分。
氧化（味）的（Oxidized）	用于指与空气接触后发生质变的葡萄酒，会导致白葡萄变为褐色，失去果香和新鲜感，而且还可能生成大量挥发性酸。
口感（味觉）（Palate）	用于指在口中察觉的各种感觉（而非闻到的）。同时，一个好的品酒师可能会被认为拥有很好的味觉。
浆状的、糊状的（Pasty, Doughy）	用于描述某些颜色非常浓郁，富含干萃取物的葡萄酒。
顶峰（Peak）	技术上而言，一款葡萄酒正处于它最复杂时期，已经发展出瓶香却没有减少或出现衰退。
香水味的（芳香的）（Perfumed）	用来描述吸引人的、精致的花味或水果味。
汽油味的（Petrolly）	用于描述油味，常出现在优质，陈年的雷司令酒中。
药味（Pharmaceutical taste）	当葡萄酒储藏在有味道的化学物质附近时，有时会带上的一种令人不快的杂味。
酚类物质（Phenolics）	来自葡萄皮、种子和葡萄茎的单宁、色素和芳香混合物。酚类物质属于抗氧化剂，相对白葡萄酒而言较普遍出现于红葡萄酒中。
高峰（Plateau）	葡萄酒处于其顶峰时期。
有力的（Potent）	强烈有力。
尖刺感的（Pricked）	用于描述葡萄酒受醋酸菌侵害而变质。

续表

术语	意　　义
普努尼（Pruny）	具有过熟的，干萎的葡萄的风味。适量的时候能增加葡萄酒的复杂度。
腐烂的（Putrid）	用于描述发出令人作呕的有机物质腐朽味的葡萄酒。因挥发性酸而产生的一种强劲、张扬的气味。
香草味（Vanilla）	用来描述一种像香草的味道，在新的美洲橡木桶中酿造往往能形成这种香味。
植物的（Vegetal）	用来描述一种像植物的香味。通常用作贬义。
柔软的（Velvety）	用来描述具有质地的，丰富口感的葡萄酒。
葡萄酒的（Vinous）	字面意识是"像葡萄酒的"，通常用于缺乏明显品种特性的沉晦的葡萄酒。
年份、酿酒年份（Vintage）	指用来酿酒的葡萄生长的那年。也用来描述葡萄的收获期。
黏性的（Viscous）	用来指深重的、浓厚的葡萄酒。也可参考挂杯（Legs）。
挥发性酸［Volatile acidity（VA）］	由于酒精氧化而形成于葡萄酒中的物质的总括（主要是醋酸和乙酸乙酯）。所有的葡萄酒都含有一定的挥发性酸，但当酸味能被察觉时则认为是不正常的。所有的葡萄酒开瓶后放置几天都会产生挥发性酸。
平衡良好的（Well – Balanced）	用于表述葡萄酒中各种成分之间具有协调关系。
木味（Wood）	用来描述从橡木桶陈酿中得到的葡萄酒的味道。
木头般的（Woody）	用来描述源自旧的（脏的）橡木桶或来自葡萄茎的令人不愉快的味道。
酵母味（Yeasty）	用来描述酵母的特殊味道（就像生面团味）。在葡萄酒中，这种味道通常被认为是不正常的，然而新鲜的烤面包味在香槟和酒渣陈酿白葡萄酒中却是受欢迎的。
有滋味的（Zestful）	用来描述新鲜的、清脆的葡萄酒，通常是白葡萄酒，具有良好协调的果味和酸度。

参考文献

1. Harry T. Lawless，Hildegardes Heymann，著．王栋，李山崎，华兆哲，等，译．食品感官评价原理与技术［M］．北京：中国轻工业出版社，2001.

2. 中国国家标准出版社第一编辑室．中国食品工业标准汇编：感官分析方法卷［M］．北京：中国国家标准出版社，2007.

3. 朱克永．食品检测技术：理化检验感官检验技术［M］．北京：科学出版社，2011.

4. 马永强，韩春然，等．食品感官检验［M］．北京：化学工业出版社，2010.

5. 张水华，徐树来，等．食品感官分析与试验（第2版）［M］．北京：化学工业出版社，2010.

6. 祝美云．食品感官评价（中等职业学校食品类专业十一五规划教材）［M］．北京：化学工业出版社，2008.

7. 韩北忠，童华荣．食品感官评价［M］．北京：中国林业出版社，2009.

8. 张晓鸣．食品感官评定［M］．北京：中国轻工业出版社，2006.

9. 吴谋成．食品分析与感官评定［M］．北京：中国农业出版社，2002.

10. 方忠祥．食品感官评定［M］．北京：中国农业出版社，2010.

11. 李里特．食品物性学［M］．北京：中国农业出版社，2001.

12. 高海生．食品质量优劣及掺假的快速鉴别［M］．北京：中国轻工业出版社，2002.

13. 张水华，孙君社，等．食品感官鉴评［M］．广州：华南理工大学出版社，2001.

14. 赵玉红，张立钢．食品感官评价［M］．哈尔滨：东北林业大学出版社，2006.

15. 周家春．食品感官分析基础［M］．北京：中国计量出版社，2006.

16. 克里斯蒂亚·克莱克、郭松泉，等．葡萄酒百科全书［M］．上海：上海科学技术出版社，2010.

17. 李华．葡萄酒品尝学［M］．北京：科学出版社，2010.

18. 汪浩明．食品检验技术（感官评价部分）［M］．北京：中国轻工业出版社，2006.

19. 斯通、西特，等．感官评定实践（原著第3版）［M］．北京：化学工业出版社，2010.

20. Lee H. S.，van Hout D，et al. Quantification of sensory and food quality：the R－index analysis［J］. J Food Sci，2009，74（6）：57－64.

21. Sorensen L. B.，Moller，P，et al. Effect of sensory perception of foods on appetite and food intake：a review of studies on humans［J］. Int J Obes Relat Metab Disord，2003，27（10）：1152－1166.

22. Havermans R. C.，Janssen，T.，et al. Food liking，food wanting，and sensory－specific satiety［J］. Appetite，2009，52（1）：222－225.

23. Morrissey，P.，Delahunty，C. HealthSense：how changes in sensory physiology，sensory psychology and sociocognitive factors influence food choice［J］. Nutr Metab Cardiovasc Dis，2001，11（4）：32－35.

24. Labbe D.，Almiron－Roig E.，et al. Sensory basis of refreshing perception：role of psychophysiological factors and food experience［J］. Physiol Behav，2009，98（1－2）：1－9.

25. Stone H，Sidel J L. Sensory evaluation practices. 3rd ed.［M］. California：Elsevier Academic Press，2004.

26. 邵威平，李红，张五九．主成分分析法及其在啤酒风味评价分析中的应用［J］．酿酒科技，2007（11）：107－109.